GOVERNANÇAS DE REDES

ECONOMIA, POLÍTICA E SOCIEDADE

GOVERNANÇAS DE REDES

ECONOMIA, POLÍTICA E SOCIEDADE

Luiz Fernando Paulillo

Mário Sacomano Neto

Luciano Metidieri Garcia

ELSEVIER

Copidesque: Gypsi Canetti

Editoração eletrônica: DTPhoenix Editorial

Revisão gráfica: Wilton Palha

Elsevier Editora Ltda.
Conhecimento sem Fronteiras
Rua Sete de Setembro, 111 – 16º andar
20050-006 – Centro – Rio de Janeiro – RJ – Brasil

Rua Quintana, 753 – 8º andar
04569-011 – Brooklin – São Paulo – SP – Brasil

Serviço de Atendimento ao Cliente
0800-0265340
atendimento1@elsevier.com

ISBN: 978-85-352-8473-7
ISBN (versão digital): 978-85-352-8119-4

Nota: Muito zelo e técnica foram empregados na edição desta obra. No entanto, podem ocorrer erros de digitação, impressão ou dúvida conceitual. Em qualquer das hipóteses, solicitamos a comunicação ao nosso Serviço de Atendimento ao Cliente, para que possamos esclarecer ou encaminhar a questão.

Nem a editora nem o autor assumem qualquer responsabilidade por eventuais danos ou perdas a pessoas ou bens, originados do uso desta publicação.

CIP-Brasil. Catalogação na publicação.
Sindicato Nacional dos Editores de Livros, RJ

P352g Paulillo, Luiz Fernando
Governanças de redes: economia, política e sociedade / Luiz Fernando Paulillo, Mário Sacomano Neto, Luciano Metidieri Garcia. – 1. ed. – Rio de Janeiro: Elsevier, 2016.
il.

Inclui bibliografia
ISBN 978-85-352-8473-7

1. Engenharia de produção. 2. Administração da produção. I. Sacomano Neto, Mário. II. Garcia, Luciano Metidieri. III. Título.

16-32720

CDD: 658.5
CDU: 658.5

À professora, socióloga e escritora Laiñes Paulillo,
uma mulher à frente do seu tempo.

Agradecimentos

Muitas reflexões construídas neste livro só foram possíveis após as contribuições intelectuais decisivas dos Professores Paulo Furquim de Azevedo e Mauro Rocha Cortês ao longo dos últimos 16 anos em que a disciplina "Instituições e Organizações" foi ministrada no Programa de Pós-Graduação em Engenharia de Produção da Universidade Federal de São Carlos (UFSCar).

Prefácio

O fundamento mais relevante às ciências sociais aplicadas, entre as quais se incluem Administração, Direito e Economia, é entender como se dá a interação entre seus atores. É dessa interação que resultam a produção, a distribuição da renda e riqueza e, em última análise, o desenvolvimento econômico. Esses atores, pessoas físicas, grupos sociais ou organizações, não interagem no vácuo, mas sob o manto e influência de um conjunto de regras, formais ou não, normas sociais e crenças que orientam suas ações e, por isso, em grande medida, condicionam os resultados dessas interações, seja o desenvolvimento de uma nação, seja o desempenho de uma organização. O modo como interagem é também moldado por estruturas de governança, que proveem ordem às relações de conflito e interesse comum entre esses atores, bem como na forma de redes mais ou menos complexas.

É este o assunto a que se dedica este livro – *Governanças de redes: economia, política e sociedade* –, de Luiz Fernando Paulillo, Mário Sacomano Neto e Luciano Metidieri Garcia. Não lhe falta, portanto, relevância. Por tratar de problema tão fundamental, o estudo das instituições é antigo, havendo autores como Veblen e Commons que se dedicaram exclusivamente a este tema há aproximadamente um século. Seu espraiamento às mais diversas áreas das ciências sociais aplicadas é, contudo, um fenômeno recente, que data do final dos anos 1980, quando surgiu a Nova Economia Institucional, um programa de pesquisa que reuniu alguns pesquisadores já com longa estrada no tema, como Oliver Williamson, Douglass North, Elinor Omstrom e seu indiscutível *founding father*, Ronald Coase, todos ganhadores do Prêmio Nobel de Economia nos anos subsequentes. Paralelamente, nos ramos da Sociologia e da Ciência Política vários autores dedicaram-se ao estudo de normas sociais, crenças e organização em redes, desenvolvendo contribuições originais e muito relevantes ao tema. Mark Granovetter, Paul DiMaggio, Walter Powell, entre tantos outros, apresentaram ideias diferentes, por vezes conflitantes, mas certamente complementares àquelas desenvolvidas pelos autores mais identificados com a Nova Economia Institucional.

Há, portanto, muito que se pode reunir sob o título "Institucional", "Governança" e "Redes". Paulillo, Sacomano e Garcia entregam-se à empreitada de reunir muito dessa diversidade em um único livro. Não é tarefa fácil, mas os autores conseguem equilíbrio e abrangência, e, adicionalmente, logram manter o texto didático para que seja acessível ao grande público. Creio que parte desse sucesso decorra de escolherem um foco – governança de redes – e de um pragmatismo em explorarem as interfaces positivas, as contribuições que cada programa de pesquisa teria para a compreensão desse objeto. Não se trata, portanto, de uma discussão metodológica, como muitas vezes se dedicaram os compêndios sobre o tema, nem tampouco de uma proposta que procurasse dar conta de toda a pesquisa institucionalista, que trata temas variadíssimos, do desenho de leilões de utilidades públicas a normas constitucionais. Ao concentrarem-se em governança de redes, os autores puderam trazer uma visão plural e coerente, em um texto que combina uma detalhada apresentação teórica e conceitual, com aplicações empíricas, na forma de casos distribuídos ao longo dos capítulos.

A ambição da interdisciplinaridade, da reunião de corpos de conhecimento de origem em áreas diversas, como Sociologia, Economia e Ciência Política, perseguida pelos autores, está no coração do estudo de instituições. Assim nasceu a Nova Economia Institucional, como uma combinação das áreas de Economia, Organizações, Direito e Ciência Política. Ao invés de demarcar fronteiras, a prática do estudo de instituições, entre elas a governança de redes, cria pontes e trabalha para deixar as fronteiras entre essas áreas cada vez mais difíceis de serem visualizadas. Por exemplo, a análise do caso de economia colaborativa, no Capítulo 3, que inclui serviços como Uber e Airbnb, naturalmente reúne as contribuições da visão sociológica de redes com as da Nova Economia Institucional. Um trabalho que observe este fenômeno não é facilmente enquadrado em um ou outro corpo teórico, pois se beneficia dessa interdisciplinaridade que tão claramente marca o estudo de instituições e governança de redes.

Essa busca pela diversidade de perspectivas, buscada pelos autores, faz-me lembrar de uma frase de Vernon Smith. Segundo ele, enquanto no mundo da natureza o cruzamento entre diferentes espécies está associado à infertilidade, no mundo das ideias a hibridização promove a fertilidade, ou seja, amplia a capacidade de gerar novas e mais abrangentes ideias. Essa diversidade de perspectivas sob o tema da governança de redes permeia o livro. Entendo que nele estão os elementos para instigar os leitores, em particular aqueles que se iniciam no estudo do tema, a prosseguirem os caminhos das pesquisas na área, dando-lhes as lentes necessárias para interpretar diversos fenômenos sociais em que a organização em redes confere uma dinâmica particular às relações entre os atores sociais.

Este projeto foi gestado e amadureceu no Departamento de Engenharia de Produção da Universidade Federal de São Carlos, tendo eu tido o privilégio de acompanhar seu nascimento enquanto ainda era professor daquele departamento. Alguns poderiam se perguntar por que um livro cuja essência – a governança de redes – é um ponto central das ciências sociais aplicadas encontrou seu berço em um departamento de engenharia. Essa resposta não deve ser fácil para alguém que não conhece o Departamento de Engenharia de Produção da UFSCar, por presumir que a engenharia estaria restrita aos aspectos técnicos da produção. Quando cheguei à UFSCar, em 1994, deparei-me com o departamento mais plural de que já havia participado, que conferia grande liberdade de pesquisa ao seu corpo de professores. E as relações humanas ocupavam parte central no estudo da produção.

Por esse motivo, recém-chegado de uma temporada como *visiting scholar*, em Berkeley, junto ao grupo de Oliver Williamson, encontrei um ambiente de diálogo que não poderia encontrar na maioria dos departamentos de economia. As discussões de estruturas de governança, formas de organização em uma cadeia produtiva, redes de produção, entre outras, cabiam ali como assunto central. A diversidade de perspectivas era desejada. Dessas conversas, no começo apenas informais, surgiu a ideia de uma disciplina para o doutorado, que contemplasse as variadas correntes que tratavam de instituições, da Nova Economia Institucional à Sociologia Econômica. E assim, na companhia de Luiz Fernando Paulillo e Mauro Rocha Cortes, começamos um curso de leituras e discussão, que circulava por esses temas, sempre com a preocupação de trazer o assunto às aplicações relevantes para o mundo da produção. Entre os alunos, havia um que sempre enriquecia as discussões: Mário Sacomano Neto. O tempo foi passando e a disciplina amadurecendo. O destino me levou a outras trilhas, mas sempre acompanhei à distância o trabalho dos que ficaram ao encargo da disciplina. Com o tempo, os jovens Mário e Luciano se incorporaram ao grupo; e deste grupo surgiu o projeto do livro. Pelo tema e, sobretudo, por conhecer a história do projeto, foi um prazer receber a incumbência de escrever o prefácio deste livro. Trata-se do fruto de um longo investimento, orgânico, e não apenas uma empreitada para aproveitar uma oportunidade editorial.

Por fim, é necessário reconhecer que a tarefa de reunir em um livro as contribuições da Economia, da Sociologia e da Ciência Política ao tema de governança de redes é ingrata por se tratarem de corpos ainda em movimento. Muito se produz nos temas de governança de redes nessas três vertentes, a cada ano, o que torna virtualmente impossível concluir um compêndio que apresente o estado da arte. Em particular, destaco os avanços na formalização e estudos empíricos em redes, como, por exemplo, a prolífica produção de pesquisadores como Sanjeev Kapoor, em redes na cadeia de alimentos, ou de jovens pesquisadores que inovam na abordagem empírica de redes, como Arun Chandrasekhar e Horacio Larreguy. Por sua importância, o estudo de governança de redes vem atraindo jovens talentos, ávidos pelas novas questões. Este fato tem por efeito modificar com rapidez o que conhecemos sobre esse assunto, muitas vezes em uma velocidade maior do que conseguimos acompanhar.

Esta é a consequência de voltar-se a um tema relevante e em transformação. Havia, sem dúvida, demanda importante por um livro das características deste preparado por Paulillo, Sacomano e Garcia, sobretudo para fins docentes, com a finalidade de introduzir aos alunos este novo e interessante universo. Em um espaço de cinco anos, contudo, será necessário revisitar o livro para verificar a conveniência ou não de uma nova edição que possa incorporar os rumos recentes desse programa de pesquisa. Entendo esta limitação como um estímulo para que os autores continuem a utilizar o seu curso de doutorado como um espaço de diálogo contínuo, entre eles e alunos, sempre antenados aos debates correntes no mundo. Quando for necessária a revisão, o material estará pronto, fruto desse desenvolvimento orgânico e natural que gerou esta 1ª edição. Estaremos ávidos pela leitura também da próxima edição.

Professor Paulo Furquim de Azevedo
INSPER

Introdução

Um conjunto significativo de transformações na sociedade justificou prestarmos atenção às redes sociais, econômicas e políticas. Em variados âmbitos da vida, destacar relacionamentos cada vez menos verticais trouxe resultados importantes para as pessoas. Tomadores de decisões foram, ao longo das últimas décadas, percebendo que as redes poderiam reduzir custos até então negligenciados nos relacionamentos interorganizacional e intraorganizacional. Essa percepção avançou para a busca de recursos de poder também negligenciados. Um conjunto de instituições informais – como crenças, rotinas, mitos, convenções etc. – passou a ser considerado pelas pessoas de negócios, da política e da análise de transformações sociais. As governanças e redes – e as novas instituições, formais e informais – que surgiram no bojo das transformações organizacionais e tecnológicas e que avançaram nos mundos dos negócios, da política e da vida social são os grandes objetos deste livro.

Governanças e redes não são fenômenos exclusivamente econômicos. Eles avançaram em distintos campos da sociedade e da política. Tratar disso requer fundamentação científica e teórica sólida, para que o entendimento não escorregue para a vala comum da justificativa. Não basta pautar esses fenômenos pelo surgimento da internet, pelo avanço da democracia no mundo, pelo crescimento da globalização financeira ou por qualquer avanço tecnológico. O nível de complexidade da construção do fenômeno da rede e também da governança é maior. Novos relacionamentos, novos modos de regulação, novos limites organizacionais, novo padrão de produção (pós-fordismo global) e novos desafios para as acumulações de capitais e os dilemas macroeconômicos de o investimento agregado superar as depreciações e as novas capitalizações corresponderem aos quadros demográficos das nações e continentes. Enfim, surgem avanços teóricos necessários para a compreensão da realidade nos campos científicos que estudam a economia, a política e a sociedade.

Este livro trata da governança e da rede nestes contextos de crescente complexidade, amparado pela teoria do neoinstitucionalismo em suas vertentes econômica, política e sociológica. Não é tarefa fácil, pois é preciso respeitar as raízes dos pensamentos clássico e contemporâneo que foram construídos em ciências humanas distintas – economia, ciência política, teoria das organizações e sociologia. Entretanto, diante da complexidade da vida atual, o leitor entenderá que a interdisciplinaridade que abarca a presente obra é necessária para compreender corretamente a emergência da governança e da rede nas vidas das organizações (lucrativas e não lucrativas, públicas e privadas, estatais e semiestatais) e das pessoas.

Neste livro fica estabelecido que a rede não é mais uma simples metáfora. A rede está vinculada a um conjunto de teorias e conceitos, sejam aqueles inclinados para estudos dos custos de transação de uma empresa, para os recursos de poder de atores construtores de políticas públicas recentes ou para capitais sociais e simbólicos que legitimam relações e significados em redes sociais que, pelos alcances das preocupações dos atores nela engajadas, são mais amplos e complexos em relações recheadas de significados sociais.

Tratar de rede e de governança exige definições claras. A governança é um conceito que avança para explicar um conjunto importante de mecanismos de coordenação e/ou gestão dos negócios, das políticas públicas, das imersões sociais e capitais – incluso o social – e que explica os posicionamentos mais recentes das organizações nas esferas econômica, política e social. A rede é uma forma organizacional alternativa às instituições econômicas tradicionais, como o mercado e a firma, e que progrediu no mundo pós-fordista da produção, competição, acumulação e regulação. No campo político, redes se formam nas construções de políticas públicas em que ocorrem participações de pessoas de baixo para cima e que promovem a necessidade de procedimentos inovadores para os tomadores de decisões muito mais no momento de implementação da política que em outras etapas construtoras - como na emergência do problema, ou na introdução da agenda etc.

O livro apresenta o leitor ao conceito complexo de governança, tão caro em nossos dias pela sua importância como mecanismo de gestão empresarial, de construção de política pública e de transformação social. Com a governança – e as redes –, há um conjunto de abordagens científicas que cresceram significativamente para explicar as estratégias, as adaptações e até os modelos mentais dos tomadores de decisões organizacionais (públicos e privados) e que avançaram nos campos da ciência econômica (com a economia institucional), da sociologia (com a sociologia econômica), da teoria das organizações e da ciência política (com o pluralismo reformado).

Ainda existem poucos trabalhos dedicados à interdisciplinaridade entre os campos da economia, da ciência política e da sociologia para tratar das redes. Isso é fundamental porque as redes e as governanças surgiram com a complexidade da globalização, das transformações organizacionais e tecnológicas do mundo da produção pós-fordista, das novas regulações dos mercados, das transformações da sociedade civil, das crises fiscais e políticas dos Estados, das novas definições e redefinições das instituições formais (leis, regras, normas etc.) e informais (convenções, rotinas, crenças etc.) e da própria inquietude que, por exemplo, a internet "anárquica" trouxe para as vidas das pessoas. Redes formam novas estruturas, nada convencionais, de relacionamentos. Governanças são as coordenações que emergiram daí. O campo científico necessitou da interdisciplinaridade para começar a tratar confortavelmente desses fenômenos.

A interdisciplinaridade é um aspecto importante deste livro. Por outro lado, mesmo divergindo quanto à definição do que venha a ser uma instituição e de como as instituições interagem com a realidade, todas essas abordagens têm em comum a possibilidade de diálogo com base na premissa central de que as instituições interagem com as redes e que ambas modificam e influenciam as ações econômicas, políticas e sociais das pessoas. Com as contribuições do neoinstitucionalismo nos campos econômico, sociológico e político, será possível compreender melhor essas intersecções valiosas.

Neste livro pretende-se também, dentro dos espaços científicos e teóricos delimitados pelas vertentes do neoinstitucionalismo, ressaltar os desafios e os aspectos relacionados com as estruturas e funcionalidades das redes, sejam redes do ponto de vista econômico – e dos custos de relacionamento econômico (das transações), do ponto de vista sociológico – com os benefícios advindos do capital social e da legitimidade construída, entre outros – e também do ponto de vista político – com as redes de recursos de poder que dominam as construções de políticas públicas. Assim, o que há em comum entre os capítulos e as passagens entre distintas concepções teóricas e campos da ciência humana é o desafio do desenvolvimento de redes interorganizacionais e intraorganizacionais, das análises comparativas das redes, dos movimentos de estabilidade e de mudança institucional e dos diversos processos de adaptações das organizações – lucrativas e não lucrativas.

No campo econômico, temos uma teoria do institucionalismo costumeiramente dividido entre o antigo e o novo institucionalismo. Ambos críticos em relação ao pensamento econômico mais tradicional, e ainda predominante, de recorte neoclássico no mercado (a empresa como função de produção e maximizadora de lucros, na qual o ótimo é melhor que o bom). A principal crítica do novo e do antigo institucionalismo pode ser considerada pelo fato de a abordagem da economia neoclássica ser de caráter estático, atemporal, não considerando em suas análises o contexto histórico. A partir dessa crítica central, é possível diferenciar as premissas do antigo e do novo institucionalismo econômico. No caso do antigo institucionalismo, a economia é vista baseando-se em processos de mudanças contínuas, com as instituições desempenhando um papel importante nas metamorfoses e influenciando o desenvolvimento econômico. Ainda nessa vertente, o conceito de hábito, composto e formado por crenças e determinados comportamentos das pessoas e resultado de ações repetitivas, é considerado elemento importante na composição da ação humana econômica. Já o novo institucionalismo, ou neoinstitucionalismo econômico, preocupou-se com a natureza da firma, questionando a visão neoclássica e o seu não reconhecimento dos aspectos organizacionais e de mercado que influenciam o comportamento empresarial. Para os autores da Nova Economia Institucional (NEI), de modo geral, o desempenho organizacional se desenvolve em um ambiente constituído de custos de transação (custos associados a manutenção, monitoramento e informações relacionados com uma transação entre dois agentes econômicos). Além do conceito de custos de transação, o neoinstitucionalimo econômico trouxe para o campo da ciência econômica outros conceitos, como racionalidade limitada do agente, oportunismo, contrato, governança, direitos de propriedade, risco moral, rede, custos de trapaça, custos de controle etc.

No campo sociológico do institucionalismo, e na sua concepção mais "antiga", as instituições são entendidas como o local em que são internalizadas as relações sociais, num processo denominado institucionalização. Já o novo institucionalismo sociológico concentra seus esforços em entender o nascimento e o desenvolvimento de organizações em um ambiente institucional cujas instituições são caracterizadas mais amplamente (com normas, crenças, tradições, embotes, rotinas, empoderamentos, valores e símbolos de caráter cultural ou moral etc.) e influenciam o comportamento das pessoas. Assim, amplia-se a análise de uma empresa ou outra organização qualquer porque a sua rotina ou cultura da mudança é mais flexível, por exemplo.

Por fim, no campo político, o neoinstitucionalismo encara a política como um sistema no qual as partes interagem, sendo que as instituições interferem e estruturam os comportamentos coletivos em uma arena na qual se relacionam e concorrem interesses diversos cuja neutralidade do Estado e simetria no relacionamento não existe, ao contrário, é gerador de vantagens e privilégios interdependentes. As contribuições mais recentes dos cientistas políticos do pluralismo reformado, dos anos 1990 até hoje, contribuíram sobremaneira para a compreensão da complexidade e da flexibilidade que tomaram as estruturas políticas de formação e implementação das políticas públicas. Logo, no plano das redes políticas há uma superação de interpretações tanto corporativistas como pluralistas clássicas (no sentido mais liberal da vida do século XIX) sobre a construção da política.

Seja pelo lado econômico, seja pelo lado social ou político, o denominador comum permanece sendo a instituição como unidade básica de análise e de conceituação. A partir daqui, é importante registrar o advento da Sociologia Econômica como uma abordagem teórica que vem adquirindo destaque crescente no campo acadêmico e em diversas áreas do conhecimento. A Sociologia Econômica procura explicar os fenômenos econômicos com base em modelos e elementos sociológicos. Dentro do escopo da Nova Sociologia Econômica (NSE), seus autores definem a análise e a teoria de redes (sociais, inter e intraorganizacionais) como uma metodologia importante e uma possibilidade de ponte e/ou espaço de diálogo entre os campos econômico, sociológico e político dedicados aos estudos das instituições e das governanças. A despeito de alguns autores apontarem para a sobreposição entre a NSE e a Teoria de Redes, permanece a utilidade dessas concepções teóricas para a compreensão dos fenômenos em diversas áreas de conhecimento.

As redes interorganizacionais, como forma de governança, decorrem de vários motivos. Entre eles, podemos considerar, por exemplo, a exploração de uma oportunidade ou a tentativa de evitar uma ameaça de mercado. Esses objetivos podem ser atingidos, mas com um grau maior de dificuldade caso as organizações **o façam sozinhas**. Esforço conjunto, complementaridades, ações de cooperação e confiança são elementos importantes de sobrevivência para uma organização inserida em ambientes cada vez mais inóspitos. Além de benefícios mais evidentes em termos competitivos, como o maior poder de barganha junto a fornecedores, observam-se outros ganhos, tais como a troca de experiências, de informações e de compartilhamentos (que são redutores de custos de negociação e de investimentos) em marketing, pessoas, equipamentos, armazenamentos, entre outros.

Por outro lado, a ação em rede interorganizacional sob a forma de cooperação, pela sua própria natureza, traz consigo alguns desafios para seus participantes. Embora sejam empreendimentos conjuntos, as redes interorganizacionais são constituídas de atores independentes. Permanecem, portanto, diferenças em termos socioeconômicos e culturais, de visões nem sempre coincidentes sobre a cooperação e também concepções distintas sobre a natureza e a gestão de seus próprios negócios. Essa condição impõe a necessidade de mecanismos de coordenação das ações conjuntas de modo que os objetivos pretendidos sejam atingidos, as possíveis disfunções sejam evitadas ou, pelo menos, minimizadas, e, portanto, tal rede possa ser considerada e percebida pelos seus integrantes como um arranjo eficaz, no sentido do êxito de suas ações e do atendimento aos seus propósitos inicialmente traçados.

É importante lembrar que esses mecanismos de coordenação têm uma dimensão formal e uma dimensão informal cuja articulação e caracterizações merecem ser estudadas. Além dos aspectos de coordenação, a natureza e o conteúdo das relações nas redes inteorganizacionais merecem estudo, dada a importância da intensidade das relações para a efetividade dos mecanismos de coordenação, especialmente os informais. Além dos aspectos mais formais e regulativos de controle e de governança dos arranjos em rede, a análise da convivência entre coordenação formal e informal, bem como a dimensão relacional e a percepção de eficácia da rede são pontos importantes a serem destacados. De todo modo, as redes interorganizacionais parecem ter logrado êxito em gerar melhores condições de sobrevivência aos seus participantes, baseando-se em uma ação cooperativa e coordenada caracterizada por mecanismos mais horizontais (formais e informais) de coordenação e relações fortemente coesas e de confiança. Nesse sentido, seria importante conhecer as características dos mecanismos formais e informais de coordenação horizontal das redes interorganizacionais para a manutenção da cooperação e/ou eficácia da rede.

Em termos teóricos, as abordagens no campo da economia dedicadas ao tema da firma, mesmo aquelas mais recentemente reconhecidas, como a ECT – Economia dos Custos de Transação (Coase, 1937; Williamson, 1994) –, não parecem ser suficientes para tratar das especificidades inerentes aos arranjos cooperativos em rede, razão pela qual se lançou mão também de abordagens mais críticas do neoinstitucionalismo econômico – a exemplo de Menard (2004) e Hennart (2008). Esses autores, entre outros, mesmo estando alinhados com a ECT, colocam em evidência as formas híbridas de governança, dando maior destaque para as razões de sua emergência e os mecanismos utilizados para coordenar as transações econômicas, juntamente com abordagens de natureza sociológica, tal como o trabalho de Powell (1990) e sua perspectiva de redes de empresas em termos de reciprocidade e confiança. Em linhas gerais, um dos arcabouços teóricos importantes para este livro será o existente no neoinstitucionalismo sociológico e na teoria de redes (dos quais em destaque Powell, 1990 e DiMaggio e Powell, 1983), bem como na porção do conhecimento econômico que, de certa forma, dialoga com estas dimensões (Matthews, 1986; Menard, 2004, entre outros).

Este é um livro sobre instituições, governanças e redes. Destina-se a estudiosos e profissionais que, de algum modo, estejam interessados ou envolvidos com arranjos cooperativos sob a forma de redes sociais, intraorganizacionais ou interorganizacionais, num terreno mais prático. Quanto ao neoinstitucionalismo, trata-se de uma opção teórica apresentada sob três perspectivas: econômica, sociológica e política.

Já o conceito de redes se constitui em um fenômeno ainda relativamente novo, tanto para o mundo real como para os círculos acadêmicos. Contudo, trata-se também de uma novidade de enfoque que pode ser útil para o leitor compreender as dinâmicas econômicas, políticas e sociais na esfera privada, na esfera pública ou nas análises científicas. O que se procurou apresentar nesta obra são as visões dos grandes autores sobre tais assuntos, fruto de seus estudos e vivências, sem jamais ter a pretensão de esgotá-los. O intuito maior foi contribuir para o aprimoramento e entendimento dos temas aqui explorados. A interdisciplinaridade marcante deste livro é uma característica fundamental do Núcleo de Estudos Organizacionais da Universidade Federal de São Carlos (UFSCar), inserido no Departamento de Engenharia de Produção da mesma universidade. O desenvolvimento de todos os capítulos apresentados representa um convite para as pessoas (do mercado, da política e da sociedade) compreenderem melhor as necessárias e urgentes construções de diálogos e porosidades possíveis entre as visões e abordagens dos campos institucionais da economia, da sociologia e da ciência política. O resultado mais registrado pelos autores deste livro, nos últimos anos, é a ampliação da capacidade de explicação sobre problemas imersos na complexidade da vida organizacional atual, seja pelo mercado e pela firma com novos limites (e os custos de transação entre os agentes), seja pela política (e a construção da política pública por meio de relações e recursos de poder capturados pelos envolvidos no processo), seja pelas redes sociais (por meio de imersões, capitais sociais e/ou valores culturais e simbólicos embutidos nos relacionamentos entre as pessoas).

Para facilitar a leitura, cada capítulo traz, além do debate e das considerações teóricas reunidas de diversas fontes, exemplos práticos e casos retirados da realidade divulgados pelos mais variados veículos – imprensa, artigos acadêmicos, vivências etc.

A presente obra está organizada em cinco capítulos. Nesta introdução foram apresentadas as linhas gerais a serem seguidas. O primeiro capítulo discorre sobre uma série de conceitos básicos e introdutórios sobre governanças e redes. No segundo capítulo são apresentados os conceitos teóricos do institucionalismo e suas diversas dimensões, percorrendo os itens relacionados com o institucionalismo, desde seus primórdios até as contribuições mais recentes representadas pelas variadas correntes do neoinstitucionalismo. Especial atenção será dada a três dessas mais recentes abordagens: 1) a abordagem econômica – com sua vertente representada pela nova economia institucional (ou economia dos custos de transação); 2) a abordagem sociológica – com destaque para o neoinstitucionalismo sociológico, juntamente com algumas referências a respeito da vertente conhecida por sociologia econômica (SE) e análise de redes sociais e 3) a abordagem política, mais identificada com o neoinstitucionalismo histórico e os cientistas políticos do pluralismo reformado.

Por outro lado, são feitas considerações a respeito das limitações das abordagens institucionais estritamente econômicas, mas também apresentam-se argumentações teóricas sobre as possibilidades de espaços de convivência entre as aparentemente antagônicas perspectivas econômica, sociológica e política do neoinstitucionalismo.

A assimetria de informações e o conceito de redes, com suas características de relacionamento e os mecanismos de coordenação que foram desenvolvidos para gerir esses relacionamentos, contêm algumas dessas possibilidades. O terceiro capítulo dedica-se à abordagem sociológica e à análise de redes sociais e o quarto capítulo volta-se mais detidamente para a abordagem econômica, concentrada nos conceitos da Nova Economia Institucional (NEI) e os dilemas empresariais sobre as governanças dos custos de transação e, portanto, às redes de negócios. O quinto capítulo será dedicado à dimensão política e às redes de poder. Sejam bem-vindos.

Sumário

CAPÍTULO 1

Governanças de redes: notas introdutórias

1.1. Introdução

A governança é um conceito apropriado para explicar um conjunto importante de mecanismos de gestão dos negócios, das políticas públicas, dos capitais - incluso o social - e das imersões sociais; explica ainda os posicionamentos mais recentes das organizações em variadas esferas da vida (econômica, política etc.).

De maneira geral, a rede é uma forma organizacional alternativa às instituições econômicas tradicionais, o mercado e a firma, e que avançou no mundo pós-fordista da produção, da competição, da acumulação e da regulação. Além de uma forma de governança, as redes podem ser utilizadas como método de análise.

Este capítulo apresenta ao leitor o conceito de governança, como mecanismo de gestão, e da rede, como nova forma organizacional e de análise. Ao lado desses conceitos, há um conjunto de abordagens científicas que cresceram significativamente nos últimos tempos para explicar as estratégias, as adaptações e até os modelos mentais dos tomadores de decisões organizacionais (públicas e privadas) e que avançaram nos campos da ciência econômica (com a economia institucional), da sociologia (com a sociologia econômica), da teoria das organizações e da ciência política (com o pluralismo reformulado).

No campo da ciência econômica, debate-se há tempos que a análise microeconômica dominante (a teoria neoclássica) encontra limites para compreender as ações na firma e nos mercados, e não oferece interpretações adequadas sobre situações observadas na prática. Assim, abordagens institucionais sobre governanças de redes surgiram das preocupações de cientistas econômicos sobre o afastamento do *mainstream* da teoria econômica da realidade da sociedade. Dessa forma, os pressupostos microeconômicos mais tradicionais de informação perfeita e, em consequência, decisões plenamente racionais dos agentes econômicos, que levam ao equilíbrio dos mercados, dão lugar a interpretações alternativas mais consistentes com a realidade, representadas, por exemplo, pelos conceitos de racionalidade limitada (de Simon, 1957), pelo conceito de custos de transação (de Coase, 1937; Williamson, 1975; Macneil, 1978) e pela possibilidade de cooperação interorganizacional em rede – em vez de exclusividade da perspectiva baseada na competição oferecida pelo *mainstream* econômico.

Na ciência política, um conjunto amplo de estudos vem destacando, desde os anos 70 do século XX, a importância das instituições (como regras, normas, convenções, crenças, rotinas, reciprocidades, contratos, sentimentos de pertencimento etc.) para a construção da política pública e a relevância explicativa que a abordagem sobre redes de políticas ganha ao romper a sequência clássica do processo político de emergência de um problema, introdução na agenda, formulações de soluções e decisão e início da implementação, porque o destaque é para o início da implementação da política, no qual as decisões são tomadas e os problemas, reformulados, conforme Lindblom (1979) e March & Olsen (1983). Assim, para o estudo da política pública (formulação e execução), a governança da rede representou a incorporação das relações de poder e a integração entre as diferentes fases do processo decisório (o que não teria um fim ou um princípio) por uma abordagem mais pluralista, incorporando mais elementos de relacionamentos em rede (como centralidades de atores, proximidades e frequências das relações, nível de informação dos envolvidos, agilidade no processo de decisão, coesão da relação etc.) e atores (associações de interesses, *lobbies*, organizações não governamentais, burocratas, facções em partidos políticos etc.) à sua formulação e análise.

A sociologia definida como o campo de estudo das estruturas constitutivas das interações sociais (Abercrombie et al., 2000) tem em sua essência a questão de como grupos, instituições e relações de afiliação afetam os comportamentos das pessoas e das organizações. Nesse sentido, a sociologia tem contribuição substancial quando tratamos de redes e formas de governança das organizações contemporâneas. Nesse campo de estudo, a rede ganha maior evidência com base no estudo de capital social de James Coleman (1988), intitulado *Social Capital in the Creation of Human Capital*, ao tratar da importância das redes duráveis para a realização de objetivos individuais e coletivos (Dortier, 2010). Entre os estudos desse período, o estudo de Mark Granovetter (1973), intitulado *The strength of weak ties* – sobre a natureza das redes sociais e as condições de mobilidade e emprego –, teve relativo impacto na produção mais recente sobre o tema redes e governança. Como explica Borgatti (2003) há um crescimento das abordagens relacionais, contextuais e sistêmicas nas últimas décadas em detrimento dos estudos individualistas e atomizados nos principais periódicos indexados à área de ciências sociais.

O presente capítulo resulta de um esforço dos autores deste livro em levantar definições e considerações básicas sobre a governança e da importância de compreender as abordagens científicas de rede. Existem redes fundamentadas em custos de transação, em políticas públicas, em legitimidade social e em capital social no mundo atual que estão dizendo muito sobre o crescimento da governança em diferentes esferas da sociedade. Vinculadas à teoria do neoinstitucionalismo em suas vertentes econômica, sociológica e política (Hall & Taylor, 1996) – conforme mostra o Capítulo 2 – as governanças de redes necessitam de uma maior compreensão por parte de administradores, economistas, engenheiros, advogados, políticos e demais profissionais envolvidos com organizações (privadas e públicas, lucrativas e não lucrativas) do mundo atual.

Este capítulo está estruturado em mais três itens, além da introdução. O segundo item apresenta definições de governança e a abrangência com que tal conceito é tratado nos campos da ciência econômica, sociologia e ciência política. O terceiro item mostra as definições de rede e os avanços que elas representam em relação às abordagens mais conhecidas e já consagradas anteriormente pela literatura das relações interorganizacionais, como as cadeias produtivas, as próprias teorias relacionais, os distritos industriais etc. O quarto item apresenta uma aproximação introdutória das abordagens de governanças de redes e seus aprofundamentos teóricos baseados no novo institucionalismo (econômico, sociológico e político).

1.2. O que é governança?

O termo governança não é novo. Em muitos momentos da história ele foi utilizado, como em regimes especiais de governo em províncias anexadas da França ou da Inglaterra. Nos anos 70 do século XX, o termo voltou a circular no debate político sobre governabilidade nos Estados Unidos e na Europa Ocidental e sobre as necessidades de mudanças das instituições e das organizações para aprimorar a capacidade de gestão do Estado em relação aos cidadãos (Pires et al., 2011, p. 31).

Na literatura sobre o tema da governança, algumas definições ajudam a compreender a complexidade que envolve as atuais relações econômicas, políticas e sociais, as cooperações e conflitos entre atores sociais e tomadores de decisões, dentro de instâncias particulares. Algumas das melhores definições de governança são as seguintes:

> *Uso de instituições, estruturas de autoridade e até mesmo a colaboração para alocar recursos e coordenar ou controlar a atividade da sociedade ou da economia* (Bell, 2002, p. 27).
>
> *Totalidade de arranjos institucionais, de regras e de quem concebe estas regras, que coordenam e regulam as transações dentro e através de uma indústria* (Salais & Storper, 1993, p.53).

> *As estruturas de coordenação e tomada de decisões da rede de relações entre unidades de produção e fornecedores-compradores, envolvendo a combinação de diferentes formas de hierarquia, subcontratação, parceria, atmosfera, agências públicas e para-públicas, de cooperação em tecnologias etc.* (Benko, 1996, p. 82).
>
> *A governança se refere às interações entre o Estado e a sociedade e, portanto, sistemas de coligação e de grupos de pressão públicos e privados. (...) com o objetivo de tornar a ação pública mais eficaz e próxima ao bem-estar e interesse do público e, por isso, mais legítima (...) a governança política é também uma teoria da regulação social, idealizada para trabalhar com todos os níveis de governo (...) fala-se em governança local, gestão urbana, governança territorial e governança global. Não existe um modelo único de governança, mas sistemas de governança inerentes a cada contexto social e histórico. Muitas comunidades e empresas têm enfrentado por vários séculos mudanças significativas em seus ambientes, e isso as fez buscar novas formas de governança que pudessem resolver problemas específicos* (Pires et al., 2011, p. 35)

De modo geral, a governança é definida como "a ação ou a forma de governar", segundo o dicionário Oxford (2001, p. 391). A forma de governar responde pela opção que as pessoas e as organizações fazem de conduzir relacionamentos e buscar objetivos. O contexto ou o ambiente em que as pessoas e as organizações atuam interferem nessas decisões. Na realidade, o ator se adapta e não elege o caminho. Assim, a estratégia da organização é adaptativa ao ambiente e não eletiva.

Nos estudos organizacionais, a governança é definida como o modo de o ator lidar com os relacionamentos internos e externos da organização e também de se adaptar às instituições formais (leis, regulamentações, normas, certificações etc.) e informais (rotinas, convenções, mitos, crenças etc.).

É aqui que a questão da governança começa a ganhar complexidade. Valorizando instituições nada clássicas como o contrato, a reputação, a autoridade, a certificação e até mesmo a confiança – esta última destacada pelos autores do campo do institucionalismo cognitivo ou sociológico e em alguns autores do neoinstitucionalismo econômico, como Barney e Harsen (1994); Bachmann e Zaheer (2008); Macneil, (1978) e Wasserman & Faust (1994) –, as governanças correspondem a mecanismos de ação mais complexos e inovadores do que aqueles presentes nas transações tradicionais de um mercado livre ou *spot* (no ato) ou também nas relações no interior de uma empresa integrada tipicamente fordista.

O destaque está na cooperação que ocorre em um relacionamento entre atores – que pode resultar em ganha-ganha – e não na competição guiada pela busca do resultado máximo e otimizador para um ator na relação – cujo resultado ótimo para um ator resulta em ganha-perde na relação e a perda do outro ator.

Assim, se o governo é um modo de gestão suficiente para ordenar entendimentos de ações organizacionais integradas, seja na dimensão pública, seja na privada, a governança surge como um conceito explicativo de formas organizacionais ou estruturas de relações mais horizontais e menos verticais, em que se destacam os processos cooperativos e com ganhos de reputação, transparência, autoridade e até mesmo confiança.

A esfera empresarial capitalista é um bom cenário para a compreensão do que vem de novo com o conceito de governança. Na medida em que as organizações fordistas sofreram processos variados de desmonte nas últimas décadas do século XX, com desintegrações de encadeamentos produtivos e fragmentações mais intensas de interesses (conflitantes e/ou cooperativos), os instrumentos de coordenação surgidos com a empresa vertical não se mostraram mais tão eficientes no capitalismo para gerir relacionamentos que estavam no interior da organização e que foram expelidos.

Se a empresa enxuga, ela se torna mais complexa, e não o contrário. Mecanismos para a gestão dessa complexidade organizacional, como contratos, consórcios, cooperativas, condomínios, *joint ventures*, franquias, entre outros, emergiram voltados para novas instituições (como novas regras de competição, contratações, certificações, convenções, rotinas, mitos etc.).

Se uma empresa do varejo começa um processo de franqueamento para pequenos parceiros lojistas é porque ela está reduzindo operações verticais e ampliando operações horizontais. Outros profissionais são contratados, mesmo que no quadro total de funcionários da empresa ocorra um enxugamento, porém novas funções aparecem. O visual merchandising no varejo (que reestrutura ou adapta as prateleiras das vitrines e interiores de lojas) é um exemplo de profissional que emergiu para percorrer e assessorar as unidades dos franqueados das grandes marcas. Em contrapartida, os aceites dos lojistas franqueados ocorrem porque o contrato de franquia exige tal trabalho ou especificidade humana para o negócio operar. Se uma empresa automobilística reduz estoques de peças e insumos, automatiza linhas de montagem e contrata parceiros para, conectados, suprir a montagem final com partes terminadas de um produto como o automóvel, esse consorciamento ou conjunto de parcerias de primeiro nível está desenhando uma rede. Isso deixou de ser consequência de um governo empresarial para ser consequência de uma governança empresarial. Relações horizontais foram destacadas em detrimento de relações verticais. Há maior complexidade estratégica, apesar da redução de atividades produtivas da firma.

Desses dois processos exemplificados (franquia de varejo e consórcio produtivo modular automobilístico), emergem formas de governança e não de governo. Esses são exemplos da maior complexidade adquirida pela firma que começou a surgir nas últimas décadas do século XX que, enxuta, se transformou em rede e mostrou a governança como mecanismo imprescindível.

Esse movimento pode ser compreendido, de modo mais amplo, ao longo do processo de crise do fordismo no mundo empresarial e do surgimento de fenômenos que começaram a caracterizar o paradigma pós-fordista da produção, de acumulação do capital e da regulação dos negócios, em que a experiência iniciada pela empresa Toyota no Japão foi, apenas, um gatilho transformador.

As características básicas do lado produtivo do fordismo (1. defeitos no produto só eram identificados no final da linha de produção; 2. a empresa fabricava muitas das peças que compunham o seu produto; 3. para não faltar peças ocorria produção em excesso que gerava estoques; 4. o operário-modelo era aquele que melhor obedecia às diretrizes de seus superiores; 5. o funcionário se preocupava apenas com suas funções imediatas; 6. a empresa devia executar os projetos feitos pelos seus engenheiros etc.), entraram em xeque.

O pós-fordismo surgiu com inovações organizacionais no plano da empresa de produção de bens, sendo que as principais foram: 1) os operários interrompem a produção a qualquer momento para consertar falhas; 2) a maioria das peças é feita por outras companhias; 3) o estoque é mínimo e os fornecedores entregam as peças quando a companhia as solicita; 4) o operário-modelo é aquele que identifica problemas e propõe soluções; 5) o funcionário deve se preocupar com a aplicação que o produto terá depois de vendido; 6) a empresa deve planejar a produção de modo a atender aos desejos de seus clientes.

Nesa contraposição, verticalizar atividades e governar uma empresa fordista foi perdendo espaço para horizontalizar muitas atividades e definir as governanças da empresa pós-fordista que, entre tantas transformações, expeliu relacionamentos econômicos de seu interior, reduziu tamanho e reordenou comportamentos organizacionais.

O reordenamento envolveu uma série inovadora de relacionamentos organizacionais. A reordenação também destacou atores que, até então, eram colocados como secundários pelas abordagens que estudavam os processos de decisão e de negociação da organização. Agentes financeiros, relações públicas, certificadores, facilitadores de negócios globais e locais, advogados específicos (por produto, por canais de comercialização, por regiões, por contratos etc.), organizações com *status* público e parceiros exclusivos (específicos) ganharam uma importância nunca vista antes. A governança tornou-se, assim, uma das grandes novidades da crise do paradigma fordista e do surgimento de fenômenos pós-fordistas na produção industrial, na acumulação de capital e na regulação de setores e mercados.

No campo da ciência econômica, a explicação para os limites da firma ganhou, então, um novo destaque. Processos cooperativos entre empresas foram ressaltados para explicar o equilíbrio de uma relação econômica entre dois atores. Em contraposição ao equilíbrio clássico de uma relação de mercado – em que as atuações das empresas eram justificadas pela busca do máximo resultado, o equilíbrio de Nash justificava que atores em cooperação conseguiriam alcançar um resultado positivo, porém não otimizador ou de ganho máximo.

Uma cena produzida no filme "Uma Mente Brilhante", que retrata a vida do matemático John Nash, ganhador do prêmio Nobel de economia de 1994, mostra com alguma didática como a cooperação entre os quatro amigos do jovem Nash no bar da universidade resultaria em sucesso para todos eles nas paqueras iniciadas com as garotas, desde que todos os amigos não definissem como estratégia competir pela garota mais bonita do ambiente. Ou seja, a ação cooperativa e nada individualista ou maximizadora representaria ganhos para todos os participantes. Um jogo em que todos os jogadores ganham e não em que apenas um jogador ganha.

Com a descoberta do equilíbrio obtido na relação econômica pela cooperação mútua de John Nash, nos anos 50 do século XX, e da instituição do contrato por Ronald Coase, em 1937, estava aberta a agenda de descobertas de novos fenômenos organizacionais, como a governança. Se o contrato se apresenta como uma nova instituição econômica é porque o mercado clássico (no ato, *spot*) e a empresa integrada não ofereciam as respostas mais eficientes para os ganhos dos atores econômicos.

Se o equilíbrio de uma relação não era estabelecido pela busca da maximização de resultados pelos atores (de custos marginais que igualavam receitas marginais em curto prazo, de lucros máximos etc.) e sim pela conquista de um bom resultado obtido pela cooperação mútua, o embrião do fenômeno da governança estava estabelecido, desde os anos 30 do século XX, no campo científico da economia e também na organização da produção e de gestão em geral. Knight (1922) - destacando o oportunismo como condição sutil da natureza humana com o qual os estudos da organização econômica deviam estar ativamente preocupados, Commons (1934) - a transação como unidade relevante de análise, e Simon (1957) - o comportamento humano é intencionalmente racional mas de forma limitada - colaboraram na formação dessa estrutura embrionária de estudos de governanças.

Muitos exemplos podem ajudar nesse entendimento da governança. A governança corporativa surgiu no cenário empresarial e nos mercados com a promessa de sistematizar relações, estruturar poderes e guardar direitos em um campo econômico em transformação. Um mecanismo para estruturar relacionamentos, criando formas de convivência adequadas entre as partes, e para movimentar informações, no sentido de criar compartilhamento que assegurasse transparência (como obrigação e desejo do ator de informar), equidade (tratamento justo e igualitário de todos os grupos minoritários e partes interessadas) e responsabilidade corporativa (perenidade e considerações da empresa para a ordem ambiental e social) com base nas prestações de contas das empresas (sobre responsabilidade e deveres – o *accountability*).

Caso a tecnologia de informação esteja em uso, a proposta da governança corporativa se abre para a governança do negócio e da conformidade. Nos negócios, a governança é desenvolvida para os requisitos das transações. Na conformidade, a governança é adaptadora de leis e regulamentações. Em ambas, fica claro que a maior novidade é o processo de adaptação da empresa às instituições (leis, normas, regras, convenções, mitos, cerimoniais etc.) e aos parceiros. Assim, com o peso das instituições pairando sobre as empresas, mercados, contratos e complementos de negociações e conformidades, a eleição do empresário para o caminho ótimo torna-se impraticável. Isso porque a incerteza e a limitação de raciocínio do empresário impedem a maximização de resultados, bem como o lucro ótimo, os custos marginais que igualam a receita marginal etc.

A contribuição da Nova Economia Institucional (NEI), de Williamson (1975) e suas leituras de Coase (1937), Simon (1957) e MacNeil (1984), foi muito importante para isso, ao tratar a racionalidade limitada e o oportunismo do ator econômico como pressupostos de comportamento humano. Existem custos de relacionamento se os atores negociam sob qualquer grau de incerteza e agem ou sofrem com oportunismos.

Com base em Simon (1957), a racionalidade limitada do agente público na decisão (considerando os *policy makers*, intencionalmente racionais, mas na prática limitadamente racionais) poderia ser reduzida até um ponto satisfatório pela criação de instituições que enquadrassem os comportamentos dos atores nas direções de resultados desejados. Aliada à incerteza no ambiente de negócios dos atores, a abordagem de economia dos custos de transação colaborou intensamente para o aprofundamento do conceito de governança, com variáveis e instrumentos analíticos relevantes.

Enfim, se há incerteza, racionalidade limitada e oportunismos nas relações da organização e entre organizações, torna-se impossível o alcance da maximização de resultados – seja para o lucro econômico seja para o ganho político. Distante do ótimo, a organização administraria a busca pelos bons resultados, governando os relacionamentos de uma maneira que não era privilegiada na concepção maximizadora de lucros (que, no campo da ciência econômica, é a teoria neoclássica da firma). Assim, a governança é um modo de a organização governar situações de risco diante de atores oportunistas e também de governar limitações de entendimento do ambiente que, bem executado, atingirá um resultado satisfatório – não necessariamente maximizador.

A governança, portanto, não é um modismo. Trata-se de um conceito que surge para explicar uma formidável linhagem de mecanismos adaptadores do ator econômico e que não eram considerados pelas abordagens clássicas da economia, da ciência administrativa e da ciência política.

Para as abordagens que sustentam a argumentação clássica de maximização do ator econômico (de lucros, custos etc.) o foco reside na eleição do empresário. Para as abordagens da governança, as instituições são relevantes e influenciam decisões e resultados organizacionais. Isso faz com que as organizações se adaptem a um resultado, não necessariamente maximizador. Ou seja, não se trata de eleger o caminho estratégico que deve alcançar o lucro máximo, mas adaptar as condições de alcance de um resultado bom.

Uma frase muito didática para entender o comportamento do ator que faz governança e não governo é "o bom é melhor que o ótimo". Isso ocorre, simplesmente, porque o ótimo não é alcançável para as abordagens teóricas que focam as governanças. A incerteza, a racionalidade limitada e o oportunismo (este último somente para a vertente econômica da governança) impedem a maximização de objetivos e resultados lucrativos ótimos do empresário. Em suma, o verbo-chave da governança é a adaptação do ator, bem diferente da eleição – o verbo-chave das abordagens clássicas organizacionais que focam a eleição do ótimo.

No plano político, essas distinções também cabem para compreender governança diante de governo. Na política, governança deriva inicialmente do termo Governo e pode ter várias interpretações, dependendo do enfoque – conforme será tratado neste livro. Segundo o Banco Mundial, a governança é a maneira pela qual o poder é exercido na administração dos recursos sociais e econômicos de um país com vistas ao desenvolvimento e às capacidades dos governos de planejar, formular e programar políticas e cumprir funções.

Durante a crise do Estado-Nação dos anos 80 e 90 do século XX e as pressões da ideologia neoliberal no mundo, palavras e expressões foram forjadas para possibilitar o entendimento de suas diferentes dimensões e propiciar a busca de soluções no campo político – que de modo algum estaria descolado do campo econômico.

A expressão governança, segundo Gonçalves (2010) surge de reflexões conduzidas principalmente pelo Banco Mundial,... *tendo em vista aprofundar o conhecimento das condições que garantem um Estado eficiente (...) tal preocupação deslocou o foco da atenção das implicações estritamente econômicas da ação estatal para uma visão mais abrangente, envolvendo as dimensões sociais e políticas da gestão pública* (Diniz, 1995, p. 400). A capacidade de governança não seria avaliada apenas pelos resultados das políticas governamentais, e sim também pela forma pela qual o governo exerce o seu poder. Estava aberta a introdução de um novo conceito para compreender o exercício da política: a governança.

Assim, governança pode ser um sinônimo de Governo, o órgão de soberania ao qual cabe a condução política geral de um país, sendo o órgão superior da administração pública. A possibilidade aparece porque governança também diz respeito às medidas adotadas pelo governo para governar o país em questão. Nessa direção, as principais características da boa governança tornaram-se as seguintes: 1) Estado de direito; 2) transparência; 3) responsabilidade; 4) orientação por consenso; 5) igualdade e inclusão; 6) efetividade; 7) eficiência e 8) prestações de contas.

Essas características não podem ser examinadas com a simples verificação de existência ou não de cada uma delas na governança política. Os próximos capítulos deste livro mostrarão que autores neoinstitucionalistas (políticos, econômicos e sociológicos) enfatizam a complexidade do processo de estabelecer cada uma delas para a boa governança. O consenso é concorrente entre os atores envolvidos, e a manipulação do desejo dos homens é parte importante do processo institucional de construção do consenso para medidas de governança. A presença da transparência no processo político da governança não significa que seja total e irrestrita, e em geral não é. A responsabilidade não necessariamente é compartilhada por todos os atores envolvidos na governança. O oportunismo e a incerteza conduzem a um tipo de risco que nasce com a falta de compromisso de um ator em uma relação ou da irresponsabilidade de alguns atores em uma rede de política.

Na ajuda do entendimento da governança, Gonçalves (2010) destaca duas questões da definição do Banco Mundial, que são as seguintes:

> *a) A idéia de que uma "boa" governança é um requisito fundamental para um desenvolvimento sustentado, que incorpora ao crescimento econômico equidade social e também direitos humanos* (Santos, 1997, p. 340-341);
>
> *b) A questão dos procedimentos e práticas governamentais na consecução de suas metas adquire relevância, incluindo aspectos como o formato institucional do processo decisório, a articulação público-privado na formulação de políticas ou ainda a abertura maior ou menor para a participação dos setores interessados ou de distintas esferas de poder* (Diniz, 1995, apud Gonçalves, 2010, p. 1)

Ambientes institucionais que orientam as adaptações dos sujeitos de uma nação tornaram-se importantes no desenvolvimento de processos decisórios mais democráticos. Com a fragmentação do Estado, cresceu o papel da articulação público-privado para a formulação de políticas públicas. Organizações políticas mais pluralistas e bem menos corporativistas passaram a oferecer e operar mecanismos de governanças em redes que podem agir entre o maior e o menor ambiente institucionalizado, entre orquestrações mais ou menos fechadas e estruturas funcionais mais ou menos flexíveis.

Além da fragmentação do Estado, iniciada nos anos 80 e 90 do século XX, a globalização financeira, a abertura comercial e a maior complexidade da sociedade civil (que, por exemplo, incorpora as preocupações de equidade social e de direitos humanos ao crescimento econômico) contribuíram para o início de construções de ambientes institucionais sustentáveis e estruturas de governanças políticas mais pluralistas. Não que as estruturas corporativistas tenham desaparecido por completo, mas suas influências caíram consideravelmente. O conceito de governança explicaria melhor a incorporação das relações de poder e a integração entre as diferentes fases do processo decisório (o que não teria um fim ou um princípio), além de incorporar outros elementos à formulação e análise da política pública, tais como o papel da burocracia, da influência dos partidos, das orquestrações dos grupos e associações de interesses, *lobbies*, ONGs etc.

Assim, a governança na política surgiu como um conceito que tratou de dois aspectos novos para o estudo da construção da política pública, que são: 1) destacar os papéis das instituições (regras, normas, crenças, rotinas, reciprocidades, contratos, sentimentos de pertencimento etc.) no processo construtivo; e 2) anunciar a necessidade de romper com a sequência clássica de construção da política a. emergência de um problema; b. introdução na agenda; c. formulações de soluções; e d. decisão e início da implementação), porque o destaque maior deve ser dado ao início da implementação da política, no qual as decisões são tomadas e os problemas, reformulados (Lindblom, 1979). É nessa fase de construção da política que reside o papel essencial do ambiente institucional e também dos mecanismos de governança lançados pelos atores.

A partir dos estudos da contingência da década de 70 do século XX, diversas teorias ambientais apareceram na teoria das organizações, (exploradas no capítulo 4) como dependência de recursos, ecologia populacional, teoria institucional e contingência estrutural. Surgiu também a perspectiva de redes como forma de análise e de governança. Boa parte dessas teorias passou a explorar os comportamentos dos atores econômicos e suas relações com outros atores do ambiente.

Nos estudos das organizações, portanto, a governança está associada ao modo como o ator lida com os relacionamentos internos e externos da organização e também em como ele se adapta às instituições formais (leis, regulamentações, normas, certificações etc.) e informais (rotinas, convenções, mitos, crenças etc.).

Para Suzigan, Garcia e Furtado (2002), a governança também se refere ao grau de hierarquia, liderança e comando entre os atores. Storper e Harrison (1991, p. 408) entendem a forma de governança baseando-se no "ator que exerce poder de afetar o desenvolvimento do sistema". Os autores utilizam "sistema de produção" para designar a estrutura de coordenação que se forma com base nas relações horizontais e verticais das firmas. Essas relações podem ser governadas por mecanismos de mercado ou por processos interativos conformados em fortes hierarquias entre os atores. Faz-se necessário, assim, verificar se as relações são governadas por mecanismos de preços ou por processos de maior complexidade organizacional, que requerem desenvolvimentos de contratos, de lideranças, de reputações e de influências de redes.

1.3. O que é rede?

O conceito de rede na gestão surgiu para atender os esforços das comunidades científica e empresarial em compreender e explicar as diversificadas relações entre organizações (empresas, órgãos públicos, organizações não governamentais etc.) e instituições (regras, normas, convenções, rotinas, mitos etc.), na medida do crescente interesse sobre os papéis das organizações e as consequências das interações mais horizontais e cooperativas no sistema econômico.

Não se trata de manter o foco nas relações tradicionais de mercado *spot* ou no interior da empresa (em integração vertical), mas de aceitar que as governanças surgiram por meio de novas instituições econômicas, como o contrato – conforme Coase (1937) –, a rede – conforme Eccles (1981) e Powell (1990) –, as alianças e outras formas complementares contratuais – como argumenta Menard (2002, 2004) –, a comunidade de capital social – conforme Putnam (1993) – e a rede de política – conforme Dowding (1995) e Van Waarden (1992) etc.

Essas impressões da governança de rede como fenômeno organizacional inovador e relevante começaram aos poucos no campo da ciência econômica – com os contratos de Coase (1937) e a governança híbrida de MacNeil (1984), Williamson (1975) e Ecles (1981) – e na teoria das organizações – com a rede de Powell (1990), Mizruchi; Schwartz (1992); Powell e Smith-Doer (1994); Uzzi, (1997 e 2000); Martes et al. (2006) e Martes (2009).

Powell (1990) mostrou que o conceito típico de governança híbrida contratual da Economia dos Custos de Transação (ECT) na Nova Economia Institucional (NEI) – utilizado na discriminação entre arranjos institucionais alternativos entre o mercado e a empresa integrada que são baseados em custos de transação – deveria levar em consideração a rede como forma alternativa de organizar tipos similares de relacionamentos.

Depois de um período adormecido, esse conceito de organização híbrida do negócio a partir da descoberta do contrato de Coase (1937) foi aproveitado por Williamson (1975, p. 1985), MacNeil (1984) e outros, que desenvolveram a Economia dos Custos de Transação (ECT), cujo foco é o processo pelo qual as negociações de mercado, não repetitivas e sem especificidades envolvidas para as partes no negócio (ativo) – e por conta disto realizadas em arranjos de mercado –, passam a ser repetitivas e com especificidades que podem formar resultados incertos e que devem exigir a organização integrada e vertical na predominância da firma.

Em outras palavras, pode ser mais interessante a ineficiência da hierarquia do que os custos de transação de mercado quando houver transações caracterizadas com altas especificidades (sejam eles relacionados com dinheiro, energia e tempo) e que não podem ser facilmente transferidos ou transformados. Isso porque, com altas especificidades nas negociações, as existências da racionalidade limitada (que torna os contratos incompletos) e do oportunismo (que acarreta problemas de seleção e de risco moral no investimento) só podem ser mais bem equacionadas mediante minimizações obtidas por substituições das relações de mercado pelas relações de autoridade – uma característica das hierarquias verticalizadas com contrato de trabalho – ou pelas estruturas híbridas governadas por contratos e complementaridades de longo prazo.

Nessa fase de contribuições relevantes para o estudo da governança, Powell (1990) apresentou críticas relevantes ao modelo mercado – contrato – hierarquia, questionando, por exemplo, o caráter atemporal da noção de mercado dado por esse modelo quando se sabe que o sistema de mercado é historicamente determinado e que a firma hierarquizada, com fronteiras definidas, constitui uma exceção que confirma a regra, ao se observar uma incidência significativa de cartéis, negócios familiares e extensas empresas comerciais sem fronteiras definidas.

Evidências empíricas dessas críticas, como o Vale do Silício nos EUA e os arranjos cooperativos no norte da Itália, dão conta da existência de empresas de pequeno e médio porte com um padrão de crescimento direcionado por externalidades positivas, advindas das redes de relações (algumas vezes preexistentes), num processo que sugere conferir a essas firmas condições competitivas em termos de obtenção de recursos e atendimentos de necessidades funcionais em mercados construídos culturalmente e politicamente em que a cooperação tem papel importante.

Powell (1990) reforçou que há uma alternativa que vai além dos modelos híbridos da Economia dos Custos de Transação (ECT), que eram caracterizados por contratos de longo prazo num *continuum* entre mercado e integração vertical (hierarquia). Nessa visão da ECT, as formas híbridas poderiam ser identificadas como formas de subcontratação (com características mais ligadas ao relacionamento via mercado) ou ainda formas de organização como as franquias, *joint ventures*, alianças, unidades de negócios descentralizadas e estruturas matriciais (mais próximas da hierarquia ou integração vertical). No entanto, para Powell (1990), a alternativa de governança híbrida se apresenta sob a forma de ações de cooperação (com base em reciprocidade, dependência de relacionamentos, reputação, interesses mútuos e confiança) entre as firmas por intermédio de suas fronteiras. Daí, então, as redes de relações estratégicas.

Com a rede, há o fenômeno importante da interdependência entre os atores sem que estes percam a sua autonomia e o poder de participação nas decisões, numa estrutura de compartilhamento de custos e benefícios. Nos arranjos em rede, os fatores de sucesso estão baseados em complementaridades e acomodações entre os integrantes em relações interdependentes. Essas relações ocorrem sob um leque mais amplo de fatores, como a reciprocidade, a confiança, a legitimidade, a reputação, o poder etc.

O Quadro 1.1, originalmente apresentado por Powell (1990), destaca a rede como uma forma de governança distinta do mercado e da hierarquia empresarial (integração vertical).

QUADRO 1.1 Características das formas de governança

Características	Mercado	Hierarquia	Rede
Coordenação	Contrato – Direito de Propriedade	Comando – Integração Vertical	Complementaridade de forças, informalidade
Meios de comunicação	Preço	Rotina	Contatos formais e informais
Método de solução de conflitos	Ações Legais	Normas Administrativas, Supervisão	Normas de reciprocidade, reputação, legitimidade
Grau de flexibilidade	Alta	Baixa	Média
Grau de confiança entre as partes	Baixo	Médio para Alto	Médio para alto
Estado da relação	Suspeitoso	Definido, Formalizado	Interesses mútuos
Preferência dos atores	Independente	Dependente	Interdependente

Fonte: Powell (1990)

Para Powell (1990), as redes estão aptas às necessidades de informação eficiente e confiável, advindas de agentes que já se reconhecem e se relacionam com base na reputação. A informação flui pela rede de modo mais livre do que na hierarquia e em maior quantidade do que no mercado, sendo especialmente adequada quando envolve a produção de bens cuja mensuração do valor é mais difícil (como *know-how*, capacidade tecnológica, abordagens ou estilos particulares de produção, inovações etc.).

Vê-se a importância de Powell (1990) para a descoberta do fenômeno da rede e da evolução da conceituação da governança híbrida porque, ao tomar como referência a economia institucional de Williamson (1975; 1985), com seus três modelos estilizados de governança – mercados, contratos e empresa integrada verticalmente –, Powell (1990) conclui que as redes não representam mercados ou hierarquias, mas uma forma intermediária de organização – assim como Thoelli (1986).

Esse aspecto é fundamental para evitar um erro comum entre muitos pesquisadores, que é tratar a rede como um *continuum* entre "redes como mercado" e "redes como organização vertical". As novas implicações gerenciais relevantes estão no desafio da governança por meio da complementaridade de forças, das normas de reciprocidade, da reputação, da legitimidade, do interesse mútuo e da interdependência. Assim, o novo fenômeno é a governança de rede – em suas variadas metáforas, como estrutura, processo, relacionamento, posicionamento ou perspectiva, conforme Easton (1992).

Não se trata, portanto, de posicionar e analisar as implicações gerenciais na gestão *na* rede, mas na gestão *da* rede, porque o foco não está em "redes como mercados", mas em redes como governanças híbridas ou como organizações não verticais.

A história industrial nas dimensões da produção, da regulação e da acumulação do capital ajuda nessa justificativa. Na dimensão da produção, na medida em que avançou o fenômeno do desmonte da fábrica tradicional integrada e a redução da verticalização produtiva e gerencial, representando a crise organizacional do paradigma produtivo fordista, os autores das ciências sociais aplicadas recorreram aos recortes analíticos em redes e a abordagens institucionais e organizacionais.

Como metáfora ou conceito, a governança de rede deve estar vinculada a uma tradição teórica para ter força explicativa. O presente livro vincula o conceito de rede ao neoinstitucionalismo em suas vertentes regulativa, normativa e cognitiva – conforme Scott (1995) – ou econômica, histórica e sociológica – conforme Hall e Taylor (1996).

Temos agora recortes teóricos que privilegiam relacionamentos mais horizontais que verticais e o convívio mais aceitável de cooperação e conflito na mesma relação empresarial nos quais o ambiente institucional assumiu maior importância para o entendimento das decisões organizacionais porque as regras formais (leis, normas, certificações etc.) e informais (rotinas, convenções, mitos, crenças etc.) influenciam mais intensamente o jogo (a relação empresarial). Se as organizações se adaptam (como tratam as abordagens neoinstitucionais regulatórias, normativas e cognitivas) e não elegem (conforme o enfoque maximizador do *mainstream* econômico neoclássico) é porque o ambiente institucional interfere em demasia na tomada de decisão do ator. Daí a maior relevância das regras, normas, convenções, rotinas, crenças etc.

Com base no reconhecimento da maior relevância do ambiente institucional para o campo do relacionamento econômico sob incerteza e oportunismo, surgiram as descobertas de elementos que podem governar os negócios e que não eram reconhecidos nos estudos da escola econômica neoclássica, como o contrato, a rede de poder, o campo social ou simbólico etc. A partir do contrato e do reconhecimento da racionalidade limitada, respectivamente com Coase (1937) e Simon (1957), novos elementos de coordenação dos negócios surgiram e clamaram pela emergência de um novo fenômeno: a governança.

Nesse caso, a rede surge como uma forma de governança mais complexa e que abarca elementos que um contrato não contempla, como as relações de confiança, de desenvolvimento da reputação, da legitimidade da distribuição de poder e de conformações de capitais simbólicos etc. Segundo Duarte e Frei (2008), uma das características básicas de uma rede é a sua abertura e porosidade, possibilitando relacionamentos horizontais e não hierárquicos entre os participantes.

> *Redes não são, portanto, apenas uma outra forma de estrutura, mas quase uma não estrutura, no sentido de que parte de sua força está na habilidade de se fazer e desfazer rapidamente* (Duarte & Frei, 2008).

Muito embora uns dos princípios da rede sejam a abertura e a porosidade, o que a caracteriza são as ligações sociais. E a ligação fundamental entre as pessoas ocorre por intermédio da identidade.

> *Os limites das redes não são limites de separação, mas limites de identidade. (...) Não é um limite físico, mas um limite de expectativas, de confiança e lealdade, o qual é permanentemente mantido e renegociado ...* (Capra, 2008)

Os atores em rede se caracterizam mais pelas suas relações e identidades (expectativas) do que pelos seus atributos (gênero, idade, classe social). As caracterizações das relações ocorrem pela reputação, legitimidade, reciprocidade, confiança , embutimentos etc. Logo, relações mais ou menos densas em rede podem ser definidas pela quantidade de informações e de recursos trocados entre os atores, pelas frequências dessas trocas, pelo grau de cooperação existente entre os atores etc.

A distância que separa cada ator também pode caracterizar uma rede e cada uma de suas relações constituidoras. A proximidade pode ser, assim, um indicador de cooperação entre os atores. Também um ator que ocupar uma posição mais central deverá influenciar mais o negócio ou a política da rede que o outro ator (menos central). Isso também poderá caracterizar a reputação de cada ator na rede. Esses são exemplos de variáveis de análise que ganharam importância com o fenômeno da governança de rede no sistema econômico capitalista e que serão demonstrados nos próximos capítulos deste livro.

A Figura 1.1 apresenta um desenho de estrutura e organização em cadeia produtiva. Trata-se de um primeiro esquema representativo para ajudar a compreender as diferenças estruturais entre cadeia e rede. A abordagem de análise da cadeia produtiva ganhou importância para explicar fenômenos que privilegiavam relacionamentos de ordem vertical e guiados pelo interesse individualista maximizador de lucro. A abordagem da cadeia produtiva não enfatizava as relações baseadas na confiança, reputação, legitimidade, embutimentos etc. A ênfase esteve no sequenciamento de operações verticais produtivas e tecnológicas e pautou-se nas operações de *input* e *output* das firmas ou elos pelo fluxo produtivo, tendo ainda como referência a oferta do produto final do encadeamento, conforme mostra a Figura 1.1.

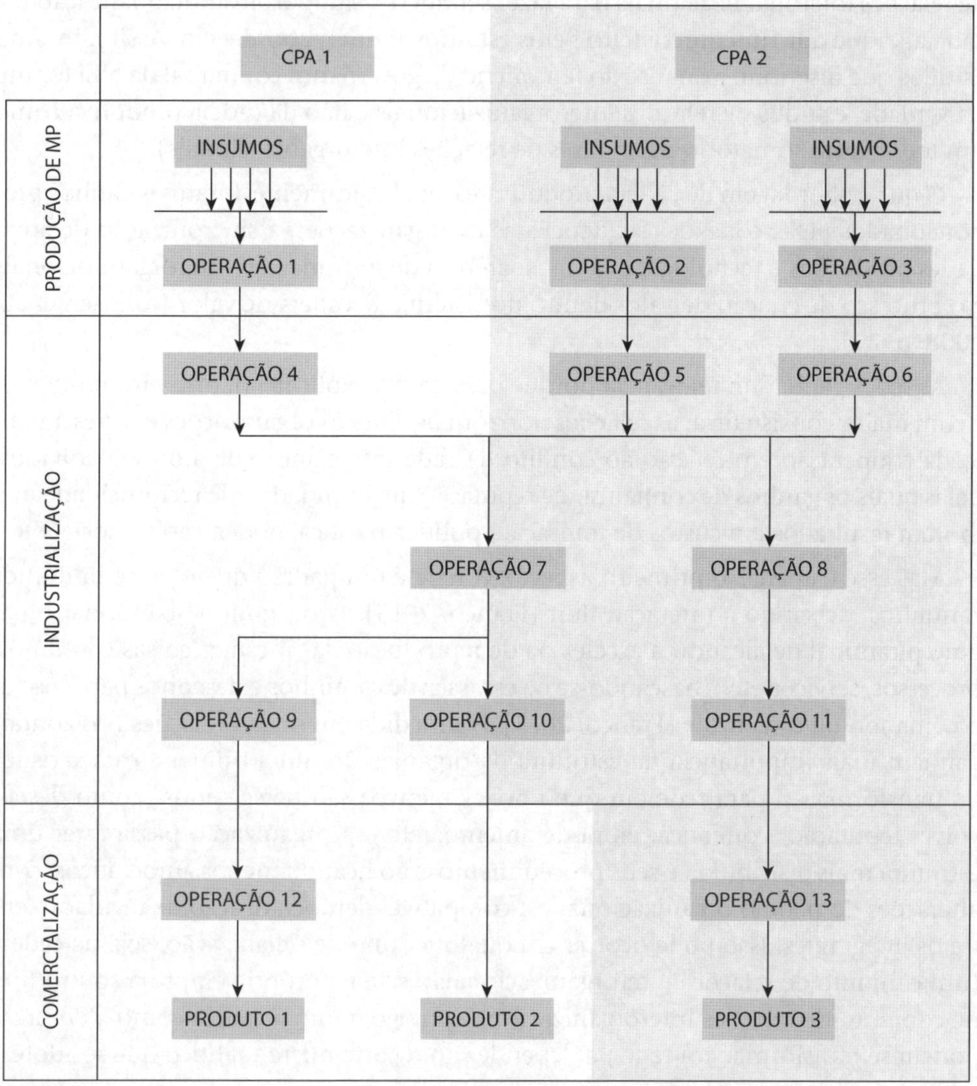

FIGURA 1.1 Cadeia de Produção e Rede de Relacionamentos: uma primeira comparação.

Fonte: Adaptado de Batalha e Silva (2007).

O negócio, quando institucionalizado e como institucionalização – nos estudos ligados à abordagem de cadeia produtiva, chegou no máximo (e só a partir dos anos

90 do século XX) ao objeto do contrato e à unidade de análise da transação conforme preconiza a NEI, não avançando para fatores como confiança, embutimento, legitimidade, recursos de poder etc. Mesmo nos casos em que o estudo do contrato foi adicionado à abordagem de cadeia, para estudá-la era necessário um somatório de análises de relações interorganizacionais para fazer sentido o estudo da institucionalização em cadeia, o que dificilmente foi feito pelos estudiosos dessa abordagem. Assim, mesmo estudos que inseriram a análise do fenômeno da governança contratual da NEI foram, na verdade, estudos de relações interorganizacionais e não da cadeia produtiva como um todo (num somatório de análises de relações interorganizacionais).

O que a abordagem de cadeia produtiva focou, basicamente, foram os ganhos proporcionados pelas conexões sequenciadas de organizações, a sincronização de atividades produtivas e tecnológicas, a transparência de informações interorganizacionais e o processo de criação de valor dentro do sistema de cadeia de valor (Johnsen et al., 2008, p. 75).

As redes ganharam relevância porque passaram a explicar, em primeiro momento e com maior consistência, as relações horizontais entre as organizações e o crescimento da cooperação em relação ao conflito de cada intercâmbio de atores envolvidos, pelas quais os ganhos de confiança, de reputação, legitimidade e de reciprocidade melhoram resultados em custos de transação, política pública, poder, capital social etc.

Mas esse é apenas o primeiro aspecto. A rede é um padrão que oferece múltiplos caminhos, deixando a interação fluir (Franco, 2013). Isso significa abandonar o padrão piramidal de alcançar a excelência de reprodução das mesmas coisas (produtos, processos, serviços etc.), baseando-se na escassez de caminhos e desenhos para ensejar o comando ou o controle (Franco, 2013). Na medida em que as relações horizontais ganham mais importância na estrutura da organização, uma primeira característica da transformação para rede em que novos objetivos são perseguidos (como desenvolver reputação, confiança, empoderamentos etc.), a organização passa a ter uma estrutura mais distribuída e seus procedimentos vão ficando menos autocráticos, com alterações do padrão organizacional e a compatível democratização de regulação entre os integrantes. Isso pode ocorrer em qualquer tipo de organização, seja na cadeia (um conjunto de relações interorganizacionais), seja na própria empresa (outro tipo de conjunto de relações interorganizacionais). Logo, tanto a cadeia como a empresa podem se transformar em redes, a depender do recorte microanalítico que se adote.

Segundo a Figura 1.2, a rede, em plenitude, está na estrutura organizacional distribuída de Paul Baran (1964), e a estrutura descentralizada mostra que a organização (empresa ou cadeia) está se modificando por meio de regiões ou funções estruturadas com graus significativos de distribuição, embora ainda tenha a hierarquia para o alcance da excelência de reprodução dos produtos, processos e serviços. Assim, pela configuração organizacional descentralizada da Figura 1.2, é possível notar que há rede se formando em torno dos atores com um maior grau de centralidade (número mais elevado de ligações) – os atores a, b, c, d, e, f, g. Quando esses atores se conectam entre si para um conjunto de ações e procedimentos (cada vez mais arranjados em torno de conquistas de reputação, reciprocidade, confiança, embutimentos etc.). Nesse nível de conectividade – entre os atores de alto grau de centralidade – há características de organização em rede, embora por trás das ações dessa rede estejam atores com estruturas ainda hierárquicas. Mas já há um tipo organizacional em rede formado, isso não resta dúvida, embora resistam organizações hierárquicas em torno da rede observada. Desse modo, o mais relevante é perceber que entre os dois extremos apresentados (a organização totalmente centralizada e a totalmente descentralizada) há um amplo espectro de topologias possíveis e que as redes estão presentes entre os níveis mais ou menos descentralizados, mais ou menos abertos, mais ou menos institucionalizados.

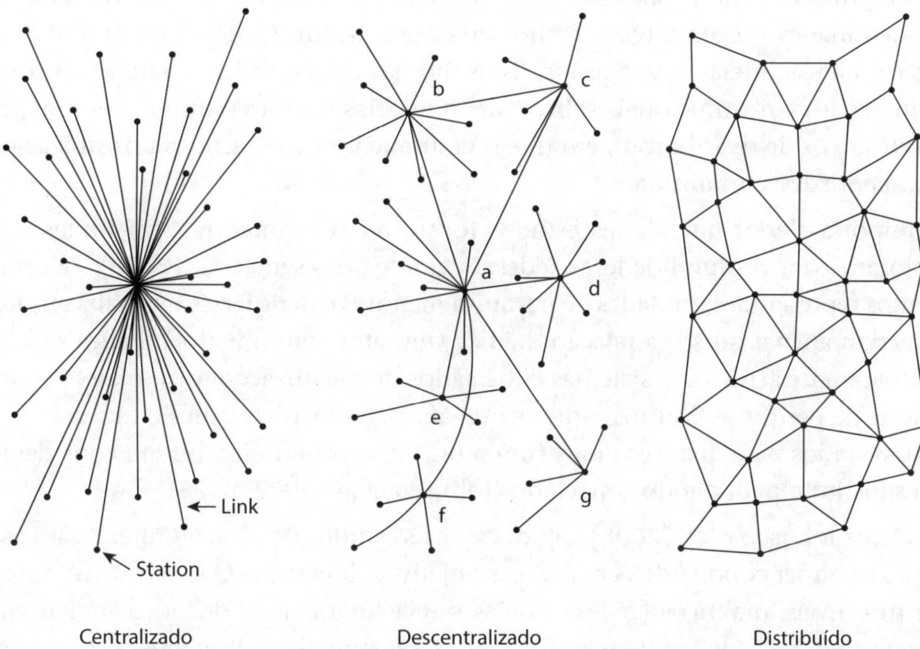

FIGURA 1.2 Estruturas organizacionais: centralizada, descentralizada e distribuída. Fonte: Baran (1964), in: Franco (2013).

A rede, como um bicho vivo e autocriativo (Franco, 2013), segue um padrão que oferece múltiplos caminhos, diferentemente do padrão piramidal da firma e a sua reprodução das mesmas coisas (produtos, processos, serviços etc.) –, e se baseia na escassez de caminhos e desenho para ensejar o comando ou o controle (Franco, 2013). Em rede, ao deixar a interação fluir e estar aberto à interação mais fortuita e fraca com o outro, a empresa (em rede vista como um ator múltiplo e autocriativo) pode realizar outros desempenhos em termos de custos de transação eficientes, desenvolvimentos de recursos de poder e também de novas capacidades de imersão social.

Assim, medir processos em rede é avaliar interatividade organizacional, que não significa interagir mais ou menos intensamente – com vínculos mais sólidos ou permanentes –, mas sim estar mais aberto à interação com o outro e medir temperatura, pressão, volume e velocidade das interações (medir a abertura do ator à interação) – e que pode até ser fortuita ou fraca, pois existem relações fortuitas e frouxas que produzem bons resultados, conforme colocam Franco (2013) e Fligstein (1985; 1998).

Três características são comuns entre cadeias e redes: a interdependência de atores, a conectividade e as relações interorganizacionais. Incomuns são os elementos que trazem ganhos para os atores em rede por meio de relações horizontais e de identidades e expectativas, como reputação, legitimidade, embutimentos, poder, confiança, imersões sociais etc. Essas últimas características apareceram com as abordagens neoinstitucionais sobre redes. Ou pelas funções estruturadas com graus significativos de distribuição, em que o grau máximo é a estrutrura organizacional totalmente descentralizada.

Importa alertar que alguns estudos focam relações interorganizacionais e não exploram com profundidade as redes. Segundo Johnsen et al. (2008), relacionamentos representam unidades de pesquisa menores e mais fáceis de analisar porque requerem apenas acesso à relação diádica (um ator com um ator). Redes e cadeias necessitam de acesso aos sistemas conectados de organizações e, por isso, são mais difíceis de pesquisar. Muitos estudos que afirmam envolver redes e cadeias são, de fato, voltados para análises duais (um a um) não conectadas, porém consideradas um substituto para o todo conectado (Johnsen et al., 2008, p. 75).

O que Johnsen et al. (2008) coloca é que os estudos de relações interorganizacionais podem ser conduzidos em níveis e objetivos diferentes. O Quadro 1.2 sintetiza em três níveis analíticos (redes, cadeias e relacionamentos duais) os temas-chave para pesquisa, o que também ajuda o leitor a distinguir as abordagens de rede e de cadeia e as utilizações mais adequadas. Vale notar que os temas-chave para cada nível de relações interorganizacionais podem ser válidos para estudos de redes, desde que a análise avance para mais relações que tenham funções descentralizadas e não se restrinja a uma relação (um ator com um ator).

Há também uma considerável ordem cronológica de como as pesquisas avançaram nessas diferentes perspectivas. Investigações sobre relações interorganizacionais tiveram grande destaque nos anos 60 e 70 do século XX, período em que

QUADRO 1.2 Três níveis de análise em pesquisa sobre redes

Nível de análise	Temas-chave
Nível 1: Redes Interorganizacionais	**Teias de relacionamentos de negócios interconectados** Compreensão das estruturas de redes, processos e evolução; Influência e tratamento das ações de atores interconectados; Mobilização e coordenação de atores-chave; Gerenciamento de posicionamento em redes; Grupos ou coligações de organizações com objetivo comum, definido de acordo com a finalidade específica de análise.
Nível 2: Cadeias Interorganizacionais	**Sequências conectadas de organizações**; Sincronização de atividades e sequenciamento de informação dentro da cadeia; Transparência de informações na cadeia; Criação de valor dentro do sistema de cadeia de valor.
Nível 3: Relações Interorganizacionais	**Relacionamentos um a um (diádicos)** Avaliação e gestão de relacionamentos; Desenvolvimento de confiança, compromisso e reciprocidade: parcerias; Compreensão do equilíbrio da dependência de poder; Compreensão das direções passadas, presente e futuras dos relacionamentos.

Fonte: Johnsen et al. (2008, p. 75).

cadeias e redes estavam germinando. As pesquisas em cadeias produtivas avançaram significativamente nos anos 70 do século XX. Johnsen et al. (2008) observa que foi justamente quando o conceito de cadeia de valor de Porter (1985) ganhou reconhecimento. Canais de suprimentos, cadeias de valor e cadeias agroindustriais surgiram em conceitos e abordagens que pudessem responder a uma sequência conectada de organizações em relacionamentos não desprezíveis para os custos de produção e de coordenações de negócios. A sincronia de atividades, a redução da assimetria de informações e a criação de valores receberam ênfases desses estudos de cadeias, conforme mostra o Quadro 1.3.

Foi nos anos 80 do século XX que os processos de mobilização e de orquestração de interesses menos verticais e mais horizontais ganharam atenção para responder a influência de atores conectados, coligações com objetivo comum de governança, aprimoramentos de riscos morais nas relações e suas consequências numa estrutura de rede, processos e evolução de reputação e de confiança nas relações, participação e influência de um ator sobre outros (conectados ou não diretamente a ele) etc. Assim, surgiram trabalhos de redes de negócios, redes de execução de políticas, de poder, de dedicação cidadã, de desenvolvimento do capital social etc., conforme mostra o Quadro 1.3.

QUADRO 1.3 Desenvolvimento de investigações sobre relacionamentos interorganizacionais, cadeias e redes na literatura – 1960-2015

	Relacionamentos	Cadeias	Redes
1960-1970	• Bom atendimento ao cliente define um fornecedor como bom (England, 1967) • Economia de Custos de Transação (Williamson, 1975) • Desenvolvimento da Teoria Interorganizacional (Van der Ven, 1975) • Tipos de relacionamentos entre hierarquia e mercado (Richardson, 1972; Blois, 1972; e Williamson, 1975) • Caracterização de situações de compra para determinar relacionamentos comprador-vendedor (Hakansson et al., 1977)	• Cadeias produtivas e estratégias (Morvan, 19XX) • Dinâmica industrial (Forrester, 1961) • Compra de materiais como elemento de conceito da gestão de materiais (Leenders et al., 1962; Lee Dobler, 1965; Ammer, 1968; Aljian, 1973) • Utilização do MRP para o planejamento e controle da cadeia de suprimentos interna (Orlicky,1975)	• Redes de negócio (Cook e Emerson, 1978)
1980	• Desenvolvimento de relacionamentos comprador-vendedor e institucionalização (Ford, 1980) • Avanço das formas híbridas e especificidades dos ativos na Economia dos Custos de Transação (Williamson, 1985) • Ação social e incrustação (Granovetter, 1985) • Modelo portfólio de compras-categorias de produtos e estratégias de compra como determinantes do relacionamento com fornecedores (Kralijic, 1983) • Gestão da qualidade em relacionamentos (Deming, 1986) • Perspectivas estratégicas e organizacionais em parcerias (Kanter, 1989) • Controle e coordenação em diferentes tipos de relacionamentos (Child, 1987) • Colaboração estratégica (Contractor e Lorange, 1988) • Relações adversas que não contribuem para qualidade (Frazier et al., 1988) • Relacionamentos de longo prazo (Spekman, 1988)	• Primeira utilização do termo SCM (Oliver e Webber, 1982) • Impacto de vários aspectos do ambiente de canal nas ações da empresa local (Achrol et al.,1983) • Utilização de estoques na cadeia de suprimentos interna como fonte de vantagem competitiva (Jones e Riley, 1985) • Cadeia de valor e sistema de cadeia de valor (Porter, 1985) • Obtenção de vantagem comparativa por localização geográfica planejada das atividades da cadeia de valor (Kogut, 1985) • Cadeia de valor logística (Bowersox et al.,1986) • Benefícios complementares de congruência dos ativos na cadeia de valor (Teece, 1986)	• Redes como padrão de relacionamento de organizações que buscam objetivos comuns (Van der Ven e Ferry, 1980) • Modelo ARA de redes industriais (Hakansson, 1987) • Estruturas alternativas de canais de distribuição são redes fracamente estruturadas de empresas alinhadas verticalmente (Stocke Lambert, 1987) • Redes como uma terceira forma: nem mercado nem hierarquia (Thorelli, 1986) • Redes estratégicas (Jarillo, 1988)

(continua)

QUADRO 1.3 (continução)

1990	• Parceria com terceiros (Macbeth e Ferguson, 1994) • Quatro modelos de relacionamentos comprador-vendedor (Lamming, 1993) • Avaliação de relacionamento (Lamming et al., 1996) • *Business dancing*: relacionamentos em estratégias de negócios (Wilkinson e Young, 1994) • Competências relacionais (Cox, 1996) • Conceito de suprimento (Harland et al., 1999) • Tipos de relacionamentos e confiança percebida neles (Sako, 1992) • Capital social corporativo em relacionamentos (Leenders e Gabbay, 1999; Araujo e Easton, 1999). • Estratégia de relacionamento (Cousins, 1999)	• Gestão da demanda em cadeias de suprimentos (Towill, 1991) • Gestão de *Pipeline* (Farmer e Ploos van Amstel,1991) • Logística da Gestão da Cadeia de Suprimentos(Christopher, 1998) • Implementação da abordagem japonesa *keiretsu* nas atividades da cadeia de suprimentos (Burte Doyle, 1994) • Cadeia de suprimentos adequada para determinados produtos (Fischer, 1997) • Integração de processos em cadeias de suprimentos (Lambert et al., 1998)	• Redes como organização (Powell, 1990) • Rede de Políticas (Dowding, 1995) • Rede de Poder (Van Waarden, 1992) • Economia de Redes emissoras de ordens (Green e Santos, 1992) • Posicionamento de redes e ações estratégicas (Johanson e Mattson, 1992) • Redes de fornecimento (Hines, 1994; Nishiguchi, 1994) • Níveis da Gestão da Cadeia de suprimentos: empresa, relacionamento, Cadeias e redes (Harland, 1996)
2000 em diante	• Complementaridade de contratos (Menard, 2004) • Transparência de valor (Lamming et al.; 2001) • Capital social em relações de fornecimento (Harland e Knight, 2001 a; Erridge e Greer, 2002) • Gestão de mudanças cooperativas em cadeias de suprimentos (Macbeth, 2002) • Gestão de relacionamento de longo-prazo (Cousins, 2002)	• Impacto do aspecto eletrônico em cadeias de Suprimentos (Croom, 2001) • Movimento *lean* e de funcionamento para cadeias de suprimentos ágeis e customizadas (Christopher e Towill, 2001) • Competência e Aprendizagem em cadeias de suprimentos (Spekman et al., 2002)	• Rede como forma complementar aos contratos (Menard, 2004) • Habilidade social e a teoria dos campos (Fligstein, 2001) • Taxonomia de redes de suprimentos (Harland et al., 2001) • Estratégias de redes de suprimentos (Gadde e Hakansson, 2001) • Redes de compartilhamento de conhecimento e alta performance (Dyer e Nobeoka, 2000) • Competências de redes e sucessos em inovação (Ritter e Gemünden, 2003) • Imagens de redes (Ford e Redwood, 2005)
Fonte: Johnsen et al. (2008, p. 59-60), Van Waarden, (1992), Dowding (1995), Grandori e Soda, (1995).			

Atualmente, existem metodologias sofisticadas para analisar redes (Powell & Smith-Doer, 1994). Mas não há como negar a abrangência e a subjetividade do termo "redes". Não existe um consenso se as redes são metáforas, métodos ou uma teoria (Powell & Smith-Doer, 1994). É possível pensar nas redes como uma metáfora para se compreender relações das mais variadas, desde que vinculadas a uma tradição teórica para ter força explicativa do fenômeno da governança. Na medida da evolução dos métodos e das sistematizações das análises, a rede poderá ser tratada como teoria. O presente livro trata das redes vinculadas à teoria neoinstitucional em suas vertentes econômica (racional), política (normativa) e sociológica (cognitiva).

Isso é fundamental para qualquer tipo de rede. Na interpretação de Dowding (1995), as redes de políticas eram inicialmente empregadas como uma metáfora e somente se tornaram teoria ao longo das análises sociológicas das interações mais horizontais. Temas como centralidade e proximidade de atores, densidade e coesão do relacionamento, enraizamentos culturais e sociais ganharam importância para explicar fenômenos organizacionais como o do relacionamento econômico entre atores. Recursos de poder tornaram-se variáveis de análises organizacionais, financeiras, políticas, constitucionais, tecnológicas e simbólicas para redes formadas em torno do processo de construção da política pública.

No campo da economia institucional, mecanismos complementares aos contratos foram destacados dos trabalhos de Menard (2002, 2004), como as alianças de negócio, as *joint ventures* empresariais, as cooperativas de produção e de logística, *capital ventures*, de licenciamentos, *franchising* etc.

Na aliança há a cooperação para desenvolver, projetar, produzir, comercializar ou distribuir produtos ou serviços – com pactos de pesquisa conjunta, acordos mútuos de licenciamento, contratos de P&D (Pesquisa & Desenvolvimento) etc.

Na *joint venture* estão relações cooperativas entre duas ou mais organizações, envolvendo assim a criação de uma nova firma para gerenciar a relação (Gofredo e Bataglia, 2013, Gulati e Singh, 1998; Menard, 2004). Grandori e Soda (1995) definem *joint ventures* por meio de duas ou mais firmas que conduzem as atividades e a criação conjunta. Essas firmas são proprietárias e gestoras de uma terceira empresa, a qual necessita de um conjunto de mecanismos de coordenação e de comunicação para decisões conjuntas e processos de negociação para balancear os acordos de capitais. Embora uma *joint venture* não necessite de simetria de investimentos e ações, ela é caracterizada como um tipo simétrico de arranjo, segundo Grandori e Soda (1995). Aliança e *joint venture* mostram a necessidade de construção de atributos de capacidade relacional que recaem sobre os custos de coordenação em rede. Há maior complexidade organizacional por meio do envolvimento de uma terceira firma e as presenças de tarefas típicas entre os parceiros (Gofredo e Bataglia, 2013).

O *venture capital* é um tipo de aliança que evoluiu para a forma de rede organizacional. Grandori e Soda (1995) definiram o *capital venture* como uma rede proprietária assimétrica que não envolve somente uma forma de financiamento, pois é caracterizada por relações interorganizacionais aprofundadas entre o investidor e o parceiro. O problema é como proporcionar capital para atividades inovadoras e arriscadas que têm dificuldades de obter créditos pelas formas tradicionais. Isso faz com que surjam novas formas de organização, principalmente em setores de alta tecnologia ou em setores avançados. Para esse arranjo é necessário um profundo conhecimento do parceiro, direitos de propriedade assegurados por um empreendedor, um conjunto de canais para decisões conjuntas e ainda a transferência de *know-how* gerencial.

Existem redes burocráticas assimétricas para Grandori e Soda (1995), como as redes de agência, de licenciamento e de *franchising*. Nas redes de agências, os contratos especificam cláusulas importantes, inspeções, controle dos direitos e transferência de *know-how* para alinhar os interesses dos agentes. Embora as licenças sejam reconhecidas como um contrato de mercado, Grandori e Soda (1995) destacam que mais e mais cláusulas são incluídas e acompanhadas por relações extracontratuais, como no caso da produção de fármacos e das revendedoras de automóveis.

Já o *franchising* tem o objetivo inicial de garantir um alto padrão de qualidade e maior visibilidade dos produtos e serviços do franqueador. Dentro desse tipo de rede, os contratos podem inserir uma variedade de mecanismos operacionais que permitam a padronização e a transferência de *know-how* técnico e gerencial do franqueador para o franqueado e, ainda, controle de desempenho da unidade franqueada – por isso o perfil burocrático e assimétrico atribuído por Grandori e Soda (1995).[1]

---

[1] Grandori e Soda (1995) definem redes sociais e burocráticas. Para redes sociais, eles definem os tipos simétricos e assimétricos. As redes sociais simétricas são aquelas caracterizadas pelos contatos pessoais entre empresários e gerentes. As relações entre os atores funcionam como uma rede exploratória de troca de informações confidenciais. Grandori & Soda (1995) destacam que os contatos pessoais entre esses membros são elementares para manter a confiabilidade dos contatos e estabelecer possíveis parceiros futuros. Os autores ainda destacam que, para empregar mecanismos de comunicação e tomadas de decisão, existem normas e controles sociais capazes de regular os processos de troca. A interseção nos quadros dirigentes (*interlocking directorates*) representa a mais institucionalizada forma de redes sociais simétricas. Os autores citam exemplos de redes sociais simétricas nos distritos industriais, nos distritos de alta tecnologia e nos polos de pesquisa e desenvolvimento. As redes assimétricas ou centralizadas têm a presença de um agente central. Frequentemente, essas redes são coordenadas verticalmente ou apresentam interdependência transacional entre firmas. Nessas redes, as transações serão formalizadas por contratos; entretanto, esses contratos dizem respeito somente à troca de bens e serviços. As relações da rede, embora funcionem como um mecanismo de coordenação, não são formalizadas por contratos. As redes burocráticas são caracterizadas pela formalização das trocas entre os agentes ou pelas associações de acordos contratuais. Diferente das redes sociais, os contratos formais especificam as relações entre as partes via um sistema legal, protegendo os direitos recíprocos das partes. O grau de formalização pode variar, mas nunca é completo. As redes burocráticas (simétricas e assimétricas), embora formalizadas, nunca substituem a presença das relações sociais. Grandori & Soda (1995) destacam dois tipos de redes burocráticas: as redes simétricas (consórcios, associações comerciais, federações, cartéis etc.) e as assimétricas (franquias, capital ventures etc.).

As alianças e *joint ventures* deram início a esse processo de constituição de redes, que depois avançou para outros tipos como *capital ventures*, *franchising* etc. Foram formas organizacionais que vieram a reboque de um conjunto amplo e global de aquisições fortalecidas pelo capital financeiro e motivadas pela coespecialização, coopção, coaprendizagem, ganhos de entrada em novos mercados ou até pela resposta gerencial da empresa em lidar com tecnologias muito inovadoras, regulamentações desconhecidas, processos de privatizações em novos mercados etc. (Dacin, et al., 2008, p. 87). São formas de relacionamento mais complexas que focam reduções de custos de transação, poder de negociação de atores em rede, influências empresariais sobre governos de economias receptoras dos novos investimentos multinacionais etc.

Na medida em que são aprimoradas, juntamente com a economia que as recebem, as alianças e as *joint ventures* podem se transformar em manifestações colaborativas avançadas, como as redes. A Figura 1.3 mostra as diferenças entre a aliança dual, a aliança multilateral, a *joint venture* e a rede.

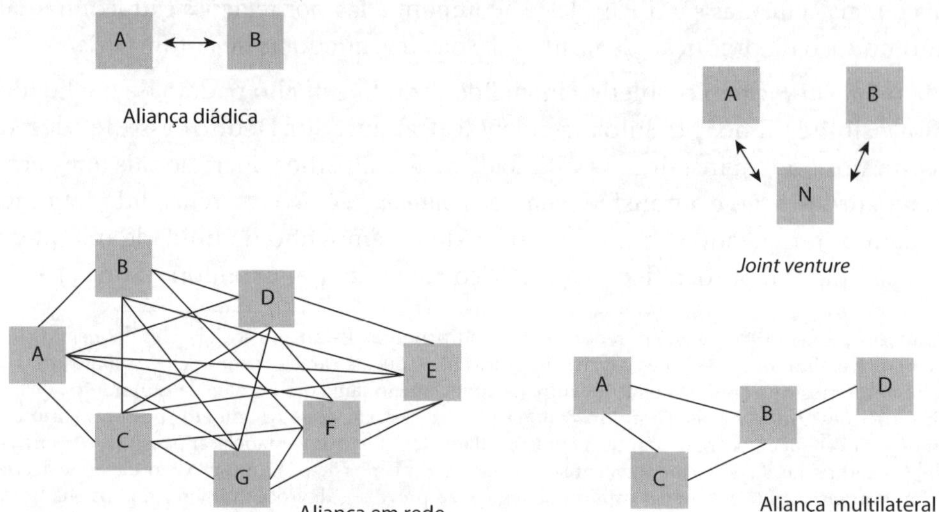

FIGURA 1.3 Ilustrações de formas de aliança: diádica, *joint venture*, multilateral e rede.

Fonte: Dacin, et al. (2008, p. 87)

Eccles (1981) também observou redes complementando contratos, já que, sendo os contratos de curto prazo e geralmente relacionados a projetos específicos, a relação torna-se durável porque o contratante frequentemente recontrata os mesmos parceiros. Na maior parte dos casos que o autor observou, as relações ocorrem há mais de cinco anos e podem chegar a mais de 20 anos. Assim, as redes de relacionamento e as gestões de princípios relacionais passaram a significar muito para a redução do custo da transação.

Menard (2002) observou inicialmente as redes de empresas focadas para coordenar quantidades e qualidades de suprimentos alimentares e também para diminuir os custos de transação com agregações de valor em canais de distribuição de produtos. Em 2004, o mesmo autor começou a investigar o fenômeno da Star Alliance no mercado da aviação comercial mundial e notar novos determinantes dos custos de transação das empresas envolvidas que poderiam melhorar as explicações dos fenômenos das alianças estratégicas – como redes de custos de transação, que, para o autor, prosseguem complementando o contrato no processo de coordenação do negócio. Trata-se de um caso em que a mudança na composição da aliança culminou em formar a rede Star Alliance em resposta aos efeitos combinados de regulamentações (como aquelas em que todos os países têm em relação à propriedade privada ou aos direitos de terra), desregulamentação (como mudanças de perspectiva sobre política) e privatização (Dacin, et al., 2008, p. 89; Bruecker, 2003; Kalligiannis et al., 2006).

Assim como as redes são admitidas como fenômenos redutores de custos de transação entre empresários, elas podem explicar negociações entre políticos. Assim, nas arenas políticas existem custos de transação entre formuladores de políticas públicas, entre executores de políticas públicas e, numa perspectiva mais estruturalista, custos de coordenação de redes de políticas.

Nesse último tipo de rede de política, surgem articulações que vão além dos custos de transação na formulação e na execução de políticas públicas e que alcançam, portanto, outras variáveis explicativas. No campo da ciência política, há uma agenda formidável de estudos de redes de poder que se formam em torno do processo de construção e de resultado da política. Isso começou com as pesquisas britânicas dos anos 80 e 90 do século XX e a forte tradição da ciência política de compreender o poder ao concentrar respostas para quais atores participam das decisões, quais deles atuam na rede e também quantos conseguem real acesso aos processos de tomada de decisão, como Rhodes (1990, 1981, 1986), Rhodes & Marsh (1995), Dowding (1985, 1994), Van Waarden (1992), Jordan (1981, 1984 e 1990), Jordan & Schubert (1992) e Cawson (1986). Surgiu uma perspectiva pluralista na ciência política como contraposição à perspectiva corporativista dos arranjos de interesses na construção da política pública, conforme abordagem que será mostrada no Capítulo 5.

Na teoria das organizações, há estudos de redes de entrega de serviços públicos e de implementação da política pública. Numa perspectiva intraorganizacional, a coordenação e a criação de produtos e resultados concretos da política são elementos centrais de análise, tornando a organização da rede para entrega de serviços como objetivo principal de investigação sobre a eficácia de implementar e executar a política pública (Klijn, 2008).

Do mesmo modo que há, no campo da administração pública, estudos relevantes sobre redes de governança para resolução de problemas sociais, para processos de deliberações e para novas articulações entre instituições inovadoras e tradicionais, há também um foco nos processos de iniciativas de políticas e deliberações entre os atores, como resultados e conflitos de valores na busca de soluções funcionais para problemas de políticas. Isso tudo contextualizado em uma sociedade moderna

QUADRO 1.4 Classificações das redes segundo literatura mais citada

Tema de classificação das redes	Variáveis de classificação
Custos de transação eficientes (Williamson, 1975, 1985, 1991).	Mercado, Contrato, Integração vertical.
Tipo de governança: risco e dependência em confiança (Ring e Van de Ven, 1992).	Mercado, Contrato recorrente, Contrato relacional, Hierarquia.
Complementaridade contratual (Menard, 2004).	Mercado, Reputação, Rede relacional, Liderança, Instituição ad. Hoc. Integração vertical.
Redes políticas (Van Waarden, 1992; Dowding, 1995).	Estado capturado, Estado *pantouflage*, Relações paternais, Clientelismo, Triângulo de ferro, Neocorporativismo estatal, Neocorporativismo setorial, Concertação neocorporativista, Comunidade política, Pluralismo pressionado, Rede difusa.
Importância da autonomia estrutural e ênfase na criação conjunta (Campbell e Wilson, 1996).	Redes sociais, Redes de criação de valor, Transações de mercado, Integração vertical.
Orientação de rede (Hinterhuber e Levin, 1994).	Redes internas, Redes verticais, redes horizontais, Redes diagonais.
Cooperação formal e informal (Rosenfeld, 1996).	Redes hard, Redes soft.
Grau de propriedade e Grau de terceirização.	Redes internas, Redes estáveis, Redes dinâmicas.
Grau de integração da propriedade e integração da coordenação (Robertson e Langlois, 1995).	Distritos *Marshalianos*, Redes japonesas *Kaisha*, Redes de *Venture Capital*, Distritos da terceira Itália, Empresas *chandlerianas*, Empresas *holding*.
Atores da rede e orientação de tarefas (Hallen, 1992).	Redes de negócios, Infraestrutura das redes.
Tipos de relacionamentos e flutuações ambientais (Craves et al., 1996).	Redes flexíveis, Redes virtuais, Redes Hollow, Redes de criação de valor.
Tipos de redes de suprimento (Harland et al., 2001).	Atividades da rede refletindo o tipo de produto, Rotina e produtos customizados ou únicos, Produtos com alta ou baixa complexidade.
Mecanismos de coordenação baseados no grau de formalização e na centralização (Grandori e Soda, 1995).	Mecanismos de comunicação, decisão e negociação, Coordenação e controle social, Integração de papéis e unidades, *Staff* comum, Hierarquia e relações de autoridade, Planejamento e sistemas de controle, Sistemas de incentivos, Sistemas de seleção, Sistemas de informação, Suporte público e infraestrutura.

Fonte: elaboração dos autores, do original de Johnsen et al. (2008, p. 73), Lamming et al. (2000), Van Waarden, (1992), Dowding (1995), Grandori e Soda, (1995).

cujas outras características importantes e inovadoras são as conexões sociais, políticas e econômicas em rede (Klijn, 2008).

O Quadro 1.4 apresenta uma síntese com as principais classificações de redes lançadas até hoje pelos autores mais citados nos campos da economia, da teoria das organizações, da administração de empresas, da ciência política e da sociologia econômica.

1.4. Redes como forma de governança: primeiros passos

Existem duas abordagens para o estudo das redes no capitalismo atual (Powell & Smith-Doer, 1994). A primeira, das redes como forma de governança, é multidisciplinar e prescritiva e enxerga as redes como um tipo de lógica de organização ou uma forma de governar as relações entre os atores econômicos. A segunda, das redes como forma analítica, é ancorada na sociologia e na teoria das organizações e utiliza as redes como base de análise para as relações sociais dentro e fora da firma.

Embora ambos advenham de corpos teóricos diferentes, é possível – com esforço considerável – combinar alguns elementos explicativos de ambas as abordagens em determinados estudos. Um exemplo é o uso da temática do *embeddedeness* (enraizamentos ou embotamentos dos atores) entre as duas perspectivas, que diz respeito à maneira como atores econômicos estão inseridos em uma estrutura de relações que fornece oportunidades, mas também produzem coação no comportamento organizacional.

Com as transformações econômicas e sociais do ambiente organizacional, a partir da segunda metade do século XX, as organizações sentiram a necessidade de maiores entendimentos e informações de seu ambiente externo e do efeito das decisões empresariais.

Em razão do incremento da concorrência global e da concentração em vários segmentos, a simples transferência dos custos para o preço final se tornava cada vez mais delicada. De todo modo, com a expansão da capacidade de processamento de informações e as mudanças tecnológicas, o enfoque da gestão teve que, necessariamente, ser modificado; uma adaptação às novas exigências competitivas.

Cresceu a ocorrência de sofisticadas formas de cooperação e de relacionamentos entre as empresas. Não é à toa que John Nash (prêmio Nobel de economia em 1994) escreveu sua tese sobre jogos cooperativos nos anos 50 do século XX e ganhou notoriedade a partir dos anos 80 do século XX. Revelando a dificuldade de as empresas buscarem um resultado individual ótimo, o economista Nash destacou a estratégia simultânea e cooperativa entre atores como a mais adequada e previsível. Se ambos cooperam, a solução caminha para um resultado bom para todos. Isso é bem diferente do resultado ótimo da competição, preconizado pela teoria clássica de economia desde a obra de Adam Smith (1776). A rede surge como um tipo organizacional de governança cooperativa e que aparece como um bom exemplo da teoria dos jogos de John Nash.

Especialmente a partir dos anos 90 do século XX, abordagens baseadas no conceito de rede passam a enfatizar os relacionamentos cooperativos e a interdependência. Apresentam-se novas possibilidades de atuação empresarial, entre as quais a operação por redes exploradoras de complementaridades mútuas e de compartilhamentos de informações, de riscos, de recursos etc.

As redes como forma de governança têm despertado grande interesse nas últimas décadas. Nohria (1992) destaca três principais razões para o aumento do interesse pelas redes. Primeiro, em função da emergência da "nova competição",[2] ocorrida nos distritos regionais da Califórnia e Itália e da emergência das economias asiáticas como o Japão, Coreia e Taiwan. Segundo, em decorrência do surgimento das novas indústrias de computadores e biotecnologia e do desenvolvimento tecnológico, que levam as organizações a adotarem novas formas de organização da produção. Terceiro, pela ampliação e amadurecimento da análise da rede como uma disciplina acadêmica.

Muito do ímpeto dessa linha de pesquisa provém dos trabalhos de Piore & Sabel (1984), os quais encaram a nova lógica de produção (especialização flexível) como uma alternativa à produção em massa. As firmas adotam novas maneiras organizacionais pela cooperação produtiva e tecnológica para responder às demandas do ambiente.

Britto (2002, p.346) coloca que a análise das redes tem contribuído para a análise de diferentes temas, como:

- Alianças estratégicas e outras formas de cooperação (produtiva, tecnológica, comercial etc.);
- Programas de cooperação específicos para viabilizar determinada inovação;
- Sistemas flexíveis de produção baseados em relações estáveis de cooperação entre empresas atuantes em determinado ramo de atividade;
- Distritos industriais baseados na aglomeração espacial de empresas e outras instituições que interagem entre si;
- Sistemas nacionais de inovação baseados na especialização e interação de diversos tipos de agentes envolvidos com a realização de atividades inovadoras;

[2] Conforme a explicação de Nohria (1992) "a nova competição" é o nome dado para diferenciar a crescente competição caracterizada pelo surgimento dos distritos regionais (Vale do Silício na Califórnia e em Prato e Modena na Itália), das novas indústrias de computação e biotecnologia e ainda da economia asiática (Japão, Coreia e Taiwan) nos anos 80 do século XX.

- Processos de subcontratação e terceirização realizados por empresas especializadas em determinadas atividades. São relações que se estruturam nas chamadas redes no interior da cadeia produtiva (ex.: relação montadora e fornecedores de autopeças).

Não se pode negar também que as análises das governanças de redes contribuem para um debate teórico muito importante e que investiga conceitos opostos, como confiança e oportunismo, organizações formais e informais, complementaridades contratuais, formas de governança singulares ou plurais etc., o que é saudável para o progresso do neoinstitucionalismo como teoria (Grandori, 1999; Powell, 1990, Scott, 1995).

Podolny & Page (1998) comentam que as redes, quando consideradas uma forma de governança, podem ser caracterizadas como forma de organização ou uma coleção de atores – número maior a 2 – que perseguem repetidas trocas. Esses atores visam assegurar relações de troca com outro ator e, ao mesmo tempo, legitimar a autoridade organizacional para arbitrar e resolver disputas que podem surgir durante a troca.

Diferentemente das relações de mercado e da hierarquia, as redes operam com uma lógica própria e particular ao perseguirem acordos cooperativos para obter acesso rápido às informações e inovações tecnológicas. Assim, beneficiam-se das economias de escala para proceder à pesquisa e produção/operação conjunta, e ainda para dividir os riscos e incertezas nas inserções dos mercados (Powell, 1990). Entretanto, algumas relações de troca em uma determinada rede podem desencadear efeitos negativos quando os eventos históricos e as relações de poder tornam assimétricas as relações ou quando essas relações atravancam o processo de inovação por causa da elevada interdependência.

As redes são alternativas às formas de mercado e de integração vertical por conterem estruturas horizontais e verticais de troca, interdependência de recursos e linhas recíprocas de comunicação. Como foi dito no item anterior, a crítica dos autores da sociologia econômica à nova economia institucional, como Powell (1990), é que a última vê o mercado e a hierarquia como as únicas formas de governança pura. Embora Oliver Williamson considere a existência dos modelos híbridos, as trocas complexas envolvem um amplo conjunto de variáveis que não são exploradas pelos teóricos da NEI.

No mercado, as relações não são asseguradas, mas episódicas e formadas com o propósito de transferência de recursos e bens acabados. Na integração vertical ou hierarquia, as relações são asseguradas por mais tempo do que um breve episódio, mas reconhece-se a existência da autoridade legítima para resolver disputas entre os atores (Podolny & Page, 1998). As redes são diferentes do mercado porque aplicam um amplo conjunto de mecanismos de coordenação e são diferentes da firma porque mantêm direitos de propriedades separados (Grandori, 1999). Ainda Hage & Alter (1997) destacam que a coordenação da rede torna-se mais complexa em função da autonomia de cada integrante e também da complexidade do processo decisório do ator.

As redes como forma de governança estão sendo amplamente estudadas com base em uma nova lógica produtiva. Redes como forma de governança estimulam o acesso rápido a recursos e *know-how* que não podem ser produzidos internamente (Nohria, 1992).

O apoio institucional, de governos e entidades afins também está sendo estudado como mecanismo importante nas redes (Nohria, 1992). Uma questão bastante abordada é como a reputação (e até a confiança, na perspectiva sociológica ou cognitiva do neoinstitucionalismo) pode complementar ou substituir os procedimentos administrativos e até os contratos das transações.

A Figura 1.4 mostra que a rede, como forma organizacional, é capaz de assimilar tipos de coordenação que o mercado e a integração vertical não conseguem. Segundo Hollingsworth & Boyer (1997), as instituições estão inseridas em um sistema social de produção. A cultura, a política, as limitações técnicas e de materiais são alguns elementos que formam a estrutura social da produção. Assim, os arranjos institucionais podem ser compreendidos com a combinação de duas dimensões: a natureza ou o motivo das ações e a distribuição de poder. Na primeira linha, está presente a visão econômica predominantemente neoclássica, que considera o indivíduo agindo por interesse próprio. Em contraste, na segunda linha está a perspectiva sociológica, que compreende a obediência às normas sociais que guiam a ação humana. Na perspectiva motivacional da decisão da organização, a rede como abordagem comporta a mescla do interesse próprio e da obrigação, revelando que a ação em rede comporta um misto de emulação, competição e cooperação.

As redes exibem variados conjuntos de interesses próprios e obrigações sociais, tanto nas relações simétricas quanto nas relações assimétricas. Elas diferem do mercado e da integração vertical. O mercado combina os interesses próprios com a coordenação horizontal. As associações coletivas e o Estado são requisitados a exigir e aplicar as regras formais para o controle de atores. Na hierarquia, os atores estão interligados por uma autoridade formal existente. Existem as comunidades, em que os atores estão ligados por um interesse em comum, sem qualquer verticalização. São arranjos institucionais baseados na confiança, na reciprocidade e também nas obrigações, características que também estão presentes nas relações em rede.

As redes mostram o misto de emulação, cooperação e competição e somam características das comunidades e das estratégias das organizações integradas verticalmente. Essa é uma das razões de sua força explicativa, conforme mostra a Figura 1.4.

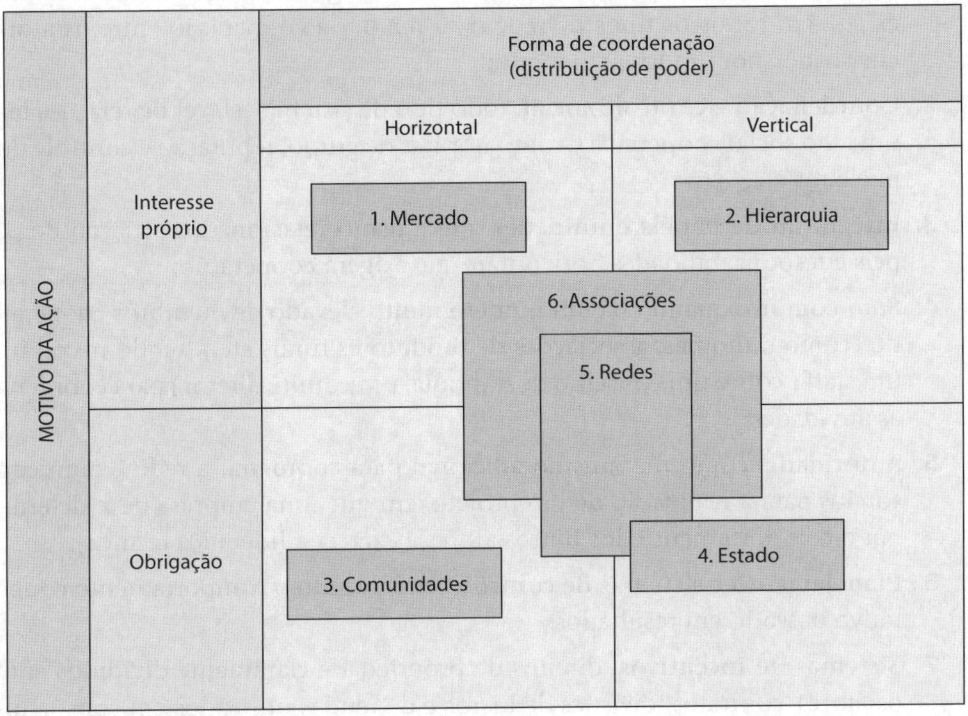

FIGURA 1.4 Arranjos institucionais e as formas de coordenação. (Hollingsworth & Boyer, 1997)

O conceito de rede não perpassa apenas pelas grandes áreas do conhecimento, tais quais economia, sociologia, organizações, antropologia, política etc. Quando a governança se encaixa em áreas mais específicas (como concorrência de oligopólios, contratos, dependência de recursos, gestão de pessoas etc.), aparecem definições mais específicas.

As redes são definidas, por exemplo, como uma forma de cooperação e coordenação interfirmas (Porter, 1998), unidades celulares interligadas (Amato Neto, 2000) ou ainda como arranjos organizacionais com vínculos, por vezes cooperativos, entre organizações interdependentes que passam a coordenar suas atividades econômicas (Brito 2002).

Os motivos para a cooperação mútua em rede podem vir, segundo Grandori e Soda (1995), dos combates ou precauções dos atores envolvidos na rede às falhas de mercado. A cooperação mútua pode advir da utilização de alguns mecanismos presentes, em maior ou menor grau, nas redes. Para Grandori e Soda (1995), existem dez mecanismos que podem motivar a cooperação mútua em rede. São eles:

1. **Mecanismos de comunicação, decisão e negociação:** presentes ex-*ante* e ex-*post* em todos os tipos de rede para manter a cooperação entre os atores envolvidos por um longo período;
2. **Coordenação e controle social**: todo tipo de sistema estável de relações tem um lado social cooperativo, como normas de grupo, reputação e controle dos parceiros etc.;
3. **Integração de papéis e unidades**: mecanismo relacionado à criação de papéis e responsabilidades horizontais que exigem cooperação;
4. ***Staff* comum:** quando há um número muito elevado de membros cooperando (como franquias, associações de produtores rurais etc.), sendo necessário um staff (como um conselho de franquia, um comitê diretor) para coordenar as atividades;
5. **Autoridade**: como mecanismo adicional para coordenar a rede (como consórcios para a realização de um projeto, em que uma empresa deve determinar o comportamento dos outros atores e exercer a liderança técnica);
6. **Planejamento e sistemas de controle**: envolvendo o comportamento cooperativo baseado em resultados;
7. **Sistemas de incentivos**: direitos de propriedade claramente divididos entre os atores, contratos, divisões de lucros e de rendas utilizados em consórcios, *franchising* e associações;
8. **Sistemas de seleção:** regras formais para a seleção de parceiros, já que quanto maior o escopo de cooperação, mais restritas serão as regras, o que gera uma especificidade de acesso (Grandori e Soda, 1995);
9. **Sistemas informacionais**: as informações têm se destacado como um elemento fundamental para a coordenação, podendo diminuir os custos da comunicação e funcionar como um mecanismo de coordenação (como nos sistemas CAD e CAM[3]);

---

[3] CAD (*Computer Aided Desing* – Projeto Assistido por Computador) o processo de projeto que se utiliza técnicas gráficas computadorizadas, pela utilização de programas (software) de apoio, auxiliando na resolução dos problemas associados ao projeto. CAM (Computer Aided Manufacturing – Fabricação Assistida por Computador) refere-se a todo e qualquer processo de fabricação controlado por computador. A tecnologia CAD/CAM corresponde a um sistema único e completo. Pode-se projetar um componente qualquer na tela do computador e transmitir a informação por meio de interfaces de comunicação entre o computador e um sistema de fabricação.

10. **Suporte público e infraestrutura:** mecanismo relacionado ao apoio institucional para a criação de polos e parques industriais, cooperação em atividades inovadoras etc.

O processo de estruturação e evolução das redes envolve não apenas fatores econômicos, ainda que estes não possam ser descartados, mas também componentes sociais e políticos tais como a busca da legitimidade e a importância da homogeneidade do grupo, dos mecanismos de coordenação, a intensidade das relações e a questão da confiança e da reciprocidade para a manutenção da rede.

Os conceitos de campo organizacional e isomorfismo, introduzidos em Di Maggio e Powell (1983), também contribuem para a análise de redes. Zucker (1987) afirma que a fonte de institucionalização do próprio conceito de campo organizacional se encontra nas redes interorganizacionais. Logo, as análises de redes devem levar em consideração os fatores institucionais como elemento central, já que as características institucionais estruturam as redes e são estruturadas por elas.

Quanto ao neoinstitucionalismo sociológico, este se relaciona com a análise da rede na medida em que existem vínculos estabelecidos entre os seus participantes caracterizados por valores e crenças comuns. A natureza social dos vínculos entre os participantes de uma rede é importante para entender sua formação e seu funcionamento.

Diferentemente da abordagem neoinstitucional sociológica, as redes no direcionamento da economia institucional formam-se para reduzir os custos de transação de seus integrantes. O negócio ou a transação é a unidade de análise. O custo deve ser calculado por ator, segundo seu próprio posicionamento na rede e para cada relacionamento econômico que mantiver. Como ator racional limitado pela influência das instituições (regras, normas, convenções do ambiente institucional) e rodeado de incertezas para decidir com riscos anteriores e posteriores à negociação, a organização econômica busca eficiência na relação pautada num cálculo. O ator racional tomará a decisão econômica com base em determinantes específicos aos seus investimentos realizados no negócio (a. as especificidades físicas, humanas, locais, temporais, de marca e de dedicação exclusiva da negociação ou investimento; b. o número ou frequência de relações para o negócio desenvolver; c. os riscos de seleção de contratados e também o risco moral de alguma ação oportunista após a negociação se concretizar como ação ocultada e informação ocultada). O Capítulo 3 deste livro focará a abordagem da economia institucional para mostrar ao leitor o que é, como é, por que e para quem funciona uma rede de custos de transação.

Edificada sobre uma tradição relevante de ciência política que foca na influência de grupos de interesse na tomada de decisão, no planejamento, na entrada de atores no processo político e nas oportunidades que surgem (Klijn, 2014, p. 113), a pesquisa sobre redes de políticas ganha ímpeto significativo quando amparada no neoinstitucionalismo político ou normativo. O destaque é para o processo de implementação da política pública, já que a sequência clássica de introdução do problema na agenda são a discussão e definição das ações, além da execução e implementação da política. O Quadro 1.5 sintetiza, para cada tipo de rede (econômica, política e sociológica), a origem principal, o foco, a unidade de análise, as principais variáveis de estudo, o campo e as principais questões de pesquisa e o histórico dentro do campo teórico do neoinstitucionalismo.

QUADRO 1.5 Tipos de redes em pesquisa empírica e suas características principais

Tipo de rede/ Caracterização	Redes de custos de transação	Redes Sociais	Redes de política
Origem principal	Ciência econômica	Sociologia econômica e teoria das organizações e sociologia das organizações	Ciência política
Neoinstitucionalismo	Econômico	Sociológico	Político ou Histórico
Foco	Tomada de decisão no processo de negociação Mecanismos de governança contratuais e complementares para além do mercado e integração vertical	Relações sociais e simbólicas da rede. Laços de amizade, afinidade, identidade, poder são dimensões relacionais da rede.	Tomada de decisão e efeitos Relações fechadas e de poder sobre ações e estabelecimento de planos
Unidade de análise	Negociação	Relações sociais	Relação de poder
Variáveis de análise	Especificidades dos negócios, frequências das transações, seleção adversa e risco moral diante das informações e ações ocultadas para o ator, Contratos e complementaridades.	Estrutura e relações da rede. Posições de indivíduos, grupos e subgrupos das redes. Posições mais ou menos relevantes na rede são determinantes.	Recursos de poder: constitucionais, financeiros, políticos, tecnológicos, organizacionais e culturais.
Campo principal e questões de pesquisa	Como as transações são organizadas? Qual a governança mais eficiente de cada negociação da organização? Quais mecanismos complementam cada contrato na busca da governança mais eficiente do negócio?	Como os laços sociais afetam os resultados organizacionais? Como indivíduos, grupos, e subgrupos ocupam posições de privilégio na rede? Como a identidade afeta a forma como as redes se formam e desformam?	Quais atores estão envolvidos na tomada de decisão? Quais são as relações de poder e quais são os efeitos sobre a tomada de decisão?

(continua)

QUADRO 1.5 (continução)

História	Iniciada com a descoberta do contrato como instituição econômica (Coase, 1937) e apoiada na racionalidade limitada do agente, observada por Simon (1957), e aprimorada por Williamson (1975, 1985) e MacNeil (1984) sobre a gestão da organização mais eficiente de uma transação em particular. Avanço recente sobre as complementaridades mais eficientes do contrato (Menard, 2004), como: reputação, redes, liderança e instituições ad. hoc.	A sociologia em sua essência trata como grupos, instituições e relações de afiliação afetam o comportamento humano e das organizações. Em particular, a analise de redes tem suas raízes em diversas teorias segundo Mizruchi (2007): 1) A sociometria – Trabalho de pesquisa de J. L. Moreno, 2) Analise de redes como apêndice do estruturalismo Frances de Claude Lévi-Strauss. 3) As reflexões de Wellman sobre a análise de redes como arcabouço da sociologia estrutural.	Inicia com a pesquisa de ciência política pluralista dos anos 60 do século XX e continua a fim de pesquisar sobre subsistemas, comunidades de políticas, redes de políticas de poder.
Fonte: elaboração dos autores, de Kljin (2014, p. 112); Scott (1995); Hall e Taylor (1996); Dowding (1995); Van Waarden (1992); Mizruchi (2007).			

O Capítulo 5 mostra a abordagem de redes políticas e a perspectivas de estudos mais específicos sobre os processos de implementação da política, sendo desnecessário focar as etapas que antecedem a política pública como definição do problema, introdução na agenda, delimitação do espaço de execução etc. A questão central é a implementação e o processo que envolve o desenho de relações e os determinantes do processo de implantação e de execução da política.

A rede da política como rede de poder estará focando os recursos de poder (financeiros, tecnológicos, constitucionais, políticos, organizacionais e/ou simbólicos) dos atores envolvidos nos relacionamentos. O foco, nesse caso, é a tomada de decisão e os efeitos das relações fechadas e de poder sobre ações e estabelecimentos de planos. Com as possíveis porosidades entre ciência política e o campo da administração pública, o foco da rede de gestão da política foca a resolução de problemas sociais, o gerenciamento de redes de governança para instituições tradicionais, a conexão de redes e instituições e os processos de deliberação. Nesse segundo caso, de interface da ciência política e a administração pública, é possível também o estudo da rede focar a coordenação interorganizacional para a política pública, a possível integração de atividades e as entregas de serviços eficientes da rede de política pública. O Capítulo 5 abordará essas questões.

CAPÍTULO 2

Instituições & redes: bases teóricas para análise

2.1. Introdução

Um aspecto central presente nos estudos e pesquisas relacionados à questão da governança e das instituições nas diversas áreas das Ciências Sociais (Economia, Sociologia, Ciência Política, Teoria das Organizações, Direito, entre outras) é a forma e o conteúdo das relações econômicas, sociais e políticas que se dão entre pessoas, empresas, governos e outras organizações, em suma, entre os agentes que compõem uma sociedade (indivíduos, grupos familiares, organizações públicas e privadas). Esta questão tem relação com a forma de agir e, especialmente, interagir desses agentes.

O institucionalismo como abordagem teórica tem recebido, desde o início do século XX, uma atenção renovada e especial, proveniente de vários campos do conhecimento, tais como a economia, a política, a história, a sociologia, a análise organizacional etc.

Inicialmente, é importante destacar que, a partir da segunda metade do século XX, a abordagem institucionalista sofreu uma diferenciação entre o novo e o antigo institucionalismo. Mas antes de ressaltar as diferenças entre essas duas versões, é importante também registrar que ambas se opõem de alguma maneira às concepções mais tradicionais. Podemos verificar essa constatação, por exemplo, no campo da Ciência Econômica. A oposição do institucionalismo à perspectiva neoclássica, até então predominante, essencialmente racionalista dos agentes e das organizações, oferece uma alternativa a esse pensamento ao focar seus estudos na forma como estes se relacionam com o seu ambiente.

Também, apesar das diferenças existentes entre o antigo e o novo institucionalismo, é importante observar que, de modo mais amplo e geral, podemos encontrar nessas duas abordagens a constatação de que as estruturas institucionais exercem uma relevante influência na vida social e, portanto, o papel das instituições passa a ser mais autônomo, não só afetando o desenvolvimento histórico de uma sociedade como também a sua própria relação com os agentes nela inseridos.

Voltando às diferenças entre o novo e o antigo institucionalismo, o comportamento e relacionamento dos agentes é tratado diferentemente pelas abordagens (antigas ou recentes) ligadas ao pensamento institucionalista. De modo especial, podemos destacar as abordagens mais recentes dessa área de conhecimento (já, por si só, relativamente recente), denominadas neoinstitucionais, como a Nova Economia Institucional (NEI), e seu desdobramento mais importante representado pela Economia dos Custos de Transação (ECT), o Novo Institucionalismo Sociológico (NIS), que seria a princípio, ao lado da Nova Sociologia Econômica (NSE), um contraponto à visão da NEI/ECT e, por fim, o pluralismo reformado dos cientistas políticos.

Se considerarmos as duas primeiras correntes teóricas (NEI/ECT e NIS/NSE) mencionadas, pode-se dizer numa primeira aproximação, por exemplo, que a NEI/ECT desenvolve seus conceitos sob uma perspectiva de motivação racional do agente. Tal perspectiva é predominantemente formalizada e voltada para agentes que buscam, nas transações realizadas com outros agentes (compra, venda, prestação de serviços ou qualquer outro tipo de transação econômica que envolva ao menos duas partes), obter adaptações dessas transações aos seus custos, os chamados custos de transação, inerentes a essas mesmas transações.[1] As adaptações das transações aos custos de transação se dariam por meio de coordenações e governanças desenvolvidas entre os agentes, com o objetivo de conferir eficiência e eficácia às transações efetuadas entre eles.[2]

Já o pensamento presente na NSI/NSE se reveste de um caráter sociocultural e cognitivo do comportamento e ação dos agentes,isto é, o modo pelo qual as pessoas, interpretam, organizam e selecionam as informações provenientes dos contextos ambientais nos quais estão inseridas. Essa abordagem admite um maior papel a ser desempenhado pelos componentes informais por trás das decisões de um agente e que vão além dos componentes formais e racionais. A própria terminologia empregada na NIS/NSE, difere da utilizada na NEI. Por exemplo, o termo agente mais empregado na NEI, mais familiar aos economistas de modo geral (também

[1] Como se verá mais detalhadamente adiante, os custos de transação se definem como os custos relacionados com a assimetria de informações entre os agentes, com o monitoramento da atividade contratada, com as idas e vindas até concretização da transação pelas partes, com a criação de salvaguardas entre as partes, localização de clientes e fornecedores, ensino ao parceiro para produzir o que se necessita e os esforços para corrigir algo estabelecido, entre outros.

[2] À frente, quando falarmos de redes, o conceito de coordenação, associado ao conceito de governança, será mais detalhado, mas, por ora, fiquemos com uma definição mais geral, que apresenta a coordenação como os mecanismos que mantêm em bom funcionamento as ações entre os agentes.

utilizado na forma "agente econômico"), é substituído pelo termo "ator" na NIS/NSE, com toda a carga de significados e símbolos existentes por trás dessa simples palavra e já demostrando qual a orientação dada por essa corrente teórica. Ao "atuar", mais do que "agir", as pessoas se dedicam a interpretar e desempenhar um papel em seu contexto. Mas, em nome de uma certa uniformidade de discurso e de terminologia, e não obstante o risco de ser considerado esse posicionamento uma prévia escolha teórica, quando tratar-se de uma argumentação mais geral sobre as ideias aqui expostas será utilizada a palavra agente.

Voltando ao raciocínio, temos então em destaque duas abordagens no neoinstitucionalismo com pressupostos teóricos distintos e que, portanto, seriam aparentemente divergentes, ou, pelo menos, não complementares: uma abordagem de caráter econômico/racional, representada pela NEI/ECT, com foco na ação calculada e objetiva, preocupada com estratégia, voltada para os custos e na qual predominam as relações formalizadas; e outra, presente na abordagem NSI/NSE, mais preocupada com os aspectos socioculturais e cognitivos dos relacionamentos entre os agentes, mais voltada, portanto, para as heranças culturais, símbolos, valores e visões de mundo nas relações, e que, em decorrência deste foco sociocultural, admite uma maior incidência e relevância da informalidade nas transações e relacionamentos entre os agentes.

Pode-se acrescentar que a diferença entre as duas abordagens (racional e sociocultural) aparece quando a NEI/ECT considera as preferências dos indivíduos como dadas, enquanto a abordagem representada pelo NSI/NSE toma como elemento passível de exame, por exemplo, a cognição do ator, e, consequentemente, a sua preferência ou, ainda, o universo sociocultural no qual o ator se encontra imerso.

Aqui é importante destacar a emergência, na segunda metade do século XX, dos trabalhos de alguns autores mais alinhados com a visão sociocultural e que trouxeram importantes contribuições ao pensamento institucionalista de modo geral. Entre esses autores, podemos destacar Mark Granovetter (1973;1985),[3] com suas pesquisas em economia e sociologia, mais especificamente, na área de disseminação de informações em redes sociais, com destaque para o conceito de *embeddedness* (imersão). Nessa ideia, as relações econômicas entre os indivíduos ou empresas estão imersas em redes sociais reais, e não existem em um mercado idealizado abstrato e

[3] Mark Granovetter (1943) é um sociólogo norte-americano e professor da Universidade de Stanford. Um dos autores mais citados em sua área de conhecimento, Granovetter chegou a ser recentemente adicionado à lista de previsões de vencedores do Prêmio Nobel em economia para o ano de 2014. Ele é mais conhecido por seu trabalho na teoria das redes sociais e em sociologia econômica. Em particular, sua teoria sobre a disseminação de informações em redes sociais, conhecida como "A força dos laços fracos" ("do original The Strength of Weak Ties" [1973]) e, no caso do raciocínio exposto aqui, apresenta o conceito de *embeddedness* (enraizamento/embutimento/incrustação), exposto no artigo "Economic Action and Social Structure: The Problem of Embeddedness", de 1985, e que, pode-se dizer, lançou as bases da Nova Sociologia Econômica.

isolado. Logo, podemos considerar as relações econômicas e sociais como compartilhando um espaço comum de convivência e observação.

Na verdade, o conceito de imersão originou-se com Karl Polanyi, em seu livro A Grande Transformação (*The Great Transformation* – 1944), publicado em 1944, no qual Polanyi postulou que todas as relações econômicas estão imersas num contexto maior, composto pelas relações sociais e pelas instituições. De todo modo, esse conceito de imersão sugere ser possível, embora reconhecendo as diferenças entre as perspectivas institucionalistas apontadas aqui, em especial a racional e a sociocultural, pensar em espaços de intersecção, ou pelo menos de convivência, entre essas abordagens do neoinstitucionalismo. Apoiando essa concepção, podemos observar uma série de situações práticas nas quais as ações e interações dos agentes podem ser reconhecidas entre essas duas dimensões: comportamentos estratégicos com processos racionalizados e formais ao lado de (ou combinados com) comportamentos culturais, socialmente condicionados e desenvolvidos de maneira predominantemente informal.

ESTUDO DE CASO – CONFIANÇA NO AMBIENTE CORPORATIVO

Do jornal Valor Econômico, vejamos, por exemplo, a reportagem publicada em 24/11/2011, sobre as relações de confiança nas empresas, que nos revela um exemplo prático acerca da convivência do racional/formal representado pelo ambiente corporativo e seus desdobramentos em termos de processos de gestão empresarial, busca de resultados e relação entre executivos e suas empresas, com o sociocultural/cognitivo/informal, representado, por exemplo, pela importância das relações de confiança nestes processos e nesse relacionamento. Em tal relato, as relações de confiança aparecem como fator relevante (um verdadeiro ativo intangível) que deve ser considerado na gestão empresarial como um fator que beneficamente sobre a motivação, induzindo a cooperação e, portanto, beneficiando os resultados das empresas. No caso do alto escalão, objeto da reportagem, é destacado o papel das relações de confiança como apoio positivo para o processo decisório, em especial nas situações de turbulência (nesse caso, é mencionada a instabilidade gerada pela fusão dos bancos Itaú e Unibanco em 2008). Um estudo da AEON Hewitt ("Melhores na Gestão de Pessoas") em parceria com o jornal Valor Econômico revelou também que esse apoio para as decisões seria o item mais valorizado por diversos diretores, no que tange a sua relação com as companhias que dirigem. Uma das formas de se identificar a força das relações de confiança no alto escalão, de acordo com o estudo, seria mensurar o grau de autonomia das posições de liderança. Outros fatores de construção de confiança demonstrados pelo estudo seriam a frequência e a regularidade de contatos entre lideranças e subordinados ("conversas regulares entre líder e liderado"), especialmente com relação às mudanças que ocorrem nas organizações, e a transparência com relação aos limites à autonomia dos níveis de liderança. Além do estudo, e por alguns depoimentos de executivos e consultores relatados na reportagem, alguns pontos são apontados. O próprio papel dos líderes é ressaltado na reportagem para a construção da confiança, com destaque para o seu papel como educadores e exemplos aos subordinados. Nas palavras de um executivo da área de gestão de RH da Serasa Esperian, *"fazemos um trabalho muito forte com os gestores para que eles sejam educadores e tenham atitude...isso dá alinhamento inicial para se construir a confiança..."*. Outros pontos são a coerência entre discurso institucional e prática, medição do clima organizacional ("índice de felicidade"), atuando rapidamente, evitando abalo na confiança, atenção aos aspectos formais e informais, regras claras de sucessão, promoções e remuneração, valores e metas estratégicas. Por fim, merece menção a opinião do professor Marco Túlio Zanini da Fundação Getulio Vargas - Rio de Janeiro, dada na reportagem, ao considerar a confiança importante para a redução de risco empresarial, gerando maior previsibilidade e segurança para a organização: "O foco nas relações de confiança dentro das empresas nos permite analisar a capacidade gerencial de criar motivação e cooperação espontânea entre os pares no ambiente de trabalho."[4]

É importante, então, destacar que daqui em diante o presente livro representa um esforço teórico para compreender e começar a construir porosidades possíveis, como as existentes entre o neoinstitucionalismo racional e neoinstitucionalismo sociocultural. Nesse caso, as porosidades serão buscadas lançando-se mão, por exemplo, dos conceitos de custos de transação (abordagem racional), sob assimetria de informações (uma premissa econômico-racional), mesmo na presença de relações de reputação ou de confiança (abordagem sociocultural), com base nas contribuições de alguns autores.

Esse esforço teórico de busca de diálogo entre duas vertentes não necessariamente coincidentes (racional e sociocultural) pode ser identificado em algumas contribuições teóricas já existentes, vindas, como já mencionado, de autores como R. Richter, que, no seu artigo publicado em 2001 e sugestivamente intitulado *"New economic sociology and new institutional economics"*, apresenta as redes interorganizacionais como uma possível ponte entre as vertentes racional (*new institutional economics*) e sociocultural (*new economic sociology*). Podemos citar também a contribuição do economista R. C. Matthews (1986), que apontou em artigo escrito em 1986 (*"The economics of institucions and the sources of growth"*) a existência de comportamentos altruístas (algo que

[4] http://www.valor.com.br/carreira/1064494/relacoes-de-confianca-sao-mais-valorizadas-pelo-alto-escalao

pode ser aceito apenas com a lente sociocultural), mesmo na presença do oportunismo dos agentes[5] (outra premissa alinhada com o pensamento econômico-racional).

Considerando a questão das redes, importa observar que este livro também aborda as visões críticas de alguns autores à Economia dos Custos de Transação (ECT), que, como já se afirmou, seria o principal pilar teórico da dimensão econômico-racional do Neoinstitucionalismo Econômico (NEI). Isso será feito especialmente no que se refere a como esta teoria encara a presença das redes em ambientes organizacionais, dentro do escopo teórico da NEI, e mais especificamente da Economia dos Custos de Transação (ECT), representada principalmente pelos trabalhos de Oliver Williamson (1975, 1985, 1991).

De acordo com os pesquisadores alinhados com a NEI/ECT, com destaque para o já mencionado Williamson, as redes são em geral definidas como apenas mais uma forma de governança híbrida entre as duas formas clássicas de governança/coordenação definidas dentro da ECT, o mercado e a hierarquia, que serão tratados de maneira detalhada mais à frente. Nessa concepção, as redes, tomadas como estruturas de governança híbridas, que funcionam e se coordenam via mecanismos institucionais redutores de custos de transação, em sua maioria formalizados, complementam os contratos entre dois atores econômicos, num contexto de uma negociação determinada pelos custos de transação existentes. Aos mecanismos informais de coordenação baseados na cooperação, na confiança, no altruísmo e nas relações sociais, estes mais estudados na vertente sociocultural do neoinstitucionalismo, é atribuído um papel secundário ou mesmo residual.

Mas o propósito deste trabalho, como já foi observado, é ir além, inicialmente apresentando as redes numa perspectiva que ainda as inclui na análise racional econômica da NEI/ECT, mas já se move em outras direções. Temos, por exemplo, o posicionamento do economista francês C. Menard (2004) que, com base na argumentação iniciada por Williamson (1975, 1985, 1991), avança um pouco mais ao preconizar que as redes, na verdade, podem funcionar não apenas como complemento aos contratos, mas também como uma forma distinta e particular de governança, cujas características e tipologia merecem ser estudadas. Por essa concepção, estabelece-se uma tipologia em que a informalidade e o comprometimento adquirem caráter central em algumas formas de rede. Mas é preciso reconhecer que, mesmo que alguns autores mais alinhados a NEI/ECT, como Menard (2004), admitam

---

[5] A respeito deste conceito, reconhece-se a contribuição dada pelo Prof. Dr. Mauro Rocha Cortês, por meio de interessantes debates feitos na disciplina "Instituições e Organizações", sempre ministrada em conjunto com o Prof. Dr. Luiz Fernando Paulillo desde 2001 no Programa de Pós-Graduação em Engenharia de Produção da Universidade Federal de São Carlos, com a participação dos demais autores deste livro e que constituem o Núcleo de Estudos Organizacionais do DEP (Departamento de Engenharia de Produção) da UFSCar – Campus de São Carlos.

que alguns dos mecanismos informais complementam de maneira não residual os contratos de uma relação econômica, não há clara definição sobre o papel da confiança nas transações, já que a NEI/ECT mantém o oportunismo como pressuposto comportamental do agente na interação econômica.

Por outro lado, numa visão mais crítica à visão econômico-racional, desenvolvida por teóricos do neoinstitucionalismo de orientação sociológica – representados por Granovetter (1985) e Powell (1990, 1994) – tem-se que os estudos da governança de um empreendimento por meio de redes envolve uma maior complexidade do que meramente considerar uma rede como uma forma alternativa de governança e/ou uma possibilidade complementar ao contrato, ou, até mesmo, uma categoria de governança com a presença mais robusta de componentes informais. Uma rede (que será explicitada detalhadamente no Capítulo 4) apresenta uma série de definidores e indicadores desenvolvidos pelos autores anteriormente mencionados e outros, alinhados com a dimensão sociocultural do neoinstitucionalismo – tais como as centralidades de grau, de proximidade e de intermediação, os graus de coesão e de densidade de cada relação na estrutura da rede, além de outras características – que influenciam nos seus resultados. Assim, os elementos estruturais, funcionais e relacionais de uma rede importariam no resultado econômico de um agente e não necessariamente existiriam a partir ou por causa do contrato que ele faz com seu parceiro.

De todo modo, dentro do espectro teórico aqui traçado, podemos perceber que existem espaços de intersecção entre o racional e o sociocultural e que a análise de redes poderia ser uma das possibilidades ou uma das possíveis pontes que possibilitariam o diálogo entre essas duas dimensões.

Este capítulo apresenta, inicialmente, as definições gerais sobre instituições e processos de institucionalização (item 2.2) e, com base nesses processos, o item 2.3, a seguir é dedicado aos processos de mudança institucional e o papel da formalidade e informalidade nesse processo. O capítulo prossegue com as principais considerações sobre as perspectivas regulativa, normativa e cognitiva do neoinstitucionalismo (item 2.4). As considerações iniciam-se no campo econômico ou racional, passando ao normativo ou político, para, posteriormente, alcançar o campo cultural ou cognitivo da sociologia econômica. A seguir, são feitas considerações sobre as diversas contribuições teóricas do institucionalismo (item 2.5). A princípio, serão mostradas as origens da abordagem institucional, os antigos institucionalistas, no campo econômico (item 2.5.1), político (2.5.2) e social (2.5.3); depois, temos as abordagens mais recentes, denominadas neoinstitucionais (item 2.5.4), com suas dimensões também relacionadas com a economia, política e sociologia. Segue-se um maior detalhamento dessas dimensões com itens específicos dedicados ao neoinstitucionalismo histórico (item 2.5.4.1), o neoinstitucionalismo econômico ou da escolha racional e economia dos custos de transação (item 2.5.4.2), e por fim, a abordagem representada pelo neoinstitucionalismo sociológico com sua perspectiva cognitiva ou cultural, com destaque para o neoinstitucionalismo sociológico (item 2.5.4.3), juntamente com algumas referências a respeito da vertente conhecida por sociologia econômica. Este capítulo se encerra no item 2.6 com uma discussão sobre as possibilidades de diálogo entre as vertentes econômica e sociológica do neoinstitucionalismo, tendo o conceito de redes como espaço factível de intersecção.

2.2. Instituições e institucionalização: definições gerais

Os estudos das instituições, sua estruturação e evolução, implica estudar também a coordenação dos agentes que compõem essa realidade. Isso leva a abordagem institucionalista a se constituir em poderosa ferramenta para que possamos ter um entendimento mais completo acerca dos processos de formulação e implementação das ações destes agentes.

No entanto, colocar aqui uma definição concisa deste conceito – as instituições – constitui-se numa tarefa desafiadora com a qual lidaram tanto os primeiros (ou antigos) institucionalistas, sendo que os mais conhecidos são Veblen, 1898; Commons, 1934; Mitchel, 1937; e Myrdal, 1953), cujas reflexões e trabalhos estão concentrados no início do século XX, como aqueles chamados de neoinstitucionalistas (especialmente, aqueles mais ligados ao campo da economia – com destaque para Coase, 1937; Williamson, 1975, 1985, 1991; North, 1990; Menard, 2004). Esses últimos que têm se dedicado mais recentemente a esse tema, em particular, no período compreendido entre os anos 60 e os anos 80 do século XX. A dificuldade reside na própria natureza dos pressupostos pelos quais cada vertente teórica tem se posicionado para estudar o institucionalismo e, de modo mais amplo, nas diferentes lentes através das quais o mesmo poderá ser visualizado.

Mas o que vem a ser afinal uma instituição? Qual seria o seu significado? Alguns autores, em especial na área das Ciências Sociais, têm empreendido esforços para obter algum tipo de síntese das abordagens da análise institucional. Uma síntese que alcance um conjunto de definições que funcione como um denominador comum sobre o significado das instituições. Segundo Greif (2001), por exemplo, inicialmente as instituições podem ser visualizadas em dois planos possíveis. O primeiro plano, mais geral, as considera como um conjunto de regras formais, leis, normas sociais, crenças e regularidades de comportamentos dos agentes participantes de uma sociedade. Num segundo plano, mais específico e objetivo (e talvez por isso, mais visível aos nossos olhos), as instituições também podem ser entendidas como um conjunto de organizações das mais variadas naturezas, tais como firmas, tribunais, parlamentos, organizações públicas, redes sociais, redes organizacionais e comunidades.

A partir dessa primeira aproximação, e de acordo com as abordagens sociológicas, econômicas e políticas sobre a origem, dinâmica e implicações das instituições, temos um desdobramento com quatro definições:

1. Instituições são as "regras do jogo" existentes em uma sociedade, um conjunto de regras com proibições, permissões ou expectativas de ações e resultados. Regras estas que são aplicadas, monitoradas e mantidas por meio de sanções e punições previstas nas mesmas regras. Vejamos o caso abaixo.

ESTUDO DE CASO – AGÊNCIAS DE REGULAÇÃO

Para casos práticos, com relação às regras do jogo, em termos de proibições/permissões, podemos nos fixar, por exemplo, nos regulamentos de empresas ou associações quaisquer ou ainda nas regulamentações de setores econômicos definidas por agências reguladoras. Para esse último caso, no setor de telecomunicações do Brasil, foi noticiado pelos jornais no início de 2015 que a Agência Nacional de Telecomunicações (Anatel) havia estabelecido novas regras de atendimento ao consumidor de serviços de telefonia fixa, móvel (celular), televisão por assinatura (tv a cabo) e acesso à internet via banda larga. Essas regras, entre outras questões, diziam respeito, por exemplo, à gravação dos atendimentos telefônicos e disponibilidade dessa gravação ao cliente que assim o desejasse. Foi informado também que um grupo dentro da agência estaria encarregado de monitorar e fiscalizar a implantação das novas exigências, com sanções sob a forma de pesadas multas financeiras (de até R$ 50 milhões) para as operadoras que descumprissem as determinações.[6]

2. Instituições são organizações concretas e de grande variedade, que reúnem pessoas em torno de um propósito ou motivação comuns,

   Aqui temos um amplo espectro que abarca como instituições todo tipo de organização, tais como firmas, parlamentos, tribos, famílias, comunidades, universidades etc.

3. Instituições são crenças culturais sobre os comportamentos individuais e coletivos e o mundo em geral.

   Neste caso, encaixam-se como exemplos desde aqueles mais prosaicos, como os parabéns em festas de aniversário, passando pelos mais elaborados

[6] http://exame.abril.com.br/tecnologia/noticias/novas-regras-da-anatel-pro-consumidor-passam-a-valer-amanha; https://tecnoblog.net/174901/novas-regras-anatel/

como crenças religiosas e comportamentos culturais de natureza machista. Podemos tomar como um exemplo mais elaborado, entre muitos, a questão do consumo excessivo de álcool de acordo com o caso a seguir.

ESTUDO DE CASO – CULTURA DO ÁLCOOL

Segundo alguns estudiosos, o consumo excessivo de álcool poderia ser encarado como um recurso de autoafirmação. Num artigo-reportagem escrito por Barbara Axt para a revista Seleções, publicado em 8/10/2009 ("Beber até Cair", por Barbara Axt), é observado um aumento sem precedentes nos últimos anos do abuso no consumo de álcool, por parte das camadas mais jovens da população brasileira. Como relata a reportagem, esse consumo excessivo tem raízes profundas em termos de crença sociocultural e visão de mundo que transformam o álcool e seu consumo em algo mais do que meramente uma substância relaxante (ou, como diz Barbara Axt, 2009, na reportagem, *"um lubrificante social"* que *".......facilita a interação entre as pessoas")*. A reportagem menciona ser o ato de beber "um comportamento socialmente aceito" (e até mesmo por isso, estimulado e incentivado em diversos grupos sociais e familiares), mas que, no caso dos jovens e adolescentes, adquire um caráter de comportamento social mais arraigado, pois "Os adolescentes bebem para se sentir poderosos e fazer parte do grupo". Ao observarmos pela lente do institucionalismo a situação relatada nessa reportagem, podemos perceber que existem alguns fatores institucionais importantes que condicionam o estímulo ao abuso do álcool por parte das camadas mais jovens e são apontados pelos especialistas citados nesta reportagem, quais sejam a propaganda excessiva, a frouxidão na aplicação das leis restritivas ao consumo excessivo do álcool e o baixo preço das bebidas. As medidas sugeridas por especialistas e organizações que lidam com esse problema passam pela implantação ou reforço de outros mecanismos de desincentivo ao consumo abusivo de álcool, tais como relata a reportagem: *"restrição das propagandas de cervejas e outras bebidas alcoólicas e também o cumprimento das leis que proíbem a venda de álcool a menores de 18 anos, e o aumento da taxação dessas bebidas"* e também *"a limitação no horário de funcionamento dos bares e o aumento de preços como duas medidas que podem ajudar a diminuir o consumo"(Axt, 2009).*[7]

4. Instituições são normas e regularidades de comportamento internalizadas, elos entre os membros de uma sociedade ou grupo e que influenciam e delimitam

---

7 http://www.selecoes.com.br/beber_at%C3%A9_cair

seu comportamento. Ou, em outras palavras, instituições são regularidades de comportamento que se traduzem em práticas sociais repetidas.

Essa quarta possibilidade pode ser exemplificada por determinados comportamentos observados em termos de etiqueta, como aqueles existentes em sociedades orientais (China, Japão, Coreia), nas quais é quase imperativa a pratica de entregar um cartão pessoal nas apresentações mais formais, equivalendo ao famoso aperto de mão do ocidente (que, diga-se de passagem, deve ser evitado no caso dos orientais, sendo substituído pelo famoso inclinar do corpo), ou ainda o uso de terno em determinados ambientes. Outro exemplo interessante é aquele observado em torcidas organizadas de futebol, com cada uma de certa forma impondo um conjunto de normas que são internalizadas no grupo e se transformam em um elemento diferenciador de cada uma perante as demais e perante quaisquer outros elementos externos, como canções, lemas, gritos de guerra, uso de camisetas e bandeiras do clube ou da própria torcida e hostilidade contra as outras torcidas, que muitas vezes deriva para a violência. Sobre esse último exemplo, vejamos o seguinte destaque:

ESTUDO DE CASO – FUTEBOL E TORCIDAS

Em 2008 foi defendida pelo psicólogo Roberto Romeiro Hryniewcz, no Instituto de Psicologia da USP, uma dissertação de mestrado intitulada "Torcida de futebol: adesão, alienação e violência". Uma das conclusões desse trabalho está relacionada com a relação entre o grau de escolaridade e a violência do torcedor. Ao contrário do que se esperaria, isto é, ser essa relação uma relação inversamente proporcional (quanto menor o grau de escolaridade, maior a violência), foi observado que, ao contrário, dentre os torcedores que ele chama de comuns, isto é, aqueles torcedores não filiados a torcidas organizadas, os torcedores mais escolarizados (ensino médio ou superior) tendem a ser mais radicais do que os torcedores menos escolarizados (até o fundamental completo), com maior devoção ao seu time e maior hostilidade a qualquer time rival e seus torcedores. O autor se utiliza de uma abordagem da psicologia, mas que também serve aos nossos propósitos aqui. Uma explicação para esse comportamento aparentemente contraditório seria encontrada na natureza do sistema educacional que, no entendimento do autor, estaria estruturado para induzir a predominância da vontade coletiva (ou de terceiros) sobre a escolha individual. Dessa forma as pessoas são treinadas para reproduzir outros pensamentos e comportamentos já existentes. Assim, com essa inclinação de adesão em vez de autonomia, o torcedor é levado inconscientemente à alienação e a violência. No momento de adesão, o indivíduo tem seu primeiro contato, seja por meio de amigos, parentes ou mídia, e com o torcedor, inserindo-se em um grupo. A seguir, ele cai em um estado de alienação, alegando como razão para o seu torcer uma herança ou inclinação natural ("está no sangue", "nasceu assim"). Dessa fase em diante, o torcedor se vê parte integrante do time (uma nação), considerando todos os outros torcedores de ouros times, verdadeiros inimigos, gerando com isso violência e preconceito.[8]

Após essa caracterização, Greif (2001) volta-se então para uma definição própria e unificada de instituições como sendo elementos sociais que geram uma regularidade de comportamento, proporcionando, induzindo, estimulando, coordenando, motivando e delimitando esse comportamento de maneira exógena aos indivíduos – cujo comportamento elas influenciam –, mas endógena à sociedade, pois esta, por sua vez, influencia seus membros por meio de sua estrutura institucional. Em outras palavras, os indivíduos criam coletivamente as instituições, mas também as instituições moldam os indivíduos.

Podemos acrescentar às definições anteriores as apresentadas por Matthews (1986), em seu artigo *The economics of institutions and the sources of growth*, que nos apresenta um conjunto de definições um pouco mais restrito, mais voltado para a perspectiva econômica e para a questão da formalidade/informalidade das relações, o que nos importa discutir aqui. Para esse autor, um economista, as instituições podem ser entendidas de várias formas ou dimensões:

- sistemas alternativos de direitos de propriedade em conexão com o direito e a economia. Exemplo: concessões de pedágio;
- convenções ou normas de comportamento econômico (comportamento econômico que suplementa a lei) em afinidade com a filosofia moral. Exemplo: dar o troco correto em uma transação no varejo, não roubar;
- tipos de contrato em uso, com salvaguardas contratuais para um determinado risco. Exemplo: contrato de locação de imóveis;
- autoridade no contrato, definindo quem decide e o que requer a renúncia de alguma autonomia individual. Exemplo: No Brasil, convênios e contratos públicos celebrados entre organizações públicas e entre estas e organizações privadas para prestação de serviços e fornecimento de bens.

Podemos perceber aqui que o centro da interpretação institucional que se lê em Matthews (1986) é a relação entre os agentes com relações através de um contrato, sendo que este autor também chega a um denominador comum, a exemplo de

---

[8] http://www.teses.usp.br/teses/disponiveis/47/47131/tde-03062008-165136/pt-br.php; http://www.oieduca.com.br/artigos/dia-a-dia/violencia-dos-torcedores-de-futebol.html

Greif (2001), ao postular que um sistema/estrutura institucional pode ser definido, então, como um conjunto de direitos e obrigações em funcionamento.

Um aspecto importante para este livro, e que será bastante explorado mais adiante, prende-se às várias formas de instituições, dentro da forma que isso é definido por Matthews (1986), ou seja, como direitos de propriedade. Direitos de Propriedade,[9] convenções, tipos de contrato e autoridade atribuída no contrato, têm como fator comum um conjunto de direitos e obrigações que afetam as pessoas e sua vida econômica. Alguns desses direitos e obrigações passam a existir por meio de contratação (formais), mas outros são incondicionais e não dependem de nenhum contrato (informais). Alguns contratos, ainda, são explícitos (formais), outros são implícitos, firmados por convenções e comportamentos reconhecidos por ambas as partes (informais).

Alguns reparos quanto à definição de Matthews são feitos por ele próprio (1986). Em primeiro lugar é preciso considerar não só os mercados, mas também a extensão de seu uso: um país onde 90% das pessoas são proprietárias do imóvel onde residem e 10% são locatárias será institucionalmente diferente de um outro país onde se tem uma relação inversa, mesmo que os dois arranjos existam nos dois países.

Além disso, a questão das cláusulas restritivas que incentivam as partes de um contrato a não transgredi-lo, ou ainda a existência de mecanismos externos e independentes, e portanto críveis, de fiscalização/sanção/punição, que os inibem de descumpri-lo (em resumo, o chamado "fazer cumprir", também expresso pelo termo em inglês *enforcement*) não é um assunto que pode ser tomado de maneira única. Logo, são diferentes os mecanismos de se fazer com que as partes de um contrato cumpram um dado tipo de contrato. Essas diferentes maneiras de forçar os contratantes de um contrato a não o transgredir constituem para Matthews (1986) um fator de diferenciação entre as instituições.

Em suma, num outro esforço de síntese acerca das definições possíveis sobre instituições, Dequech (2011) coloca as instituições num plano mais geral ainda, como

---

[9] Este conceito é originariamente derivado da área das Ciências Jurídicas. É definido como um direito que confere poderes de forma direta por parte de um indivíduo ou um grupo de indivíduos sobre bens e recursos tangíveis e intangíveis e que são normatizados por lei. Entretanto, e mais recentemente, alguns economistas (Coase, 1961; Alchian & Demsetz, 1972; Barzel, 1997; Williamson, 2000) trouxeram este conceito para o campo das Ciências Econômicas, no âmbito das subáreas Economia e Direito e Economia Institucional. Nessas subáreas, o conceito de direitos de propriedade é ampliado e mais subjetivo, relacionando-se com a questão econômica fundamental da alocação de recursos, com os direitos se relacionando com a liberdade ampla de uso dos fatores de produção (terra, trabalho e capital) e dos bens/serviços gerados por estes fatores, em poder de um agente econômico (pessoas/famílias; firmas; governo). Considera-se como direito de propriedade, por exemplo, além do direito sobre a terra, o direito, no sentido de liberdade, a princípio, de fazer (consumir) qualquer coisa com ela, mesmo que seja poluí-la, gerando assim uma externalidade negativa, o que, devido a isso, poderá gerar uma restrição/limitação deste direito por parte da sociedade na pessoa de entidades governamentais. Assim, o foco na Ciência Econômica é a capacidade ou poder que um agente tem sobre um bem ou ativo qualquer.

várias formas (regras, normas, intepretações) compartilhadas de pensar/agir/reagir, que são socialmente condicionadas. Algumas vezes contendo sanções formais e explícitas para comportamentos divergentes e, outras vezes, com normas informais internalizadas que substituem essas sanções. No caso das diversas organizações existentes, estas seriam, segundo Dequech (2011), um tipo especial de instituição que também funciona como agente coletivo e ambiente institucional de seus integrantes.

Por fim, sintetizando mais ainda, podemos recorrer à proposição de Theret (2003), na qual as instituições seriam uma espécie de elemento ou fator de mediação entre as estruturas sociais e os comportamentos individuais. As instituições como sistemas de mediação entre o indivíduo e seu contexto social fornecem melhores possibilidades de entendimento acerca do comportamento individual e coletivo dos agentes.

É importante conhecer, definir e caracterizar as instituições, encontrando na vida real alguns exemplos que correspondam a essas definições, pois trata-se de um conceito ainda relativamente recente e bastante amplo e pouco disseminado, mais restrito aos determinados círculos acadêmicos de pesquisadores nas áreas das Ciências Sociais Aplicadas, especialmente nas áreas de economia, sociologia, política, história e análise organizacional. Mas tão importante quanto reconhecer uma instituição em suas várias dimensões é entender o processo de seu nascimento, a forma como surge, se consolida e se desenvolve uma instituição, ou, como chamaremos aqui, o processo de institucionalização. Quanto a esse processo, Zilbovicius (1999), citando Meyer (1994), o coloca como

> *"...o processo pelo qual um dado conjunto de unidades e um padrão de atividades são normativa e cognitivamente circunscritos na prática, tomado a priori (taken for granted), como lícitos (seja em termos de lei formal, do costume ou do conhecimento)".* (Meyer, 1994 apud Zilbovicius, 1999 p. 68)

Olhando para essa definição anterior, podemos imaginar então uma série de exemplos do nosso cotidiano que se adaptam a essa concepção mais ampla de institucionalização. Por exemplo, o surgimento recente de novos hábitos culinários (alimentos orgânicos) ou ainda a cultura de economia de recursos não renováveis baseando-se na divulgação de estudos que apontam a deterioração do meio ambiente. Temos então, como exemplo dessa última aplicação, uma série de leis, procedimentos, práticas e comportamentos voltados para a economia de água, energia, proteção de florestas, busca de fontes de energia renovável e, no caso das grandes metrópoles, a busca de formas alternativas de organização do transporte público como incentivo ao uso de bicicletas, restrição ao uso de automóveis em determinados horários e regiões etc.

Nesse sentido, os agentes envolvidos nas suas atividades socioeconômicas e organizacionais não tomam suas decisões de forma totalmente independente e racional, mas fazem suas escolhas em parte condicionados por seus ambientes culturais com normas, valores (e regras) institucionalizados, mas também considerando como legítima alguma racionalidade, tanto pelo indivíduo como pelo ambiente de forma coletiva (Zilbovicius, 1999). Em uma definição mais simples, porém semelhante, Gonçalves (2006) cita Selznik (1996) que propõe que o processo de institucionalização pode ser entendido como "*...A emergência ordenada, estável, socialmente integrada de padrões fracamente ligados com atividades técnicas* (Gonçalves, 2006, p. 43).

Após conhecermos e nos familiarizarmos um pouco com as instituições e seu nascimento/desenvolvimento, podemos nos voltar para alguns aspectos relacionados com a sua análise. Para isso, voltemos a Greif (2001). Esse autor destaca que, na economia, na política, na história ou na sociologia os principais autores se organizam em torno de duas abordagens.

Na primeira, denominada abordagem indutiva, o tomador da decisão é o centro da análise e as instituições resultam e são reflexos de relacionamentos entre os indivíduos e das decisões que tais indivíduos tomam dentro desse relacionamento. Em outras palavras, no micro nível da ação humana individual, os agentes interagem entre si, criando um ambiente específico do qual é derivada uma instituição.

Na segunda abordagem, chamada de dedutiva, a perspectiva é histórica e estrutural. Nesse raciocínio, as instituições não nascem das necessidades dos agentes individuais, mas antes moldam suas necessidades e determinam suas possibilidades, sua cultura e sua sociedade. Aqui as instituições fazem parte de um desenvolvimento histórico, num contexto de crenças e normas sociais, cristalizadas no passado, e que evoluem lentamente. Tem-se então um macro nível, cuja estrutura é historicamente determinada e com a qual o indivíduo interage.

Em que pese essas abordagens serem até certo ponto mutuamente excludentes e visando à construção de uma complementaridade entre indução e dedução, Greif (2001) passa a redefinir as instituições como fatos sociais que são ao mesmo tempo exógenos ao indivíduo (portanto além do seu controle), mas endógenos à sociedade. Dessa forma, a sociedade ao mesmo tempo reflete as interações entre os indivíduos, mas também exerce influência sobre o seu comportamento. Um exemplo válido seria o das leis. As leis refletem o processo político-legal de se fazer regras, processo do qual cada indivíduo toma parte, direta ou indiretamente, e, ao mesmo tempo, elas são as regras pelas quais os indivíduos são socializados. As leis são então exógenas a cada agente individualizado, mas são também o reflexo de um processo social endógeno construído por esses agentes.

Quando nós nos voltamos para a questão do processo de institucionalização, é importante reconhecer também a questão do processo de mudança institucional. O processo de institucionalização deve ser encarado de uma perspectiva ampla, na qual as instituições nascem e se desenvolvem e evoluem ou declinam, ou seja mudam. Tendo em vista esse aspecto, vamos nos debruçar no próximo item sobre algumas questões relacionadas ao processo de institucionalização, dentro de uma perspectiva de mudança.

2.3. Mudança institucional, formalidade e informalidade

Quando pensamos o processo de institucionalização descrito no item anterior, percebemos que a questão da mudança institucional merece especial atenção. A princípio, podemos refletir sobre a mudança institucional tendo em vista a concepção de recorte econômico representada pela NEI/ECT, recorrendo especialmente à contribuição de D. North (1990), prêmio Nobel de Economia em 1993. Esse autor pode ser considerado um dos institucionalistas do campo econômico que se dedicou à questão da mudança institucional. Seu raciocínio teórico parte da postulação básica de que as instituições são consideradas as regras do jogo, formais e informais, delimitadoras de comportamentos dos jogadores que no caso seriam as organizações e indivíduos de modo geral, em suma, os agentes econômicos. As instituições surgiriam então para diminuir (mas jamais eliminando por completo) as incertezas e, em consequência, os custos das transações gerados pela incerteza. Isso se dá por meio da estruturação das interações dos agentes econômicos.

Tendo em vista uma perspectiva mais geral, Douglas North define as instituições num amplo arco, que vai desde vários tipos de organização, os agentes econômicos nos mercados, passando por sistemas mais complexos como os sistemas públicos e governamentais e a própria justiça, até os sistemas de valores e crenças da sociedade, de essência cultural. Com base nessa definição podemos perceber que a visão de North (1990; 1994), mais macroeconômica, é diferente da visão de Williamson (1975, 1985, 1991), mais voltada para perspectiva microeconômica (sobre essa visão, a mesma será mais detalhada no Capítulo 4). Nessa dimensão macro, é oferecida a seguinte proposição: se as instituições funcionarem bem e forem confiáveis, gerando assim um ambiente favorável à competição, com segurança para os negócios e com respeito às leis e contratos, os países serão mais prósperos e haverá evolução institucional, gerando prosperidade e mais evolução, num círculo virtuoso. Caso contrário, se o sistema institucional for disfuncional, a sociedade será presa de interesses/grupos políticos e econômicos que prejudicam a competitividade (pois esses, em seu favor, capturam e fecham o sistema econômico para a competição), tornam a economia ineficiente e desfavorável à mudança/evolução institucional positiva.

A relação entre sistema institucional e desempenho econômico foi inicialmente apontada por D. North quando em 1989, em conjunto com B. Weingast, publicou um famoso estudo sobre a chamada Revolução Gloriosa, ocorrida na Inglaterra do século XVII. Nesse período, a coroa britânica tinha total liberdade sobre as regras do jogo. Podia contratar empréstimos da sociedade e depois simplesmente não quitá-los; podia nomear juízes, aumentar tributos e gastar como quisesse essa receita. Isso gerava um ambiente inóspito ao investimento, pois não havia nenhuma segurança quanto ao cumprimento de contratos e ao custo das transações. Mas em 1688, houve uma mudança institucional que fez toda a diferença. O rei passou a se submeter ao parlamento britânico e às leis. Com isso, iniciou-se um ciclo de desenvolvimento que resultou na emergência da Inglaterra como grande potência econômica e num ambiente de negócios favorável que posteriormente veio a impulsionar e financiar a revolução industrial.

A mudança institucional então, na concepção de North (1990), se desenvolveria da seguinte maneira: mudanças no ambiente (mudança em preços relativos e no gosto dos agentes, por exemplo) apresentam oportunidades que são percebidas. Algumas delas são escolhidas pelos agentes encarregados de liderar o processo, os chamados de agentes de mudança (empresários, dirigentes, políticos) de acordo com seus modelos mentais. Investe-se então em conhecimentos e habilidades para melhorar o aproveitamento dessas oportunidades. Nesse processo, novos modelos mentais vão sendo construídos e utilizados como uma leitura especial da conjuntura que vai, por sua vez, causar mais mudanças ambientais.

Nesse sentido, uma evolução/mudança institucional bem-sucedida se traduziria em inovações institucionais redutoras de custos de transação que aperfeiçoariam os mercados e seu funcionamento. Essa evolução tem um viés mais econômico, dado o alinhamento teórico deste autor. Contudo, os mercados, na concepção de North (1990), apresentam um componente político. Nessa concepção, tem-se o Estado como um agente garantidor dos direitos de propriedade e o sistema legislativo como um verdadeiro mercado político. Em tal mercado, o desejável seriam as leis surgindo dentro de uma avaliação eficiente e equitativa, com os interesses dos eleitores sendo atendidos e eventuais perdedores protegidos, mas a experiência histórica mostra-nos, por outro lado, que essa situação ideal se dá de maneira excepcional. No Brasil, por exemplo, basta observarmos o surgimento ou mudança de determinadas leis e dispositivos que guardam pouca relação com os interesses dos eleitores.

Na verdade, da mesma maneira que não existem custos de transação nulos e, portanto, mercados perfeitamente eficientes; nos mercados políticos, a pouca informação dos eleitores e a existência de modelos mentais subjetivos gerados por ideologias estereotipadas, fazem com que instituições geradoras de organizações ineficientes possam se perpetuar.

Outro economista já mencionado anteriormente, Matthews (1986), registra também o aspecto dinâmico das instituições. Na sua concepção e em termos de mudança econômica, a relação entre mudança em custos de transação e mudança institucional se assemelha à relação entre a mudança nos custos de produção e mudança no produto ou na produção. Por outro lado, uma mudança exógena nos custos de produção pode ou não gerar uma mudança no produto ou na produção. Vejamos, por exemplo, o aumento nos custos do petróleo dos anos 70/80 do século XX e a consequente evolução do desenvolvimento de fontes alternativas de geração de energia. Podemos encontrar no evento da terceirização no ambiente organizacional um outro exemplo válido. Em razão do aumento dos custos relacionados com a manutenção de relações hierárquicas internalizadas entre organização e trabalhadores, assiste-se nos últimos anos ao aumento crescente de externalização dessas relações (por contratos de terceirização individuais e coletivos). Da mesma forma, e no caminho inverso, um novo produto ou processo pode gerar mudança nos custos de produção e uma mudança institucional pode alterar os custos de transação.

Contudo, Matthews (1986) acrescenta que o objetivo dos agentes econômicos não é somente minimizar os custos de transação, mas, na verdade, minimizar a soma entre os custos de transação e os de produção, existindo *trade-offs* (expressão que significa ação de escolha de alguma coisa em detrimento de outra coisa) entre ambos, sendo que escolhas de técnicas de produção ou de instituições podem afetar ambos em direções opostas. Isso pode ser ilustrado de acordo com esse autor, por uma das mais importantes mudanças institucionais ocorrida em economias avançadas: o declínio da importância da família como unidade produtiva. A produção familiar tende a ter altos custos de produção ocasionados por sua baixa escala e pela criação de combinações inadequadas entre talentos e ocupações. Por outro lado, tem baixos custos de transação, porque, em uma fase ainda pré-capitalista, num contexto de vários clãs familiares, todos se conhecem, não sendo necessário negociar com estranhos sobre os quais é preciso mais salvaguardas, o que implica mais recursos para isso. Quando ocorre a mudança histórica do modo de produção, da sociedade artesanal para a implantação do sistema capitalista de mercado, tem-se que a produção em massa industrial traz uma grande divisão de trabalho, e então invertem-se as posições: diminuem os custos de produção, mas aumentam os de transação.

Com relação à natureza do processo de mudança institucional e voltando novamente às ideias de North (1990), este afirma também que a mudança institucional é um processo formado pela junção das mudanças externas com o aprendizado interno, sendo as percepções dos agentes fontes básicas da mudança institucional no âmbito formal (alteração de leis via encaminhamento político) ou informal. Este último (o âmbito informal) é um processo mais gradativo, incremental e inconsciente, que envolve uma alteração de comportamentos relativos (por exemplo, no caso recente do Brasil, a alteração na percepção e na tolerância com casos divulgados de corrupção em diversos níveis governamentais, ou de violência praticada por menores de idade), tudo se dando mediante a avaliação de custos e benefícios dessa mudança.

Quanto à estrutura institucional que gera as regras formais, o desejável é que se tenha uma estrutura tal em que sejam geradas oportunidades relacionadas com incentivo à competitividade e descentralização de decisões, que, por sua vez, proporcionem as organizações adequadas para um bom desempenho econômico. Segundo North (1990), um arcabouço institucional eficiente e flexível seria aquele que possibilitasse mercados descentralizados e direitos de propriedade bem definidos e protegidos. Seria preciso então primeiramente conhecer as estruturas dos custos de transação e produção de uma sociedade, bem como as instituições por trás desses custos, sendo que esse processo estaria sujeito aos modelos mentais dos agentes. Já os modelos mentais têm a sua gênese na matriz cultural, na experiência vivida e no aprendizado adquirido, refletindo-se em ideologias definidoras de política governamentais, como também de valores morais.

Merece menção aqui lembrar que a institucionalização se dá por caminhos formais e informais, mas, seja pelo lado formal ou informal, a mudança institucional se dá de modo gradativo. Trata-se de um processo de relativa complexidade em termos de suas diversas implicações para ganhadores e perdedores. Existe também uma tendência a esse processo de mudança institucional ficar circunscrito em matéria de escolhas, ao arcabouço institucional preexistente, constituindo-se em um trajeto condicionado pela direção anteriormente traçada. Forma-se aqui um conceito conhecido como dependência de trajetória (*path dependence*), isto é, os interesses das organizações e a ideologia produzida por modelos mentais dos agentes justificam a matriz existente e influenciam os demais agentes no sentido de apoiar esses interesses, o que gera uma inércia que age contra mudanças mais profundas ou abruptas. Assim, a iniciativa do processo de mudança normalmente se dá em setores "mais flexíveis em termos de poder de barganha das partes interessadas" (North, 1990).

A inércia institucional também é explicada nos trabalhos de Matthews (1986), quando ele afirma que, pelo fato de as instituições estarem relacionadas com aceitação geral e relações interpessoais, é mais difícil mudá-las, pois isso depende do consentimento de outras pessoas e não de um ato de vontade individual. Arranjos prévios, e que foram construídos por um longo processo de negociação, teriam de ser desfeitos e a confiança teria de ser recriada. Novos códigos teriam de ser estabelecidos e novos métodos de monitoramento, ser desenvolvidos e tornados críveis. Algumas pessoas sempre relutam em abrir mão de seus interesses constituídos no arranjo institucional vigente e isso pode explicar a persistência de algumas instituições, mesmo que, aparentemente, disfuncionais. Na verdade, segundo Matthews

(1986), as instituições produzem a estrutura para a vida econômica e uma estrutura completamente flexível seria uma contradição.

A exemplo de North (1990), Matthews (1986) também afirma que o que dificulta a evolução (ou mudança) institucional é a sua própria complexidade. Não só os arranjos institucionais são complexos, como também seus propósitos. Se as relações econômicas interpessoais não fossem inerentemente complexas, grande parte das instituições existentes seria desnecessária. Haveria apenas um sistema simples de direitos de propriedade e mercados universais do tipo spot (mercados onde as transações ocorrem de maneira quase que instantânea ou imediata - entrega imediata e pagamento a vista), tal como os livros-texto alinhados com a ortodoxia econômica supõem. Uma das mais importantes contribuições da nova economia institucional (NEI) tem sido mostrar que os objetivos aos quais uma instituição serve são muito mais complexos do que o que aparece na superfície. Consequentemente, pode ser bastante difícil enxergar as razões pelas quais uma instituição surge e quais são seus propósitos.

Mathews (1986) exemplifica a questão da complexidade e da inércia da mudança institucional ao se referir ao sistema de promoção funcional em organizações hierárquicas privadas. Com poucas variações, o que existe é um sistema de carreiras organizado em torno de uma estrutura sob a forma de uma espécie de *ranking* de responsabilidades que vai das menos complicadas às mais complexas, e, de acordo com esse *ranking*, um sistema de pagamentos. A promoção de um funcionário em geral se dá apenas de passo a passo, gerando direitos de propriedade para cada posição uma vez que rebaixamentos quase nunca ocorrem. Mau desempenho é punido com perda de promoção ou, em caso extremo, com demissão. Existe ainda uma idade de aposentadoria, após a qual as responsabilidades vão de uma vez só para zero e não gradativamente. Outra característica desse sistema é que normalmente, pelo menos em organizações mais consolidadas, os profissionais de meia-idade tomam a maioria das posições mais altas ao contrário, por exemplo, das gerontocracias e dos sistemas hereditários, sistemas baseados no poder da riqueza, ou, por outro lado, e também em oposição aos sistemas de carreira típicos de grandes empresas, em firmas empreendedoras tem-se frequentemente o topo sendo ocupado por pessoas mais jovens e de alto desempenho.

De acordo com o exemplo citado, Matthews (1986) se faz a pergunta: Quais seriam as forças que geraram o sistema de promoções empresarial de sua possível origem militar para algumas formas que existem, por exemplo, em organizações mais burocratizadas como as organizações públicas? Em algumas organizações públicas brasileiras existe um sistema de progressão salarial automático, com base em um aumento percentual sobre o salário-base e balizado pelo tempo de serviço. A cada espaço de tempo, ou cada passo, também chamado *step*, vai sendo obtido pelo funcionário um pequeno aumento salarial que não guarda relação com mérito ou produtividade, ou seja, assim que um determinado tempo se cumpra ao longo da vida profissional do funcionário dentro da organização, o aumento é concedido e o funcionário progride para um novo *step*. Talvez o sistema de *steps* automáticos, existente nessas organizações públicas mais burocratizadas, poderia ser resultado de informação incompleta da parte dos chefes, que não conhecem as pessoas localizadas em dois ou mais estágios abaixo de si na escala profissional. Outra justificativa dos *steps* automáticos seria, de certa forma, contornar o oportunismo das pessoas no nível intermediário de jamais recomendar promoções de subalternos para cargos acima de si mesmos. No caso do não rebaixamento de cargo, mas sim de demissão ou estagnação, o fator dominante poderia ser a inércia, criado pela necessidade de salvaguardas contra o comportamento oportunista ou a própria ineficiência do funcionário. De qualquer modo, não é trivial definir quais fatores foram dominantes ou se existem outros.

Matthews (1986), conclui que, no que tange à mudança institucional, a complexidade e a inércia se reforçam mutuamente. Arranjos complexos são difíceis de ser alterados radicalmente e nisso gera-se a inércia. A inércia, por sua vez, facilita a resposta a mudanças ao incorporar novas ideias institucionais às instituições existentes (mas sem grandes mudanças de rumo), tornando as instituições mais complexas do que anteriormente. Cada etapa nova no processo de mudança institucional é determinada pelo seu ponto de partida e, no que lhe diz respeito, exerce influência sobre futuros desenvolvimentos. Portanto, o processo, apesar de sua dependência de trajetória, tem uma trajetória própria e não totalmente previsível, ou seja, a mudança institucional quase que adquire uma vida própria.

É importante também destacar e reforçar que a mudança institucional não é meramente uma questão de incrementos e inovações e adaptações. O envolvimento do estado, as interações não voluntárias (externalidades), a inércia, por fim, complexidade, com sua tendência em produzir uma trajetória não totalmente previsível, e, em algumas ocasiões, até mesmo aleatória em termos de grau e profundidade da mudança, também fazem parte do processo. É importante salientar também que não se descarta a mudança revolucionária, normalmente, como fruto da inexistência ou da incapacidade de organizações funcionarem como mediadoras de possíveis conflitos, mesmo considerando que seu caráter verdadeiramente revolucionário possa ter enfraquecido pela rigidez das limitações informais (resultantes de heranças culturais e tradições arraigadas), estas mais difíceis de ser modificadas do que as regras formais.

Para resumir, sobre a mudança institucional, temos que as instituições e sua interação com as organizações em um ambiente de escassez de recursos e competição, geram a necessidade de as organizações buscarem conhecimentos cuja natureza é definida pela estrutura institucional. Por outro lado, os modelos mentais (gerados em meio a ambientes complexos, informação insuficiente e herança cultural) também determinam as percepções do que seria mais adequado em termos de mudança, sendo que tal mudança terá um caráter dependente de sua trajetória passada. Portanto, o somatório de restrições institucionais e modelos mentais (regras formais e informais), define o tipo de conhecimento a ser adquirido para enfrentar as contingências.

A seguir, e a título de resumo e conclusão, são reproduzidas da contribuição de Gala (2003) as premissas básicas do institucionalismo da institucionalização e da mudança institucional tal como preconizado na obra de North (1990):

> *"- O ambiente econômico e social dos agentes é permeado pela incerteza*
>
> *- A principal consequência desta incerteza são os custos de transação. Estes podem ser divididos em problemas de mensuração (measurement) e adaptação/garantia (enforcement)*
>
> *- Para reduzirem os custos de transação e coordenar as atividades humanas, as sociedades desenvolvem as instituições, que agem antes e depois das negociações entre dois atores. Estas instituições são conjuntos de regras com duas naturezas: formais e informais.*
>
> *- O conjunto destas regras pode ser encontrado na matriz institucional das sociedades.*
>
> *- A dinâmica desta matriz será sempre path dependence (dependência de trajetória).*
>
> *- A partir desta matriz, definem-se os estímulos para o surgimento de organizações que podem ser econômicas, sociais e políticas.*
>
> *- As organizações interagem entre si empregando recursos econômicos – que junto com a tecnologia definem os custos de transformação (tradicionais da teoria econômica) e interagem com a própria matriz institucional – que define os custos de transação – e são, portanto, responsáveis pela evolução institucional e pelo desempenho econômico das sociedades ao longo do tempo."* (GALA, 2003)

2.4. Instituições: as perspectivas regulativa, normativa e cognitiva

De acordo com Scott (1995), as instituições têm um importante papel na sociedade. São estruturas e atividades que proporcionam estabilidade e sentido ao comportamento social, delimitando comportamentos e formatando as ações. São também construídas e mantidas por agentes diversos e constituídas em realidades impessoais e objetivas, funcionando em vários níveis, de sistemas mundiais a subunidades no interior das organizações. Para Scott (1995), as instituições passam a ter um duplo posicionamento – influenciando e delimitando o comportamento dos agentes e sendo formatadas pelos mesmos agentes.

Scott (1995) oferece uma abordagem institucional em termos de classificação, que já se tornou bastante disseminada nos meios acadêmicos. De acordo com esse autor, as instituições podem ser definidas por três perspectivas distintas: regulativa, normativa e cognitiva. Essas perspectivas se manifestam respectivamente via aspectos estruturais (regulativa), rotineiros (normativa) e culturais (cognitiva) e operam, portanto, em níveis distintos de alcance.

A base institucional **regulativa** exerce seu poder delimitador sobre os agentes de maneira coercitiva, com base em regras explícitas que se manifestam em leis formalizadas, e cujo eixo central é o custo-benefício gerado pelo comportamento dos agentes. A base **normativa** tem seu foco nos valores e papéis a serem desempenhados, em termos do que é apropriado ou desejável (tais como a certificação profissional), e a **cognitiva** se manifesta por intermédio da representação individual interna do mundo por meio de símbolos, da construção social dos atores e de uma estrutura comum de significados.

Ainda segundo Scott (1995), a base institucional regulativa também exerce seu poder pela observância das leis, regulamentos e sanções formalizados. Como exemplo, no nível micro, podemos considerar o estatuto que regula as atividades de um condomínio, de um clube, associação ou universidade. No nível meso, tem-se o regimento que regula o funcionamento e os encaminhamentos dos parlamentos nas dimensões municipal, estadual e nacional; e, no nível macro, as leis e a constituição de um país, que regulam o ordenamento jurídico de toda a sociedade. A base normativa exerce seu poder pela expectativa de um comportamento moral mais apropriado. Nesse caso, consideremos, por exemplo, as normas de etiqueta em geral, como cumprimentar pessoas conhecidas ou parabenizar por seu aniversário. Nesse último caso é interessante observar como essa norma tem se modificado com o advento das redes sociais, especialmente com o Facebook, inclusive com algumas manifestações a esse respeito, apontando que se, por um lado, o sistema nos garante que não esqueçamos as datas, por outro existem indícios de uma certa banalização, transformando uma norma, que antes era cumprida por meio de uma visita ou um telefonema, em mera obrigação, cumprida de modo superficial, com mensagens-padrão sem grande profundidade. Por fim, a base cognitiva exerce seu poder e controle pelo alinhamento cultural. Vejamos, por exemplo, no campo da música, as diferenças de comportamento que existem quando as pessoas se encontram em uma roda de samba, em comparação com uma situação na qual estejam assistindo a uma audição de música clássica. Em cada campo, cada pessoa, ou grupo de pessoas tem uma forma de interpretação comum, reagindo e participando dessas manifestações culturais de modo coletivo que guarda uma relação com a sua própria estrutura cognitiva e com a evolução dessa mesma estrutura.

Tendo em foco a forma como os agentes agem e fazem suas escolhas, tem-se também uma divisão, proposta por Scott (1995), organizada de acordo com as três perspectivas: na regulativa, a escolha é racional; na perspectiva normativa, a escolha seria a orientação para uma dimensão moral de adequação; e para a vertente cognitiva a escolha se daria por um conhecimento construído com indivíduos que interagem de maneira coletiva na construção de um contexto social.

Além dos agentes individuais, as organizações também estão profundamente ligadas aos contextos institucionais, sendo, ao mesmo tempo apoiadas, delimitadas e inseridas nesses contextos. Mas como os agentes, participantes individuais desse contexto, incorporam os elementos institucionais que delimitam/moldam seus comportamentos? Para Scott (1995), a incorporação dos elementos institucionais pelos agentes se dá via sistemas de apoio institucional, classificados de acordo com as três categorias já expostas (regulativa, normativa e cognitiva), que por sua vez se manifestam de maneiras diferentes, dependendo se a perspectiva é regulativa, normativa ou cognitiva:

- **Sistemas de apoio culturais**: com as leis na ênfase regulativa, valores e normas para a normativa e categorias e tipificações na cognitiva;
- **Sistemas de apoio socioestruturais**: a regulativa se apoia em sistemas de governança e poder; no caso da ênfase normativa, o apoio se dá pela autoridade e regimes; e na cognitiva, tem-se a questão da identificação (autorreconhecimento);
- **Sistemas de apoio rotineiros**: a perspectiva regulativa com os protocolos e padrões de procedimento; na normativa tem-se a conformidade; na cognitiva, os roteiros e programas de desempenho.

Como pano de fundo teórico geral, podemos definir em termos de tipologia institucional, além do trabalho já mencionado de Scott (1995), também a contribuição de Hall & Taylor (1996), cujas pesquisas, juntamente com as de Scott (1995), são já bastante conhecidas no campo do neoinstitucionalismo. Com base nas contribuições desses autores, podemos considerar, de modo mais geral, três vertentes básicas do institucionalismo:

- a **normativo-histórica**, que considera as instituições como normas e valores socialmente prescritos que vão evoluindo ao longo do tempo e moldando o comportamento dos agentes, derivando, inclusive, da interação entre agrupamentos diversos de agentes com interesses específicos, para a ação política a formação de redes políticas e de poder,
- a **sociocultural-cognitiva**, centrada em uma concepção das instituições como parâmetros socioculturais simbólicos ou como legitimações que se dão em consonância com o ambiente sociocultural no qual cada agente se insere e/ou de acordo com uma visão particular e interna de mundo, uma espécie de filtro interno, que cada agente constrói para si ao longo de suas experiências e

sensações com o mundo externo, bem como de acordo com as suas relações com outros agentes e com o posicionamento na rede social a qual pertencem e,

- a **racional-regulativa (escolha racional)**, que trafega dentro da Ciência Econômica e postula a existência de regras-contratos, formais ou, em menor relevância, informais, que moldam, pela sanção-punição (e pela sua expectativa), o comportamento dos agentes. Essas regras teriam a finalidade de conter um oportunismo inerente à natureza de todos os agentes. Uma de suas unidades mais básicas de análise por exemplo, são os já mencionados custos de transação.

2.5. O Institucionalismo e o Neoinstitucionalismo

Existem diversas diferenciações entre o antigo e o novo institucionalismo, como as relatadas em Conceição (2007). Em uma delas, por exemplo, Samuels (1995 apud Conceição, 2007) divide o pensamento institucionalista em três abordagens teóricas. Na primeira, temos o antigo institucionalismo, representado por diversos autores, entre os quais podemos destacar como os mais representativos Veblen (1898); Commons (1934); Mitchel (1937) e Myrdal (1953), já a segunda abordagem seria a chamada Nova Economia Institucional (NEI) ao lado de sua principal vertente, a Economia dos Custos de Transação (ECT), tendo como autores de maior destaque, R. Coase (1937; 1984), O. Williamson (1971;1991;1994;1995) e D. North (1990). Por fim, na terceira abordagem, representada por autores como K. Polanyi (1944) e J. K. Galbraith (1967), entre outros, e denominada de Neoinstitucionalismo, tem-se um alinhamento maior com os antigos institucionalistas, e, a despeito do predomínio da abordagem de natureza econômica, este último enfoque traz consigo alguns elementos de natureza sociológica.

Já outros autores, como Scott (1995), preferem dividir o institucionalismo em apenas duas grandes vertentes, o novo e o antigo institucionalismo. De acordo com Scott (1995), com o neoinstitucionalismo, os estudos voltam-se de modo geral para a importância de aspectos cognitivos sobre o comportamento dos agentes, em contraposição ao antigo institucionalismo, mais voltado para os sistemas de regras e para a estrutura normativa.

Várias outras diferenciações teóricas entre o novo e o antigo institucionalismo têm sido feitas. Algumas delas, ainda relatadas por Scott (1995), afirmam, por exemplo, que uma distinção entre o antigo e o novo institucionalismo se encontra no fato de que, enquanto o primeiro volta-se para temas políticos e econômicos, o segundo dá mais ênfase para a análise sociológica. Além disso, quanto ao conceito de ambiente, a abordagem neoinstitucionalista adota uma concepção mais ampla, levando em conta populações inteiras de organizações, conjuntos de segmentos e entidades estatais, já o antigo institucionalismo tem um olhar mais voltado para comunidades de tamanho mais reduzido.

O nosso posicionamento neste livro seguirá mais de perto a separação que define uma subdivisão do institucionalismo em antigo e novo institucionalismo, com destaque especial para este último.

Considerando as origens teóricas do pensamento institucionalista, Scott (1995) define o início da contribuição institucional como proveniente de três campos do conhecimento: Economia, Sociologia e Ciência Política. Posteriormente, temos uma divisão semelhante com o neoinstitucionalismo e suas vertentes econômica, sociológica e histórica (política). Assim sendo, vamos percorrer brevemente essas três grandes áreas do conhecimento considerando a perspectiva institucionalista original (o chamado antigo institucionalismo) e sua evolução mais recente (o neoinstitucionalismo)

2.5.1. Origens e fundamentos do Institucionalismo – Economia

Em vez de considerar a Ciência Econômica um conjunto de leis universais, o pensamento institucionalista entende essa ciência (bem como o seu funcionamento) com base em sua inserção em um contexto social. Esse contexto é construído por sua vez por um conjunto de forças culturais e históricas. Isso significa que os sistemas econômicos e suas propriedades nascem e se desenvolvem tendo em vista um processo histórico.

Consequentemente, a definição clássica do homem econômico passa a ser contestada pela visão institucionalista. De acordo com Veblen (1898), considerado um dos primeiros economistas dedicados ao institucionalismo, a concepção do homem passa a ser definida como um ser governado mais por hábitos e convenções em evolução, e que são definidos pelo cenário institucional, do que pela busca da maximização da utilidade. Essa concepção se contrapõe em grande medida à visão de economistas mais ortodoxos, que insistiam em uma abordagem cujas hipóteses são atemporais e abstratas, considerando o processo de escolha individual como o objetivo central da análise econômica. O ponto central da visão de Veblen (1898) é outro, mais voltado para o reconhecimento da mudança, do crescimento e da inovação como processos dinâmicos, refutando o pressuposto de equilíbrio estável da ortodoxia econômica e reafirmando o caráter evolucionário e seletivo das instituições. A mudança das instituições, apesar de gradual, ocorre e gera consigo mudanças de ações e atitudes. Por outro lado, não se descarta a possibilidade de ruptura institucional que ocasione grandes mudanças nas ações humanas.

Outro institucionalista original citado por Scott (1995), Commons (1924), utiliza-se de seu trabalho para sugerir uma forma de relacionamento econômico entre duas partes, denominada transação. A transação é definida como a unidade básica de análise econômica e não mais a produção (este conceito será posteriormente aproveitado pelos neoinstitucionalistas econômicos que se baseiam em R. Coase, e seu seminal artigo sobre custos de transação e que será detalhado mais à frente). As transações seriam processos envolvendo relacionamentos entre duas ou mais partes, tendo origem nas regras de conduta entre os seres humanos. As regras de conduta seriam instituições, especialmente relacionadas com o aparato jurídico que é criado em função das transações, e teriam a finalidade de estabelecer limites para pessoas e firmas na busca de seus próprios objetivos, sob a forma de direitos e deveres preestabelecidos. Segundo Farina et al. (1997), a contribuição de Commons (1924) coloca em evidência as transações como variável de análise, sendo organizadas com o auxílio de uma estrutura de gestão (governança) que visa à obtenção de uma ordem contra potenciais conflitos que ameaçam a possibilidade de ganhos mútuos.

Ainda segundo Farina et al. (1997), os antecedentes da abordagem institucional podem ser também apresentados por trabalhos de alguns outros autores, entre os quais Knight (1921), e a sua distinção entre risco e incerteza, bem como o foco na firma como fator de redução do desperdício (um conceito que, segundo a autora, antecede o desenvolvimento da ideia de custos de transação), e os autores Barnard (1938) e Hayek (1952), com os conceitos de adaptação interna (Barnard, 1938) e externa (Hayek, 1952), ao ambiente econômico como fatores de eficiência.

A questão da evolução econômica ao longo do processo histórico também tem o seu lugar entre os institucionalistas e se manifesta em uma visão da economia como um processo contínuo de mudança, o que contraria a concepção clássica de equilíbrio econômico.

Citando Jacoby (1990), Scott (1995) enuncia quatro aspectos de discordância entre a corrente institucionalista e as abordagens mais tradicionais do pensamento econômico:

- **Determinação ou indeterminação**: em vez da concorrência perfeita e da tendência ao equilíbrio, é colocada a questão do poder de mercado e da indeterminação mesmo sob condições competitivas.
- **Preferências determinadas de maneira exógena**: em vez de preferências e desejos individuais com base nos agentes (endógeno), as preferências também são formadas pelas instituições sociais externas aos agentes (exógeno).
- **Tempo e Espaço**: Contestação do caráter atemporal e desvinculado de especificidades territoriais assumido pelas hipóteses neoclássicas, com uma argumentação em torno da necessidade de se estudar como a economia vai adquirindo suas características em termos de tempo e espaço.

- **Realismo comportamental × hipóteses simplificadoras**: ressalta-se a necessidade de adicionar elementos psicológicos (e, portanto, mais realistas) aos modelos econômicos, evitando assim a visão, até certo ponto ingênua, dos economistas mais tradicionais sobre o comportamento humano.

Após as primeiras manifestações do pensamento institucionalista de recorte econômico no final do século XIX e início do século XX, esse pensamento fica de certa forma adormecido, sobrepujado pelo pensamento mais tradicional que se reforça ao longo de boa parte do século XX. Essa predominância do pensamento neoclássico ocorre, mesmo com o surgimento de mais alguns economistas com abordagens alternativas, tais como Galbraith (1967), Myrdal (1972), e Mitchell (1961), que realizaram investigações e reflexões importantes na Ciência Econômica, especialmente nas subáreas da economia do trabalho, políticas públicas, economia industrial e relacionamentos sociais.

2.5.2. Política

De acordo com Gonçalves (2006), o institucionalismo em sua vertente política tem suas raízes na história política, razão pela qual este autor o denomina "velho institucionalismo histórico". Essa abordagem estava voltada para o estudo dos conflitos entre estados, numa perspectiva personalizada cujo foco, como principais atores, eram os estadistas e as monarquias. Pela história desses personagens se analisava a formação e trajetória das monarquias e estados que se organizavam desses personagens, numa dimensão macro.

Apesar de os personagens serem a fonte da trajetória dos reinados e estado, são estes estados e reinados que se constituem objeto principal de estudo. Em outras abordagens, tais como a de Carvalho et al. (2002, apud Schilickmann, Melo & Alperstedt, 2008), a principal característica do velho institucionalismo político seria o estudo das formas específicas de gestão e a legalidade das estruturas.

Concentrando-se no cenário americano, tem-se a análise institucionalista inicialmente baseada no direito constitucional e na filosofia moral. Suas principais características na virada do século segundo Bill & Hardgrave (1981), citado por Scott (1995), são:

- Preocupação com estruturas formais e sistemas legais relacionados ao governo;
- Considerações sobre sistemas políticos em termos de regras, direitos e procedimentos interligados;
- Ênfase no permanente e no imutável, isto é, o entendimento de que as instituições políticas, após evolução, se encontrariam em estado final e acabado;

- Foco no estudo da evolução histórica de uma determinada forma institucional;
- Associação com a filosofia moral.

Posteriormente, com base em outros estudos localizados no comportamento diante do voto, na formação de partidos e na opinião pública, evidencia-se uma mudança de enfoque, saindo das questões legais e estruturais, indo em direção a questões relacionadas ao comportamento, com uma visão da ação humana como produto do interesse próprio.

2.5.3. Sociologia

A princípio, na dimensão sociológica aplicada ao institucionalismo tem-se o foco na forma como as instituições formam e são formadas pelos indivíduos. As instituições são aqui definidas de modo amplo como sendo a linguagem, governo, igreja, leis, costumes de propriedade e família. Encaradas dessa forma, as instituições desenvolvem-se e conservam-se, manifestando-se por interações entre indivíduos, como um hábito enraizado nas suas mentes e ações, atuando de forma inconsciente como resultado de seu caráter coletivo.

A partir dessas premissas, Scott (1995) cita autores americanos como Hughes (1939), que concentram sua atenção nas instituições relacionadas ao trabalho, entre as quais aquelas relacionadas com as ocupações e profissões, como as licenças para exercício de profissões.

Já no território europeu, é obrigatório citar dois dos nomes importantes da sociologia e que podem ser considerados os precursores do institucionalismo de vertente sociológica: Durkheim (1989; 1990), que chamou a atenção em seus trabalhos para a importância dos sistemas simbólicos de conhecimento, crença e autoridade moral, os chamados sistemas de representação coletiva, que, a exemplo da religião, acabam formatando a ordem social conferindo-lhe um sentimento coletivo de união (externo portanto aos indivíduos), assumindo assim um caráter coercitivo carregado de rituais e cerimônias entre as pessoas, semelhante ao que ocorre com as religiões. E Weber (1994), com o seu entendimento de como as regras culturais definem as estruturas sociais e governam o comportamento. Também nesse autor se encontra o reconhecimento de que a economia deve ser analisada sob a perspectiva histórica, opondo-se aos modelos teóricos econômicos mais ortodoxos.

2.5.4. O Neoinstitucionalismo (NI)

A visão institucionalista sofre uma diferenciação entre o novo e o antigo institucionalismo a partir da segunda metade do século XX. Antes de ressaltar as diferenças entre essas duas versões, é importante registrar que ambas se opõem à concepção racionalista do comportamento dos agentes, voltando-se para a forma como eles se relacionam com o seu ambiente.

Com o neoinstitucionalismo, os estudos voltam-se de modo geral para a importância de aspectos cognitivos e sua ação sobre o comportamento dos agentes, diferenciando-se o neoinstitucionalismo do antigo institucionalismo, mais voltado para os sistemas de regras e da estrutura normativa (SCOTT, 1995). Constata-se que as estruturas institucionais exercem uma relevante influência na vida social. Assim, o papel das instituições passa a ser mais autônomo, não só afetando o desenvolvimento histórico de uma sociedade como também sua própria relação com os agentes econômicos. As instituições passam a ter um duplo posicionamento – influenciando e delimitando o comportamento dos agentes e sendo formatadas pelos mesmos agentes. Alguns autores, entre os quais Scott (1995), afirmam que outra distinção entre o velho e o novo institucionalismo seria que, enquanto o primeiro volta-se mais para temas políticos e econômicos, o segundo dá mais ênfase para a análise sociológica, sem negligenciar os outros dois. Além disso, quanto ao conceito de ambiente, a abordagem neoinstitucionalista adota uma concepção mais ampla, levando em conta populações inteiras de agentes e organizações, conjuntos de segmentos e entidades estatais, ao passo que o velho institucionalismo tem um olhar para comunidades de tamanho mais reduzido.

Podem-se resumir as diversas vertentes, novas e velhas do institucionalismo, aproveitando algumas das proposições de Gonçalves (2006). Esse autor coloca que os agentes ou atores constroem e buscam seus objetivos e vantagens individuais ou grupais, bem como definem suas preferências e motivações, não de forma livre, mas delimitada pelas instituições, que seriam definidas de forma ampla como normas, regras e expectativas de comportamento que se desenvolvem ao longo do tempo. *"As restrições e constrangimentos, delimitadores da ação humana tem um aspecto inconsciente e, em alguma medida, ritualístico"* (Gonçalves, 2006, p. 11).

Dentro dessa perspectiva, a diferença básica entre o novo e o antigo institucionalismo é que este último tem seu foco de análise em aspectos de maior magnitude, considerando a sociedade como um todo e suas grandes mudanças, já o primeiro atua em um nível mais meso e micro, focado em elementos organizacionais, tratando das relações intra e, especialmente, interorganizacionais. No novo institucionalismo, existe uma sociedade composta de organizações de naturezas diversas (estado, religiosas, empresariais etc.) às quais estão vinculados os indivíduos.

Numa outra tipificação Hall & Taylor (1996) dividem as contribuições do neoinstitucionalismo numa perspectiva mais voltada para a Ciência Política, mas que pode ser também considerada uma tipificação relevante e que contribui para um entendimento mais segmentado do neoinstitucionalismo, especialmente no que tange às perspectivas regulativa, normativa e cognitiva. De acordo com esses autores, as contribuições do NI podem ser divididas em três vertentes surgidas a partir dos anos 80 do século XX e relacionadas ao institucionalismo: o institucionalismo histórico (orientação normativa), o institucionalismo da escolha racional mais ligado com a contribuição das Ciências Econômicas (orientação regulativa) e o institucionalismo sociológico (orientação cognitiva).

O neoinstitucionalismo histórico, segundo os autores, volta-se para o estudo dos conflitos de interesses no ambiente das estruturas político-econômicas, sendo esta abordagem constituída de quatro grandes características. A primeira é relacionada com o fato de que a relação instituições-indivíduo é concebida de modo mais geral. Na segunda característica, é enfatizada a existência de assimetrias de poder no que tange ao desenvolvimento e funcionamento das instituições. Na terceira característica, tem-se que o desenvolvimento das instituições é condicionado pela já mencionada dependência de trajetória, circunstâncias imprevistas e situações críticas. Na quarta e última característica, o universo das ideias é tido como um componente explicativo das realidades políticas, ao lado das instituições.

Nesse modelo de análise, o papel das instituições estaria associado aos processos de mudança institucional (já comentados anteriormente). Em alguns momentos as instituições retardariam e mesmo impediriam esses processos, em outros as instituições atuariam de modo contrário, impulsionando e acelerando as mudanças sociais. O conflito e a desigualdade de poder também são considerados fatores centrais nesta vertente.

Quanto ao neoinstitucionalismo da escolha racional, tem-se que, na visão de Hall & Taylor (1996), a dinâmica das decisões político-econômicas se dá dentro da necessidade de minimizar os custos de transação, sendo que os agentes se relacionam com base nos ganhos que cada parte espera obter de uma transação. Nessa perspectiva, as instituições seriam formatadas por agentes inseridos em um ambiente no qual se comportam de maneira calculista e estratégica.

Por fim, o neoinstitucionalismo sociológico (NIS) se caracteriza primeiramente por uma definição mais ampla de instituições. Além de regras do jogo, normas e regras formais, são também consideradas instituições os símbolos, os modelos morais e os filtros cognitivos que proporcionam esquemas interpretativos e estruturam as preferências dos indivíduos. Com sua fonte na sociologia e na análise das organizações, a vertente sociológica do institucionalismo tem seu foco de análise na disseminação das instituições em meio a um contexto de regras, normas, rotinas, valores e rituais. Na visão de Rosas e Máiz (2008), a própria cultura (hábitos e símbolos), é considerada aqui um padrão que guia e modela a ação individual e também estaria fortemente associada às instituições. De acordo com o neoinstitucionalismo sociológico, tanto as ações individuais como as coletivas estariam condicionadas pela dimensão cognitiva, com as instituições fornecendo, então, modelos, categorias e roteiros para a interpretação do mundo e dos comportamentos. Quanto à mudança institucional, ela se dá por meio da legitimidade no contexto cultural e não pelo critério da eficiência. Logo, as instituições não podem ser encaradas como exógenas aos indivíduos e organizações, mas como um conjunto de interpretações e símbolos que modelam as preferências dos agentes. Assim, as decisões são tomadas não dentro de uma moldura institucional que as delimita, mas visando a legitimação social.

Todas as abordagens neoinstitucionalistas têm em comum o fato de serem voltadas para o papel das instituições, a sua influência sobre o comportamento dos agentes e como elas surgem e se modificam. É importante destacar que, inclusive nas próprias proposições de Hall & Taylor (1996), é possível, numa perspectiva mais ampla, admitir a possibilidade de união de influências entre as três vertentes do institucionalismo, cada qual de seu lado e em seu campo, exercendo sua influência e seus efeitos sobre o comportamento dos agentes. Dessa forma, em vez de uma lente isolada e excludente, podemos considerar que os agentes são influenciados tanto pela ação estratégica dos demais, como por um contexto moral/cognitivo dentro de uma configuração institucional já existente. As instituições moldam as expectativas em termos de ações futuras, sejam estas expectativas em relação ao que o outro agente considera viável para seus interesses, seja uma expectativa de acordo com o que se considera socialmente aceitável. Em outros termos, o comportamento pode ser estratégico e guiado por objetivos (cálculo), mas dentro de um campo que define o que é apropriado ou legítimo (cultura e sociedade).

Dentro desse espírito de maior abrangência, podemos destacar um autor, Theret (2003), que, aproveitando a perspectiva apresentada por DiMaggio & Powell (1997), também analisa o novo institucionalismo com base em três grandes campos do conhecimento, mas com um maior detalhamento entre eles, associando a cada um subcategorias teóricas. Inicialmente, os três grandes campos teóricos são definidos no âmbito da Economia (relacionada à Nova Economia Institucional), Política (aqui mais identificada com uma Teoria da Escolha Racional, no campo político) e Sociologia (que se desenvolve no âmbito da Teoria das Organizações). Na diferenciação e no detalhamento dessas três abordagens duas questões relevantes são consideradas por Theret (2003): o comportamento individual dos agentes em face da existência das instituições e o processo de formação e transformação das instituições.

No caso da relação entre as instituições e os indivíduos, dois polos se apresentam: o enfoque que privilegia a motivação pelo cálculo e o enfoque mais ligado aos fatores culturais. Quanto ao cálculo (relacionado com o institucionalismo da escolha racional), o comportamento individual seria caracterizado pela racionalidade estratégica. Nesse caso, o papel das instituições seria **reduzir a incerteza** nas relações.

Quanto ao enfoque cultural (ligado ao institucionalismo sociológico e à teoria das organizações), as bases de análise são os níveis de percepção e o aspecto rotineiro do comportamento; nesse caso, as instituições seriam referências ou convenções.

De acordo com Theret (2003), e na perspectiva do cálculo, as instituições seriam um resultado intencional (contratual) das estratégias de otimização dos agentes, enquanto, no enfoque cultural, as instituições teriam uma natureza mais convencional e cognitiva, organizando os comportamentos. Quanto ao institucionalismo histórico, entende-se que este combinaria os dois enfoques, calculista e cultural. De acordo com esse raciocínio teórico desenvolvido por Theret (2003), podemos considerar que os indivíduos perseguem e calculam seus próprios interesses, mas também têm interesses e visões de mundo diversas, construídos socialmente, culturalmente e politicamente, ocorrendo, portanto, uma combinação entre cálculo e cultura.

Com relação ao segundo critério, gênese e desenvolvimento das instituições, Theret (2003) sugere por exemplo que, para o institucionalismo histórico, as instituições seriam uma maneira de regular os conflitos relacionados com a diversidade de interesses e assimetrias de poder. Já considerando as duas outras vertentes, o institucionalismo sociológico e da escolha racional, o surgimento das instituições seria "*uma solução de problemas de coordenação*" (Theret, 2003, p. 229), seja por meio de dispositivos cognitivos (visão sociológica – confiança/convívio), seja em termos de coordenação da ação visando a adequação do comportamento (visão da escolha racional – regras que geram sanções e coíbem oportunismo).

Ainda segundo Theret (2003), a mesma conformação do institucionalismo definida em Hall & Taylor (1996), dividida nas três dimensões (institucionalismo histórico, institucionalismo sociológico e institucionalismo da escolha racional) que Theret (2003) lembra serem mais voltadas para a Ciência Política, pode ser analisada de maneira equivalente na Ciência Econômica, por exemplo. Nesse caso, e segundo esse autor, as abordagens institucionalistas da Ciência Econômica equivalentes ao institucionalismo histórico, sociológico e da escolha racional da Ciência Política, e seriam respectivamente a Teoria da Regulação, a Economia das Convenções e a Nova Economia Institucional.

A Teoria da Regulação, relacionada ao institucionalismo histórico e com raízes no estruturalismo marxista, foi desenvolvida inicialmente na França e posteriormente nos EUA, baseando-se em autores seguidores da tradição dos antigos institucionalistas como Galbraith e Hodgson (Theret, 2003). De modo geral, é ressaltada a existência (tal como o faz o institucionalismo histórico) de compromissos institucionais reguladores de conflitos, tendo em vista as relações de poder, a existência de instituições formais, a contingência histórica e as consequências inesperadas e não desejadas de comportamentos individuais e coletivos. Por trás da ideia da regulação, está a constatação de que existem falhas de mercado, com as quais o governo deve lidar para evitar crises, mas, ainda sim, mantendo o sistema baseado no mercado. Um economista francês, alinhado com essa tendência, é Jean Tirole, ganhador do prêmio Nobel de economia de 2014, Tirole estudou o comportamento de grandes empresas e as funções e disfunções específicas aos setores nos quais essas empresas atuam. As pesquisas de Tirole, em sua maioria em conjunto com J. Lafont (Lafont & Tirole, 1990; 1993), especialmente nas áreas bancária e prestadores de serviços (empresas de cartões e da internet), ajudaram a criar um arcabouço teórico baseado em regulação e que tem servido como base para a criação das leis antitruste mais modernas, lançando luz sobre a forma pela qual o governo deve agir e regular monopólios, cartéis e fusões. Outra contribuição importante é a noção de que é preciso se buscar estabelecer uma estrutura regulatória, sem inibir o espírito empreendedor dos agentes econômicos. As políticas de regulação e as agências reguladoras independentes funcionando como instâncias mediadoras entre a sociedade e o mercado são uma das manifestações práticas dessa vertente. Essa abordagem ganhou especial destaque a partir da crise econômica de 2008, e as evidências de que as raízes dessa crise cujos efeitos ainda se faziam sentir em meados de 2015 estariam localizadas em falhas de regulação.

Já a economia das convenções, de inspiração sociológica, é representada pela teoria da segmentação do trabalho, desenvolvida por M. Piore (1984) na França e nos EUA pela teoria do salário eficaz na década de 70 do século XX, introduzida por Leibenstein e Akerlof (Theret, 2003). Essa vertente compartilha, juntamente com o institucionalismo sociológico, o conceito da racionalidade limitada desenvolvido por Simon (1959). As convenções seriam instituições que estariam acima das dimensões contratuais, impondo constrangimentos à ação oportunista, agindo para mitigar os efeitos dos contratos incompletos. Haveria uma ordem geral de construção e validação de normas, regras e convenções que permeia o funcionamento de todas as atividades econômicas. Essas convenções, devidamente legitimadas e justificadas, passariam a organizar a atividade em vários setores e na economia como um todo. Uma das manifestações expostas pela teoria das convenções e que acabou por se constituir em um conceito amplo é, por exemplo, a noção de qualidade dentro do universo empresarial. O desenvolvimento de sistemas de qualidade na produção de bens e serviços que tomou conta do universo empresarial a partir dos anos 70/80 do século XX, teria papel de certificação e controle, de garantia de conformidade, evitando, ou pelo menos minimizando, as possibilidades de oportunismo e fraude.

Por fim, a Nova Economia Institucional (NEI), equivalente à teoria da escolha racional na Política, configura-se em três correntes: a análise da firma e suas formas de organização (Coase, 1937; Williamson, 1985), a história econômica e o estudo da mudança institucional (North, 1990; Matthews, 1986) e as interações estratégicas entre os agentes (Nash, 1951). As instituições, portanto, seriam formas eficientes de coordenação (escolha racional), compensando as incertezas do mercado. Seriam também o resultado de decisões individuais e da soma individual de cálculos de custo e benefício, manifestando-se sob a forma de um contrato (maior aprofundamento será dado a essa vertente no Capítulo 4).

Continuando no mesmo raciocínio, num esforço para esmiuçar cada vertente geral do institucionalismo, Theret (2003) faz um paralelo das vertentes do institucionalismo em Política (atribuídos a Hall & Taylor, i. histórico, escolha racional e sociológico) e Economia (regulação, convenções e custos de transação) também com a Sociologia. Nesse caso, o institucionalismo da Escolha Racional em Política e dos Custos de Transação na Economia (presente NEI em economia) encontraria seu equivalente na Sociologia por meio das Teorias da Ação Racional de Colemam (1990). Pode-se dizer que este seria um institucionalismo sociológico da escolha racional, com as normas sendo resultado da ação racional de agentes e atuando na regulação do comportamento de outros agentes ao sentir os efeitos negativos de suas ações oportunistas. Já o institucionalismo histórico na Política (e regulação em Economia) teria seu equivalente na chamada sociologia histórico-comparativa (teoria do Capital Social, por exemplo) em que a contingência e evolução histórica e cultural têm papel importante para se entender o desenvolvimento das instituições. Por fim, o institucionalismo sociológico da Política (e a economia das convenções na Economia) poderia encontrar seu paralelo na Sociologia Econômica da perspectiva sociológica. O Quadro 2.1 a seguir resume todas essas interpretações e interações.

QUADRO 2.1 Institucionalismo em política, economia e sociologia

Institucionalismo / Áreas	Político	Econômico	Sociológico
Política	Histórico	Teoria da Regulação	Soc. Histórico-Comparativa
Economia	Escolha Racional	NEI/ECT	Ação Racional
Sociologia	Sociológico	Economia das Convenções	Sociologia Econômica

Fonte: Adaptação de Theret (2003)

Por fim, vale a pena destacar o fechamento dado por Theret (2003) a esse seu esforço, no sentido de estabelecer um espaço comum entre as várias vertentes, ao aproveitar a definição de Commons (1924) sobre instituições tal como segue:

> *[...] resultado de toda transação entre pessoas envolvendo regras operativas que estabilizam a tensão entre outras duas dimensões da transação: conflito e cooperação. O fato de duas pessoas estranhas estabelecerem transações entre si significa que elas se encontram num estado de interdependência de fato, e, portanto, possuem a*

> *obrigação de buscar a coordenação ao mesmo tempo em que há entre elas oposição, a priori, em relação aos resultados da transação; assim de um lado, elas dependem umas das outras, sendo esse inclusive o motivo da realização da transação, o que não impede, por outro lado, que entrem em conflito sobre a distribuição dos recursos que pensam conseguir. Se o conflito, que exprime a independência dos protagonistas, supera a cooperação, que sua interdependência exige, a transação não ocorre; o conflito exagerado põe fim a cooperação e, no nível social, as interdependências sociais são negadas. Ao contrário, se a cooperação é excessivamente dominante, o conflito se perde, e a nível social, o perigo é de se abrir mão do dinamismo da sociedade, incapaz de evoluir e se adaptar de maneira endógena ás modificações de seu ambiente.* (Theret, 2003 p. 249)

Dessa forma, as instituições mantêm, estabelecendo limites, a tensão dinâmica entre os princípios do conflito e da cooperação, constitutivos das transações. As instituições, então, passam a ser definidas como uma ordem estabelecida pelo conflito e, também, pelas normas e regras de cooperação.

A seguir, serão mais detalhadas as vertentes do neoinstitucionalismo em termos históricos-políticos, econômicos e sociológicos

2.5.4.1. Neoinstitucionalismo histórico

Esta abordagem pode ser identificada como estando mais ligada à história e a política. De acordo com Gonçalves (2006), e de maneira diversa do velho institucionalismo histórico – cuja abordagem era mais personalista, com foco nos estadistas e regentes e suas disputas de poder, e nos efeitos de suas ações institucionais sobre as nações -, o Neoinstitucionalismo Histórico enfoca seus objetivos de estudo na dinâmica de ações cotidianas, considerando, além de elementos tradicionais do cenário político – tais como, presidentes, congressistas, juízes e elites empresariais e financeiras (os protagonistas políticos tradicionais) –, também as famílias, organizações religiosas, classes de trabalhadores e o impacto de suas ações rotineiras nas estruturas político-sociais e na consciência coletiva.

Nessa corrente, as instituições seriam organizações, regras e convenções editadas pelas organizações formais (Hall & Taylor, 1996). A preocupação central no chamado neoinstitucionalismo histórico é a contribuição das instituições na determinação de situações políticas e sua associação com o desenvolvimento socioeconômico. Uma premissa básica dessa corrente teórica é a existência, na vida política, de um inevitável conflito entre grupos rivais pela apropriação de recursos, o que gera também uma distribuição desigual desses recursos. É gerada também a manutenção de privilégios de interesses, que são produzidos pela forma como se dá a disputa entre a organização institucional da comunidade política e as estruturas econômicas (vide articulações/disputas políticas em torno de orçamento público, por exemplo, ou ainda as bancadas setoriais, evangélicos, construção civil, agronegócio etc., existentes no parlamento brasileiro). Nessa concepção, as instituições moldam os comportamentos e não o contrário, ou seja, as especificidades comportamentais não são preponderantes e, portanto, a dinâmica institucional é exógena aos agentes.

Nesse sentido, e na interpretação proposta por Hall e Taylor (1996), é importante observar que o Estado se constitui em um agente ativo que participa dos conflitos, e não uma mera arena neutra na qual se dão e se decidem as disputas; nesse sentido, podemos acompanhar constantemente o próprio governo enviando matérias de seu interesse ao congresso, com apoio de sua base de apoio. É no âmbito do neoinstitucionalismo histórico que se passa a estudar também o impacto das instituições nacionais nas relações de diversos interesses organizados e do eleitorado com executivo, legislativo, judiciário.

Mais especificamente, podemos caracterizar a corrente teórica do neoinstitucionalismo histórico em termos de:

1. Conceituação das relações entre instituições e indivíduos: dentro da perspectiva normativa, racional e voltada para o cálculo estratégico, o objetivo dos indivíduos seria maximizar o benefício a ser obtido. Para isso, os indivíduos tomariam suas decisões e posicionamentos baseando-se nas informações sobre o comportamento dos outros indivíduos e levando em consideração também os mecanismos existentes de aplicação de acordos e penalidades previstas. A instituição age sobre o comportamento individual e sobre suas expectativas em termos da reação dos outros diante de seus movimentos, tentando enfrentar os efeitos de uma situação de dilema de ação coletiva.[10] Podemos encontrar exemplos no caso do Brasil no processo de definição do orçamento da União, mais especificamente na questão da proposta e negociação de emendas parlamentares a este orçamento. Sabemos que os parlamentares, ao receberem a peça orçamentária da União por parte do poder executivo para apreciação e votação, iniciam um intenso processo de negociação e propostas de emendas

[10] A Teoria da Ação Coletiva é uma das abordagens que podem servir para o início da discussão sobre redes, sendo que Wilder (2003) cita diversos autores, entre os quais Nassar (2001), segundo o qual, de acordo com a teoria dos grupos, o interesse comum gera sua formação e pela existência da interdependência das ações e dos participantes da ação coletiva (o resultado de um depende do resultado das ações dos outros), surge a necessidade de uma coordenação dessas abordagens. Também citado por Wilder (2003), Olson (1999) vê a ação coletiva como motivada pela necessidade de se empreender coletivamente determinadas atividades, cujas características inviabilizam a ação individual. Nesse ponto é colocada em destaque a figura do "carona", definido como um participante da ação que usufrui dos seus benefícios juntamente com os demais participantes, mas sem contribuir como os demais, como um fator de desestabilização da ação coletiva, configurando-se, portanto, no dilema da ação coletiva

ao orçamento apresentado com o objetivo de assegurar alguma destinação de recursos para seus redutos eleitorais. Outro exemplo mais geral é o do *lobby*, ação deliberada, muitas vezes explícita (e até mesmo regulada por lei em alguns países), por parte de indivíduos junto às instâncias de poder defendendo nessas instâncias os interesses de uma empresa ou setor. Estabelece-se então um nível de coordenação entre autoridades públicas e interesses empresariais que, por vezes, chegam a passar, inclusive, dos limites legais. Já na perspectiva sociocultural, o comportamento é definido pela visão e interpretação cognitiva do mundo, gerando resultados satisfatórios e não ótimos. As instituições atuam fornecendo modelos morais e cognitivos para interpretação/ação, sendo resistentes a reformas e questionamentos. Nesse caso, podemos encontrar exemplos na própria cultura de consumismo existente nas sociedades ocidentais e capitalistas, com o consumo sendo estimulado desde a infância e sendo relacionado a diversos aspectos e apelos emocionais.

2. Estudos de assimetrias de poder: as relações de poder são colocadas num contexto em que as instituições geram desigualdades no processo de decisão, podendo produzir grupos perdedores e ganhadores, não anulando, por outro lado, a possibilidade de situações (mais pontuais) de ganhos mútuos. Assistimos constantemente a notícias na mídia especializada sobre o jogo que ocorre nos parlamentos de todo o mundo, caracterizado por um embate constante de interesses não coincidentes, gerando um resultado que opõe ganhadores mais organizados e perdedores menos organizados, representados na dinâmica parlamentar.
3. Desenvolvimento institucional por trajetórias, com dependência de trajetória *(path dependence)*: o contexto institucional de uma sociedade, com suas características dadas pelo seu desenvolvimento histórico, define as forças ativas dentro do aparato estatal que produz políticas. Essas políticas são herdadas de momentos anteriores, condicionando as ações presentes às políticas adotadas no passado. Nesse contexto, apenas crises econômicas e conflitos militares produziriam mudanças de trajeto. No caso do Brasil, podemos encontrar evidências dessa dependência de trajetória, olhando para determinadas estruturas institucionais consolidadas no campo político e econômico e nas dificuldades em se modificar, por exemplo, o sistema político partidário ou ainda um sistema tributário que, embora a muito tempo se revele disfuncionais, evidenciam-se grandes dificuldades de alteração dessas estruturas.

Na perspectiva histórica e política, Scott (1995) enfatiza que os autores dessa corrente consideram as instituições uma combinação de estruturas formais e de normas e procedimentos informais (conduzidos como forma de ação dos agentes), definida por, e fazendo parte de uma estrutura institucional maior. Dessa forma, uma instituição política como o Estado se constitui em uma complexa formação que produz interesses independentes.

Por outro lado, Scott (1995) também chama atenção para a perspectiva da escolha racional associada ao cálculo, sendo as instituições vistas como estruturas de governança e normas e cuja construção é resultante da ação de preservação e proteção individuais. Um conceito importante, citado por este autor, e, segundo ele, desenvolvido por Shepsle (1989), é o dos direitos de propriedade e a sua importância como principal missão do sistema político, no sentido de promover a eficiência econômica, especialmente voltada para as organizações.

Ampliando mais o horizonte teórico, e de acordo com March & Olsen (1993), na visão neoinstitucionalista histórica/política, as principais instituições políticas (estado, parlamento, tribunais, comissões parlamentares, partidos, repartições públicas) são atores políticos próprios, além de meros cenários de lutas e conflitos de interesse. Sem negar a importância do contexto social de um lado e da ação dos atores individuais de outro, o Estado – enquanto organização institucional – teria um papel mais autônomo, sendo afetado pela sociedade, mas também afetando-a (por política econômica, política social, articulação política etc.). A democracia política dependeria do desenho institucional desse Estado, ele mesmo um ator político que participa dos conflitos, exercendo uma autonomia que, até certo ponto, afeta o curso da história. Isso é especialmente verdadeiro quando, por exemplo, examinamos a atuação e o predomínio, no Brasil, do poder executivo sobre os outros poderes (legislativo e judiciário), com a implementação de diversas políticas por meio das medidas provisórias. Trata-se de um dispositivo constitucional, originariamente concebido para dar agilidade a gestão pública em situações excepcionais, com prazo de validade de 60 dias, prorrogável por mais 60. Nesse prazo, essas medidas devem ser apreciadas pelo congresso que as aprova ou propõe alterações. Entretanto, tal dispositivo acaba por ser utilizado de maneira excessiva, em inúmeras situações. Transformando-se então em um instrumento de predominância e influência excessiva do executivo sobre o legislativo, pois a medida é editada e passa a valer até a apreciação final do legislativo, mas este, em razão do grande número de medidas, vê-se sobrecarregado. Enquanto isso, a medida vai sendo reeditada pelo governo, o que, na prática, cria a figura do executivo legislador. Essa característica é inerente à estrutura institucional de funcionamento do estado brasileiro e seu sistema presidencialista de coalizão, realçando os aspectos específicos desse sistema.

Ainda segundo March & Olsen (1993), as preferências dos atores, a distribuição de recursos (que, por sua vez, geram o poder, basta ver por exemplo o Brasil, onde o governo nomeia cargos em comissão, livres de concurso e também mantém órgãos e programas que sugerem mais uma motivação política), a posse e distribuição de recursos mais para barganha/poder político do que propriamente por mera racionalidade funcional e necessidade de gestão, e as restrições impostas pelas regras do jogo (a constituição e as leis) são todos atores exógenos ao sistema político com o seu próprio papel. Com relação às preferências políticas, estas se desenvolvem mediante uma combinação de aprendizado,[11] doutrinamento[12] e experiências instáveis e endógenas ao sistema político,[13] que passa a não ser então totalmente dependente do contexto social. Em resumo, as instituições políticas afetam a distribuição de recursos, afetando o poder dos atores, sendo que as próprias instituições e as leis e são geradas dentro do contexto das instituições políticas.

Tem-se então que, no neoinstitucionalismo histórico, a vida política se constitui em um somatório composto pelas ações humanas, o contexto político-social e as instituições, sendo que estas últimas não são mais consideradas apenas reflexos ou cenários neutros, em que atuam os indivíduos com suas preferências e expectativas, mas algo com um papel importante, que estabelece uma relação de interdependência com a sociedade.

2.5.4.2. Neoinstitucionalismo da escolha racional e Nova Economia Institucional

No Neoinstitucionalismo da Escolha Racional, e, posteriormente, a Nova Economia Institucional (NEI), combinam-se as perspectivas regulativa e normativa. Parte-se do princípio de que as instituições se identificam com regras de procedimento que estruturam as escolhas e estabilizam as relações, diminuindo os custos de transação referentes a acordos e contratos estabelecidos entre os agentes e que, se por um lado são inevitavelmente incompletos, de outro resolvem, ou buscam resolver problemas de ação coletiva.[14]

Seus teóricos inicialmente se voltaram para a natureza das relações políticas nos parlamentos, governos, partidos, coalizões e relações internacionais, utilizando-se inclusive da Teoria dos Jogos para entender a transição para a democracia.

Posteriormente, aproveitando conceitos da Nova Economia da Organização – direitos de propriedade, custos de transação e teoria da agência –, teóricos como

---

[11] Vejamos por exemplo, no caso brasileiro, a evolução do sistema institucional de defesa da concorrência e o aperfeiçoamento das ações do seu órgão principal, o CADE - Conselho Administrativo de Defesa Econômica.

[12] Militâncias de partidos e movimentos sociais.

[13] Crises políticas como a crise gerada no Brasil em 2014-15, relacionada à corrupção na Petrobras, que, juntamente com outros fatores, acabou contribuindo para o esfacelamento da estrutura político-partidária montada pelo governo, ou nos EUA, em 2013, com uma maioria parlamentar conservadora contra uma presidência democrata do governo Obama, impondo derrotas e situações-limite em termos de aprovação e gerenciamento do orçamento público

[14] Sobre os problemas e dilemas de ação coletiva, vide item anterior – nota de rodapé sobre Ação Coletiva.

D. North (história das instituições) e O. Williamson (estruturas de governança na presença de custos de transação) focaram sua atenção nas instituições e seu papel no desenvolvimento econômico e na minimização dos custos de transação.

Para os autores alinhados à Escolha Racional e numa fase ainda precursora da NEI propriamente dita, em que pese o valor da abordagem inicial do institucionalismo econômico, algumas lacunas restaram à época de sua formulação. Alguns autores consideravam essas lacunas pontos de questionamento, comprometendo a relevância da teoria. Nessa linha de análise, Williamson (1994), por exemplo, destaca três pontos:

- Inexistência de uma agenda positiva de pesquisa
- Construção de uma massa descritiva e empírica sem uma base teórica
- Inexistência de modelos, o que impossibilita a identificação da relação custo-benefício entre as formas organizacionais existentes, tornando o institucionalismo um conjunto excessivamente abstrato de conceitos.

De acordo com Hall & Taylor (1996), são consideradas quatro propriedades das instituições dentro da perspectiva da escolha racional:

- Pressupostos comportamentais – oportunismo e racionalidade limitada, decorrentes de incerteza e informação imperfeita (levando ao cálculo estratégico para maximizar a utilidade).
- Existência de dilemas de ação coletiva na vida política (busca da maximização individual gerando subutilidade coletiva), o que pode ser atenuado pelas instituições.
- Interação estratégica em situações políticas e de negociação (cálculo influenciado por expectativas acerca de outros agentes) influenciada pelas instituições.
- A origem das instituições com base em acordos voluntários entre interessados ou beneficiários.

De modo geral, as instituições são planejadas com a finalidade de se reduzir a incerteza derivada da informação incompleta. Seu papel seria disciplinar e delimitar comportamentos para se obter a eficiência econômica.

É importante aqui registrar algumas contribuições e conceitos relacionados por Farina et al. (1997) e consideradas como antecedentes da NEI tal como hoje é conhecida, mas essenciais para se entender o pensamento básico que dá embasamento a essa corrente teórica. Observa-se por exemplo que Simon (1962 – apud Farina et al., 1997) introduz o conceito comportamental fundamental da racionalidade limitada, ou seja, apesar de intencionalmente racional, o agente econômico tem a racionalidade ofuscada por um mundo complexo, por sua incapacidade de absorver e processar informações, prevendo, em consequência, todos os possíveis e eventuais desdobramentos de uma relação firmada em contrato, tornando o contrato, portanto, intrinsecamente incompleto. Outra contribuição desse autor se localiza na seleção de formas organizacionais baseada em processos de tentativa e erro (aprendizado) e experiência prévia em situações similares. Uma última contribuição atribuída a Simon diz respeito à comparação em termos de eficiência qualitativa de diferentes formas organizacionais e denominada análise estrutural discreta, o que substitui a tradicional análise marginalista. Essa análise será posteriormente utilizada por Williamson (1994) e detalhada mais adiante.

A seguir Farina et al. (1997) também menciona o conceito de direitos de propriedade desenvolvido por Alchiam & Demetz (1967). Esses autores consideram que a transação é no fundo uma transmissão deste direito (forma, uso, conteúdo etc.).

Segundo Williamson (1994), esses direitos se manifestam pela posse de um determinado ativo, sendo que esta posse, por sua vez, se dá de acordo com três elementos:

- O direito de usar o ativo
- O direito de se apropriar dos seus retornos
- O direito de transformar a sua forma ou substituí-lo

Ainda numa fase precursora do neoinstitucionalismo econômico, registra-se aqui a fundamental contribuição de R. Coase, que, em seu artigo seminal *The Nature of the Firm*, publicado em 1937, faz um questionamento dos pressupostos neoclássicos relacionados com o comportamento e o inter-relacionamento dos agentes econômicos, considerados por esse autor distantes da realidade, especialmente aqueles que se referem à gênese e ao funcionamento da firma.

A concepção neoclássica considera, de modo geral, o sistema econômico de mercado como um mecanismo autônomo estruturado pelo sistema de preços que, por sua vez, aloca recursos que se dirigem para os mercados nos quais as condições de preço sejam mais favoráveis. Mas, na concepção de Coase (1937), essa dinâmica não se aplicaria em algumas situações reais, como o mercado de trabalho, em que os trabalhadores se direcionam para diversos segmentos em função de outros imperativos e não simplesmente pela alteração de salários relativos.

Numa abordagem que se pretendia mais realista, Coase (1937) buscou uma definição da firma, tida até então como um mero agente transformador de fatores de produção em bens. Com base nessa nova definição, Cose (1937) tinha como objetivo entender a razão da existência das organizações ou firmas. Nessa nova concepção, quando surge a firma, o mecanismo de preços que regula a relação de troca entre inúmeros e pequenos agentes econômicos é substituído pela produção coordenada por um empreendedor em uma organização que vai, por sua vez, se relacionar com um contexto de preços e transações de mercado com outras organizações. Como coloca Farina et al. (1997), são definidas duas formas, mercado e hierarquia, como as formas mais explícitas (concorrentes e coexistentes) de coordenação da atividade econômica. A questão que se coloca é: quais são as razões que vão definir a coordenação dos recursos via mercado e quais as que vão determinar uma coordenação por um empreendedor, via hierarquia, ou ainda, qual o mecanismo de substituição entre firma e mercado.

A resposta, segundo Coase (1937), está no fato de que seria mais rentável estabelecer um arranjo organizacional diferente do de mercado quando o custo de se utilizar este mercado superasse o custo do arranjo organizacional interno. Em linha com a já mencionada análise de Commons (1924), existiria um custo em usar o mercado – os custos de transação – ou seja, custos de informação sobre preços e custos de negociação e fechamento de um contrato para cada transação. Na firma, esses custos seriam eliminados e substituídos por um só mecanismo, o contrato de trabalho entre os participantes da firma e seu proprietário.

Outra possível situação de desvantagem do sistema de preços de mercado em relação ao sistema hierárquico é que, no longo prazo, fica cada vez mais difícil e, portanto, mais custoso, prever todas as ações futuras do fornecedor sob contrato.

Consequentemente, o contrato é incompleto (racionalidade limitada), feito em bases mais gerais e de curto prazo, o que pode não ser satisfatório para o comprador. Abre-se, assim, espaço para o surgimento da firma em substituição ao arranjo de mercado, via, por exemplo, uma integração vertical, sendo que os custos de informação, negociação e elaboração de contratos, próprios de uma situação de mercado que se dá entre cliente e fornecedor, são substituídos por uma estrutura internalizada, calcada numa autoridade hierárquica cujas decisões devem ser obedecidas em vez de negociadas.

ESTUDO DE CASO – INTEGRAÇÃO VERTICAL

Em dezembro de 2009, foi noticiada nos jornais e agências internacionais a concretização da aquisição da empresa Sun Microsystems Inc., atuante na área de software (criadora da linguagem de programação Java e do sistema operacional Solaris), mas também nas áreas de armazenamento de dados, fabricação de computadores, componentes para computadores e produção de semicondutores pela fabricante de software Oracle Corp, revivendo uma estratégia de integração vertical, que parecia quase extinta, não só na indústria de base tecnológica, mas também em diversos outros segmentos. A tendência dos últimos anos, especialmente em setores mais tecnológicos, vinha sendo há alguns anos a operação sob uma forma mais fragmentada, priorizando a especialização e a terceirização de diferentes funções. Em reportagem publicada originariamente no The Wall Street Journal e reproduzida no jornal Valor Econômico, essa aquisição foi também veiculada por vários outros órgãos da imprensa brasileira e na mídia especializada em tecnologia, devido ao grande porte das empresas envolvidas e, portanto, da repercussão dessa transação para o setor tecnológico. De qualquer modo, a reportagem aponta a volta das estratégias de integração vertical em vários outros ramos. Uma mudança em relação à tendência das últimas décadas, especialmente nos anos 80 e 90 do século XX, com as siderúrgicas vendendo suas operações de mineração, as montadoras de veículos se desfazendo de suas unidades fabricantes de autopeças e as empresas de tecnologia da informação se especializando em chips, softwares e armazenamento de dados, deixando de lado a fabricação de peças e equipamentos computacionais. De acordo com a reportagem, os motivos dessa inversão de tendência – da fragmentação/especialização para a volta da integração vertical –, são variados, como obter maior controle sobre matérias-primas ou sobre o sistema de distribuição, uma melhor garantia de quantidade e qualidade no fornecimento de componentes, neutralização na volatilidade de preços ou a pressão financeira sobre fornecedores ocasionada por ciclos recessivos. Contudo, para todos estes motivos, é possível identificar, na sua essência, a busca da hierarquização em substituição a uma relação de mercado, o que nos remete à racionalidade por trás da teoria dos custos de transação na qual, por esses vários motivos e outros mais, o custo das transações via mercado em relação à hierarquia tornou-se menos vantajoso. Esse fenômeno, pelo menos por enquanto, parece não ser um retorno aos grandes conglomerados verticalizados do fim do século XIX, início do século XX, quando, de acordo com a reportagem do jornal Valor Econômico, "a siderúrgica Carnegie Steel Co. e a Ford Motor Co. possuíam minas de minério de ferro e controlavam tudo, da fabricação às vendas". Registra-se, por outro lado que as fusões verticais passam a ser objeto de crescente atenção por parte dos órgãos governamentais encarregados de evitar concentração e poder de mercado excessivos.[15]

---

[15] http://www.wsj.com/articles/SB125954262100968855; http://www.valor.com.br/arquivo/796725/integracao-vertical-esta-de-volta-gracas-crise-mundial; http://g1.globo.com/Noticias/Tecnologia/0,,MUL1091457-6174,00-ORACLE+ANUNCIA+COMPRA+DA+SUN+POR+MAIS+DE+US+BILHOES.html

Mas, se a firma, ao tomar forma e crescer, caminha para uma crescente economia de custos de transação, por que esse crescimento não é ilimitado, com todas as atividades, num limite extremo, sendo coordenadas por uma grande e única firma? Ou ainda, na formulação de Klein (2004), por que algumas firmas em alguns setores escolhem uma estrutura verticalizada (opção "fazer", "*make*"), como foi o caso do ocorrido no setor de tecnologias de informação e comunicação, em que o Google anunciou em 15/08/2011 a aquisição da Motorola,[16] enquanto outras firmas se especializaram em um estágio específico da produção, terceirizando as demais atividades (opção "comprar feito" ou "*buy*") como no caso de empresas na área de informática como a Dell, Apple, Hewlett Packard e Nokia que subcontratam a chinesa Foxconn para fabricar/montar seus produtos ou, num exemplo mais extremo, a Reebok, empresa de artigos esportivos, que, por meio de *joint ventures*, transfere a outras empresas locais, como a Vulcabrás no Brasil em 2008, a comercialização/distribuição de seus produtos.[17]

Coase (1937) argumentava que, com a substituição das relações de mercado pelo crescimento e hierarquização da firma e com a decorrente eliminação de custos de uma transação pela internalização destas relações, verifica-se, por outro lado, o crescimento dos custos internos de organização, sendo que, em algum ponto, ambos se igualam. A complexidade e o porte da firma cresceriam a tal ponto que o empreendedor passa a não alocar os fatores de produção de modo eficiente. A economia dos custos de transação, a partir de certo patamar, seria inferior ao custo de sua organização interna, e, portanto, a verticalização teria seus limites.

Em suma, uma firma se expandirá até que os custos da transação extra, internalizada, se igualem aos custos dessa mesma transação via mercado aberto ou via outra firma. Assim, por exemplo, a firma A assumirá as transações da firma B, sua fornecedora, desde que o custo de organização interna dessa nova transação for inferior, ou, no limite, igual, ao custo de essa transação permanecer em B. A resposta então estaria na relação entre os custos de organização interna de uma transação versus os custos da transação organizada por outra firma ou pelo sistema de preços de mercado.

De acordo com Farina et al. (1997), Coase (1937) enuncia uma visão mais ampla da firma, com relação a sua gênese e seus limites e fronteiras, sugerindo que a internalização do mercado dentro da firma se constitui em uma solução do problema de coordenação econômica. A existência dos custos de uma transação, tais como

---

[16] Para mais informações, vide http://exame.abril.com.br/tecnologia/noticias/google-compra-motorola-e-causa-reviravolta-no-mercado/

[17] Para o caso da Foxconn, vide http://exame.abril.com.br/tecnologia/noticias/google-compra-motorola-e-causa-reviravolta-no-mercado/, e com relação a transação envolvendo e Reebok e a Vulcabrás, vide http://exame.abril.com.br/negocios/noticias/vulcabras-torna-se-socia-da-reebok-no-brasil-m0155304/

coleta de informações e negociação/estabelecimento de um contrato, induz à possibilidade de escolha entre o gerenciamento interno ou externo dessa transação. A firma passa a ser não mais um mero transformador de insumos e sim "um conjunto de contratos que regem transações internas" (Farina et al., 1997).

Após o impacto inicial das ideias de Coase, o pensamento econômico voltou a trafegar dentro da ortodoxia. Segundo Farina et al. (1997), somente a partir da década de 60 do século XX, após um período de predomínio das concepções neoclássicas e relativo esquecimento de abordagens alternativas como as de Commons (1924) e Coase (1937), ressurge o pressuposto básico da informação imperfeita em consequência da assimetria de informações entre agentes que realizam transações entre si "*.....Em que uma das partes envolvidas na transação possui alguma informação privada não adquirível sem custos pela (s) outras (demais) parte (s)*" (Farina et al., 1997 p. 38). O ressurgimento dessa visão, oposta ao pensamento neoclássico, passou a estimular o desenvolvimento de uma série de novas abordagens relacionadas com fatores institucionais e com os custos de transação, especialmente a Teoria dos Contratos, da qual faz parte a Teoria da Agência,[18] e dessa teoria, especialmente, as definições relacionadas aos conceitos de seleção adversa e risco moral, que, de ângulos diversos, mas complementares, colocam em nova perspectiva a importância do conceito de existência de comportamento oportunista dos agentes quando realizam suas transações com outros agentes.

A seleção adversa (Akerlof, 1970) diz respeito ao comportamento oportunista pré-transação/contrato (*ex-ante*) e se manifesta, por exemplo, na dificuldade que um fornecedor tem de comunicar eficientemente ao comprador os atributos de seu produto/serviço e também do comprador de avaliar corretamente esses atributos (resultado da assimetria de informações). Diante dessa limitação, o fornecedor pode aproveitar-se dessa situação, fornecendo informações incorretas ou incompletas, tornando ineficiente o mercado. A resolução dessa questão passa pela sinalização e consolidação das qualidades do vendedor, com a certificação de qualidade ou garantia. Em outras palavras, a seleção adversa se manifesta, por exemplo, na contratação de fornecedor para fornecer insumos cujas especificações ele, fornecedor, já sabe, mas o contratante não (por não ter condições para isso), que o fornecedor não pode atender plenamente, não revelando, entretanto, essa condição para o contratante, o que coloca o contratante no risco de uma escolha errada, não ótima.

[18] Esta teoria, que também costuma ser classificada na subárea das Ciências Econômicas denominada Organização Industrial, representada inicialmente, pelos trabalhos de Jensen & Meckling (1976), é bastante identificada por diversos autores com a Teoria da Economia dos Custos de Transação. Trata-se de uma teoria microeconômica, portanto aplicada à firma, que, na verdade, apresenta muitos pontos em comum com a teoria tradicional neoclássica, exceto pelo seu pressuposto da assimetria de informações. Essa assimetria é observada no relacionamento entre os dois elementos que interagem na transação, o principal e o agente. Tem sido aplicada em temas relacionados a Governança Corporativa.

ESTUDO DE CASO – SELEÇÃO ADVERSA EM CONCESSÕES PÚBLICAS

Podemos encontrar um exemplo de seleção adversa na área de concessões públicas no Brasil. A partir de 2007, o governo brasileiro criou um programa de concessões públicas à iniciativa privada na área de infraestrutura (transporte, energia, telecomunicações etc.), visando aumentar os investimentos no setor, e cujas regras, segundo analistas na época, provocaram uma situação potencial de seleção adversa. Especialmente no caso da infraestrutura de transporte (ferrovias e rodovias), e no intuito de proporcionar concessões de serviços públicos com as tarifas mais baixas possíveis para os usuários, o governo decidiu algum tempo depois (especialmente a partir de 2012) estipular e impor taxas de retorno máximas para os projetos de investimento a serem licitados. Além disso, definiu também não mais exigir no processo licitatório os planos de negócio dos projetos por parte desses pretendentes, partindo diretamente para o leilão, sem análise prévia da qualificação técnica dos pretendentes. As taxas máximas de retorno, estipuladas em 5,5% a.a., foram consideradas muito baixas pelos especialistas. Essas taxas de retorno pouco atrativas e a dispensa de apresentação prévia de planos de negócios (também chamados de plano de trabalho) acabariam gerando o risco de atrair interessados despreparados e/ou de comprometimento duvidoso (oportunistas), que aceitariam as taxas irreais (para projetos de infraestrutura, normalmente se considera taxas de retorno da ordem de 10%), apenas para, depois, com os projetos já em andamento, e em posição de força com o governo, renegociar condições mais vantajosas, por meio de aditivos.[19]

Em outro exemplo, agora relacionado com a gestão pública, e no seu processo de compras pela lei de licitações – especificamente relacionado com a contratação de serviços (terceirização) – podem-se encontrar casos de oportunismo em termos de seleção adversa ao se dar como vencedora a empresa de menor custo, mas sem capacidade financeira e de gestão para levar o contrato até o seu fim, portanto, não necessariamente a melhor foi a escolhida.

O **risco moral** (*moral hazard*) refere-se ao comportamento, oportunista pós-transação/contrato, de quem detém a informação relevante (aqui também temos a existência de assimetria de informações com divergência de interesses). O detentor dessa informação, chamado de agente, pode agir a seu favor em detrimento da outra parte, denominada principal, utilizando-se de dois mecanismos: a ação oculta e a informação oculta. A informação oculta está dentro do campo de observação e verificação do principal, e é relevante para o resultado final da transação, mas é "*adquirida e mantida pelo Agente*" (Farina et al., 1997 p. 39); já no caso da ação oculta, o principal

[19] http://www.valor.com.br/brasil/3076778/taxa-de-retorno-baixa-pode-atrair-investimento-ruim-dizem-analistas; http://www.valor.com.br/opiniao/2954700/vitoria-dos-despreparados

não consegue observar/verificar as ações do agente. Em outas palavras, o fornecedor é contratado a um preço fixo, mas, uma vez contratado, reduz sua qualidade para diminuir seus custos Diante dessa situação, se existirem as condições de observação/verificação por parte do principal, que sejam capazes de demover o agente de agir em seu interesse (em decorrência, por exemplo, da grande chance de ruptura do contrato pelo principal), e se o resultado dessa ruptura for menor do que o da manutenção do contrato, o contrato/transação se mantém. Tomando o mesmo exemplo relativo à seleção adversa, anteriormente relatado no serviço público, e especificamente com relação a contratos de terceirização, temos as dificuldades dos fiscais dos contratos em detectar em tempo hábil as disfunções que vão acontecendo, só se dando conta disso quando estoura a crise – quando aumentam as informações sobre os maus tratos e não pagamento adequado de funcionários terceirizados. Um outro exemplo, focando uma dimensão mais macro, pode ser encontrado em problemas de regulação e risco em mercados financeiros, tal como segue em destaque.

ESTUDO DE CASO – RISCO MORAL NO MERCADO FINANCEIRO CHINÊS

Nos últimos anos estamos assistindo a um desenvolvimento sem precedentes da economia chinesa. Ao exibir taxas de crescimento do PIB muito acima das médias históricas e globais, os chineses colhem os evidentes frutos desse crescimento sob a forma, por exemplo, de aumento da renda per capita de seus habitantes e, consequentemente, de um aumento do seu bem-estar. Mas, por outro lado, alguns efeitos menos positivos desse crescimento acelerado se fazem sentir. O crescimento muito acentuado e rápido faz com que muitos setores se consolidem sem regulação devida. Especialmente a partir de 2010, na área de crédito, a ausência de regulação por parte das autoridades chinesas acabou por gerar um setor de empréstimos paralelos realizados por entidades não bancárias chamado de (*shadow banking*), de grandes proporções, que realiza empréstimos sem a correta análise de crédito e sem a constituição de reservas. Por estar à margem da regulação, surgiram muitos tomadores de empréstimos que pagam altas taxas a essas entidades não bancárias, aumentando o risco de inadimplência por risco moral, ou seja, os emprestadores (principais), por não analisar corretamente seus devedores (agentes), não dispõem das informações necessárias para, se for o caso, negar o empréstimo. Os devedores, por sua vez, detêm informações, mas não as divulgam, pois desejam acima de tudo obter o empréstimo, e assim, de todos os modos, aumentam-se as chances de uma onda de inadimplência que pode colocar em risco a própria saúde do sistema financeiro chinês.[20]

[20] http://www.valor.com.br/financas/3889858/china-consegue-conter-avanco-de-sistema-paralelo-de-credito

Em resumo, conforme coloca Farina et al. (1997), o pressuposto do oportunismo vem se juntar aos conceitos de transações com assimetria de informações, risco moral e seleção adversa, consolidando a NEI como corpo teórico relevante e centrado na ideia dos custos de transação.

Voltando aos custos de transação (CT), inicialmente definidos por Coase (1937), como os custos de coleta de informações, de negociação e de estabelecimento de um contrato, estes posteriormente adquirem uma conotação mais ampla. Num esforço de síntese das várias e mais recentes definições desse conceito, Farina et al. (1997) apresentam duas interpretações. A primeira considera os custos de transação, como os custos de funcionamento do sistema econômico, ligados a coordenação e ações associadas e não diretamente relacionados à produção (contratos para a aquisição de insumos, inclusive trabalho, por exemplo), sob os quais o controle, mesmo sendo limitado, é necessário e gera custos de transação. Desse modo, e nessa concepção mais abrangente, a firma se apresenta como um conjunto de contratos internos (coordenação de funcionários) e externos (coordenação com clientes, fornecedores etc.). Esses contratos internos e externos trazem consigo uma série de custos associados ao seu controle e monitoramento, em suma, ao seu funcionamento.

Numa segunda e mais específica interpretação, decorrente da proposição inicial de Coase, além dos custos de coleta das informações necessárias para o adequado funcionamento de uma transação/contrato, surgem os custos existentes em função de uma assimetria dessas informações entre os agentes, isto é, existe um limite até onde se pode obtê-las (vide os conceitos de risco moral e seleção adversa). Esses custos se referem às limitações de processamento das informações disponíveis e à aplicação dessas mesmas informações na resolução de eventuais conflitos. Além desses custos, existem os custos de negociação e estabelecimento do contrato e os custos referentes à sua posterior execução (monitoramento de atividades previstas). Junto a isso, ainda existem os custos de "fazer cumprir as regras" (direitos de propriedade), isto é, custos de regulação e cumprimento do acordado.

Resumindo, Farina et al. (1997) e Azevedo (2000) definem que os custos de transação poderiam ser classificados como os custos de elaboração e negociação dos contratos de uma transação, mensuração e fiscalização dos direitos de propriedade, monitoramento de desempenho, organização de atividades e adaptações às contingências ambientais (revisão de contratos). A existência dos custos de transação passa a ser considerada parte relevante do sistema econômico. Nesse sentido, North (1984), inclusive, defende que o aumento na divisão de trabalho (com a consequente geração da diminuição nos custos de produção) aumenta muito os custos de transação por si mesmos e também porque aumenta a alienação em termos da distância/ignorância acerca das informações adequadas/relacionadas a uma transação, reforçando, portanto, a existência do comportamento oportunista. Chega-se a afirmar que os custos de transação podem representar parcela relevante do Produto Interno Bruto (PIB) de um país. Nessa direção, North (1984) exemplifica a relevância dos custos de transação pelo crescimento de serviços e empregos de "colarinho branco" (mão de obra administrativa) na economia dos EUA.

A partir dos primeiros desenvolvimentos alternativos à ortodoxia econômica, inspirados nas instituições e nos custos de transação, e, mais especificamente, na década de 80 do século XX, a NEI, enquanto abordagem teórica direcionada para um novo entendimento sobre a atividade econômica, passa a se constituir em um programa de pesquisa dividido, segundo Azevedo (2000) e Farina et al. (1997), em dois níveis analíticos – **ambiente institucional e estruturas de governança**. Em ambos, é central a importância das instituições como delimitadoras das ações e comportamentos humanos, e, consequentemente, redutoras dos custos das interações entre os agentes econômicos, isto é, os custos de transação.

Em Farina et al. (1997) é colocado que as instituições, ou regras do jogo, definidas como normas formais (leis) e informais (tradições) de restrição e condicionamento da interação humana, seriam um conceito central para a análise, uma vez que estas influenciam a eficiência do sistema econômico. Num sentido amplo e tal como já exposto anteriormente, as instituições podem ser as leis de um país ou estatuto de uma escola. No primeiro exemplo a perspectiva é de nível macro e está ligada ao ambiente institucional. No segundo a perspectiva é de nível micro, estando associada às estruturas de governança ou transações específicas entre os agentes.

Enquanto no nível do **ambiente institucional** o foco se concentra no estudo de macroinstituições (políticas governamentais, legislação, regras formais e informais generalizadas de comportamento em uma sociedade) e do seu papel no desenvolvimento econômico, no âmbito das **estruturas de governança** a preocupação dos pesquisadores ligados a essa dimensão se volta para as implicações que o conjunto de regras e instituições que governam as transações entre os agentes econômicos (contratos e normas) tem sobre a eficiência na coordenação dessas transações e daí o desenvolvimento da abordagem conhecida como Economia dos Custos de Transação (ECT).

Unindo a Nova Economia Institucional (NEI) com a Economia de Custos de Transação (ECT), Matthews (1986) afirma que essa abordagem oferece possibilidades de aplicação em várias áreas teóricas (organização industrial e governança corporativa, economia do trabalho, escolha pública, desenvolvimento e história econômica), tendo sido reivindicada e utilizada por pesquisadores contra e pró-mercado. As posições contra o mercado alegam que a defesa da mão invisível apresenta pressupostos institucionais inválidos, ou que só existem em algumas situações. Por outro lado, a ala pró-mercado advoga que uma dada estrutura institucional melhora os resultados de mercado; além disso, o próprio mercado é capaz de selecionar a estrutura institucional mais eficiente.

Em um de seus artigos, um dos principais autores da vertente econômica do institucionalismo, Williamson (1994)[21] formula dois interessantes paralelos entre o ambiente institucional e os direitos de propriedade, de um lado, e entre as estruturas de governança e a teoria dos contratos, de outro (esse tema será mais explorado no Capítulo 4). Na primeira relação, os direitos de propriedade teriam a função de estabelecer em nível macro as bases institucionais para a produção, distribuição e trocas em uma sociedade (as regras gerais para o exercício dos direitos de propriedade e as formas gerais e legais dos contratos). Na segunda relação, a teoria dos contratos passaria a transferir dos tribunais para a esfera privada a institucionalização das relações entre duas partes, governando a maneira pela qual estas cooperam ou competem. Assim, na concepção de Williamson, temos três dimensões: uma estrutura baseada no mercado seria governada por contratos clássicos (típicos de negociações temporárias entre dois agentes, denominadas de "spot") de conotação mais legal. Uma forma híbrida que contém contratos mais elásticos e uma estrutura hierárquica, onde na hierarquia ter-se-ia o contrato de trabalho, em que o verdadeiro juiz é a própria hierarquia.

2.5.4.3 Neoinstitucionalismo Sociológico (NIS) e Nova Sociologia Econômica (NSE)

Segundo Hall & Taylor (1996), o NIS surge com um enfoque de natureza cognitiva, numa forte relação com a teoria das organizações, postulando que as normas e procedimentos não surgem como uma resposta eficiente da sociedade para a execução de tarefas (como pensava Weber e dentro do arcabouço do velho institucionalismo de recorte sociológico), mas sim como práticas culturais (cerimônia e mitos) que se assemelham, concretizando-se por meio de um processo denominado isomorfismo, com sua origem em concepções culturais semelhantes. Para esse plano

[21] O professor Oliver Eaton Williamson, da Universidade da California-Berkeley, um dos autores vivos em Ciências Socais Aplicadas mais citado, autor de cinco livros e inúmeros artigos na área econômica, traduzidos em diversos países. Mais especificamente conhecido por seus trabalhos relacionados ao Institucionalismo da Escolha Racional (Neoinstitucionalismo Econômico), criador da Economia dos Custos de Transação. Agraciado com o prêmio Nobel de Economia de 2009, juntamente com a professora Elinor Ostrom. Nos seus dois principais livros: "Mercados e Hierarquias" (1975) e "As Instituições Econômicas do Capitalismo" (1985), Williamson, a partir da proposta inicial de R. Coase, já exposta. Sobre a existência dos custos de transação, propõe um modelo de análise para os determinantes das decisões de comprar feito ou fazer internamente (*make or buy* decisions), realizados pelas firmas, que estaria relacionado com as estruturas de governança, formas alternativas de se organizar as atividade e transações da empresa, resumidas em Mercado (comprar feito), Hierarquia (fazer internamente) e Formas Híbridas entre Mercado e Hierarquia (esta última forma apresentada posteriormente, em seu livro de 1996 "Mecanismos de Governança" e que dá conta de formas intermediárias como terceirizações, subcontratações e franquias). Portanto, a grande contribuição desse autor seria pautar as decisões de crescimento por integração vertical das empresas (ou não) por critérios de eficiência relacionados aos custos de transação e não meramente busca do poder econômico.

podemos destacar, por exemplo, as contribuições citadas por Scott (1995), como as de Parsons (1937), que situam as instituições como sistemas de regras culturais que ordenam a vida das pessoas em termos de suas inter-relações e de como elas devem ser. Outra contribuição, desta vez mencionada em Hall & Taylor (1996), é a de Berger & Luckman (1967), com sua visão da realidade como uma realidade socialmente construída pelos seres humanos, mas, ao mesmo tempo, um produto da sua interação social, levando-se em consideração, para isso, os fatores cognitivos.

Ainda com relação às contribuições dessa corrente, Scott (1995) também faz referência a autores como Silverman (1970) e seu foco nos sistemas de pensamento e a forma como são construídos na ação social, argumentando que esses sistemas não operam apenas na mente das pessoas, mas também são fatos sociais existentes em instituições sociais. No contexto organizacional, o ambiente é encarado como uma fonte de pensamentos/significados para as pessoas, e não apenas fonte de recursos e destino de produtos/serviços.

Posteriormente, surgem as contribuições de Meyer & Rowan (1977), definindo as instituições como complexos culturais de normas, sendo as organizações o produto da racionalização crescente dessas regras culturais que sofre a influência do ambiente institucional. Com esses autores, também é identificado o campo organizacional como um novo nível de análise. Nessa linha de pensamento registre-se também o trabalho de Zucker (1987), enfatizando o poder das crenças de natureza cognitiva no fundamento dos comportamentos.

Em suma, no NIS, as instituições seriam símbolos, esquemas cognitivos, modelos morais que condicionam o comportamento humano contrapondo-se à visão normativa, mais identificada com a NEI, a dimensão cognitiva entende que as instituições fornecem modelos de interpretação de mundo e dos comportamentos. Aliás, a própria cultura se equivale às instituições, pois seria definida como hábitos e símbolos que modelam o comportamento. Encontramos exemplos da relevância institucional da dimensão cultural, ao examinarmos a música. Percebem-se por exemplo, diferenças institucionais nítidas entre as sociedades que receberam importante influência da cultura negra, do jazz/blues nos EUA e do samba/chorinho no Brasil.

Cria-se, portanto, o conceito de interatividade entre instituições e indivíduos. Os agentes são atores sociais que reforçam as convenções às quais eles mesmos obedecem, agindo conforme a interpretação de seus modelos institucionais de mundo, que, por sua vez, são também confeccionados por esses mesmos atores (ação socialmente construída). Podemos encontrar exemplos dessa dinâmica na moda e nos modismos da sociedade moderna

Com relação ao surgimento e modificação de práticas institucionais (mudança institucional), em vez da busca da eficiência, preconizados pela NEI, o conceito central seria a busca da legitimidade das ações na sociedade (conveniência social) de um arranjo institucional perante outro. Essa legitimação pode ser originada do Estado, de uma comunidade profissional ou de um processo de discussão interpretativo entre os integrantes de uma rede.

Uma questão importante para o entendimento do NIS é a diferenciação entre o ambiente técnico e o ambiente institucional, feita por autores institucionalistas como Scott (1995) e DiMaggio e Powell (1983). O ambiente técnico se constitui das transações de mercado, representadas pelo fluxo de produtos e serviços existentes entre os agentes e realizadas com o objetivo de se alcançar a eficiência e eficácia econômicas. Já o ambiente institucional é caracterizado por organizações que buscam sua legitimação social por meio de seu alinhamento a padrões culturais, regras e normas já existentes. De acordo com essa visão, a avaliação de uma organização se dá em termos de sua eficiência/ eficácia, mas também em função de sua conformidade socioinstitucional.

Sendo o NIS uma abordagem que explora fatores como visão de mundo, valores, crenças e relações sociais, esses fatores fazem com que o comportamento, socialmente construído, se desenvolva de maneira a ser apropriado à cultura vigente. Assim sendo, as estruturas formais têm um fundamento simbólico tal como observado por Meyer e Rowan (1991), ou seja, as práticas organizacionais se definem em função de legitimação social e não necessariamente por serem elas as mais racionais (eficientes ou competitivas).

O NIS, em linhas gerais, se contrapõe ao pensamento racionalista da NEI, estabelecendo seu foco em aspectos culturais e cognitivos, bem como nas relações sociais individuais ou grupais (inclusive relações em rede). Suas variáveis de análise se voltam para as interações entre as organizações e o seu ambiente e também para as relações entre as organizações, traduzindo-se em conceitos como legitimidade, compartilhamento de valores e crenças. Além de rejeitar as hipóteses racionalistas, o NIS coloca as instituições como variáveis independentes e mediadoras entre o comportamento individual e o contexto social.

Outra diferença reside no fato de que, enquanto na visão da NEI os mecanismos de coordenação são definidos de acordo com o alinhamento entre as estruturas de governança (mercado, hierarquia e arranjos híbridos) e os atributos das transações (especificidade de ativos, incerteza e frequência – isso será mais detalhado no Capítulo 4), na visão sociológica do NIS as estruturas de governança são condicionadas pela relação de poder e detenção de recursos entre os agentes envolvidos, sendo que o conceito de governança seria uma forma de coordenação social. Mais uma vez, a ênfase segundo autores como DiMaggio & Powell (1983), é dada nos valores e crenças como os norteadores da ação dos indivíduos, que, ao interagirem socialmente, criam hábito e ordem. Por fim, essa vertente do institucionalismo também diverge do universalismo do neoinstitucionalismo econômico, que vê os homens como seres racionais, buscando maximizar a sua utilidade e minimizar seus custos, entendendo os fatores tempo e espaço como os condicionadores da construção de não apenas uma, mas várias realidades.

Especialmente quanto às relações sociais, é sob estas que se assentam as instituições. O processo de institucionalização, na visão do NIS, como aponta o trabalho de Gonçalves (2006), inicia-se com a construção de uma realidade cognitiva (e, portanto, subjetiva), criada por meio de mecanismos psicológicos (individuais) e relacionais (grupais) que vão cristalizando hábitos que já seriam instituições na sua forma mais primitiva. Essa realidade de mundo ao mesmo tempo delimita os comportamentos e é modificada pela ação individual. De qualquer maneira, a instituição se desenvolve em meio a uma rede de relacionamentos sociais. Uma vez estabelecidas as instituições nas quais se encontram mergulhados os indivíduos, estas funcionariam como modelos cognitivos e morais a serem interpretados, gerando ações desses indivíduos, *"....Um mundo de instituições que lhe proporciona símbolos, cenários, protocolos e filtros de interpretação que se aplicam a sua situação ou a si próprio, conformando sua linha de atuação"* (Gonçalves, 2006, p. 13).

São dois os fenômenos principais ligados ao NIS e que, de acordo com Kirschbaum e Crubelante (2008), têm permeado as pesquisas. O primeiro diz respeito a uma separação ou dissociação (*decoupling*) entre os procedimentos operacionais e as estruturas formais nas quais eles estão inseridos (guarda relação com a natureza técnica e institucional do ambiente) e o segundo, denominado isomorfismo, tem relação com a tendência de as organizações se tornarem semelhantes ao longo do tempo. Nesses dois fenômenos, assume-se um entrelaçamento entre as dimensões técnica e simbólica. A racionalidade tem implicações locais e históricas (tempo e espaço), sendo, portanto, socialmente construída. Para efeito deste livro, o isomorfismo receberá atenção mais específica.

Enquanto mecanismo de reprodução e homogeneização, o isomorfismo, conceito desenvolvido em DiMaggio e Powell (1983), define-se a partir da ideia de campo organizacional. O campo organizacional seria um conjunto de organizações agrupadas por similaridade em termos de produtos ou serviços e de estruturas interorganizacionais. De acordo com Baldi (2006), os campos organizacionais são construídos a partir de um processo de estruturação, no qual, inicialmente, se tem um aumento da interação entre os participantes do campo. A seguir, surgem padrões de coalizão e estruturas interorganizacionais e segue-se um aumento de informações e o desenvolvimento de um senso comum entre as organizações participantes.

Num determinado campo organizacional, após a estruturação inicial, instala-se um processo de homogeneização entre as organizações participantes do campo, visando dar conta das incertezas associadas. A esse processo de homogeneização dá-se o nome de isomorfismo. Duas hipóteses de DiMaggio e Powell (1983) sobre a mudança isomórfica e pertinentes para este livro merecem destaque:

- O grau de dependência de uma organização em relação a outra fará com que elas se tornem similares.
- A participação de gestores organizacionais, por exemplo em associações de comércio, incrementa o processo de homogeneização (isomorfismo) das empresas participantes do campo.

ESTUDO DE CASO – ISOMORFISMO NO PEQUENO VAREJO SUPERMERCADISTA

Podemos observar esta situação em várias associações deste tipo, como no caso do Brasil: a Associação Paulista de Supermercados (APAS), que reúne as empresas de varejo supermercadista do estado de São Paulo. Entre os vários fatores de isomorfismo, podemos destacar por exemplo A Escola APAS, criada para proporcionar uma série de programas de treinamento, de formação básica e específica, em áreas de gestão (financeiro, operação de lojas) e capacitação operacional e gerencial aos funcionários de seus associados. Esses programas de treinamento acabam homogeneizando práticas e operações, marketing e recursos humanos.[22]

Quanto aos fatores que proporcionam a existência de mecanismos isomórficos, DiMaggio e Powell (1983) definem três formas de isomorfismo: coercitivo, normativo e mimético.

O isomorfismo mimético se define como a adaptação de procedimentos e estruturas de uma organização, percebidos e disseminados como sucessos, por outra, com a finalidade de reduzir a incerteza. Essa incerteza pode ser percebida pelos agentes como organizacional ou tecnológica, mas pode também ser simbólica e, nesse caso, gerada pelo próprio contexto ambiental. Em outras palavras, as organizações vão se assemelhando àquelas que estejam dando certo ou que, pelo menos, pareçam estar dando certo. Uma das formas mais disseminadas pelas quais se difunde esse mecanismo, ocorre de indireta, mediante o intercâmbio de funcionários. Nas quatro grandes empresas globais de auditoria por exemplo, chamadas de *Big Four*, Klynveld Main Goerdeler – KPMG, Price Waterhouse Coopers – PWC, Ernest & Young – EY e Deloitte Touche Tohmatsu – DTTL, é relativamente comum um funcionário alocado em uma dessas empresas ir trabalhar em outra e vice-versa. Ou,

[22] http://www.portalapas.org.br/m5.asp?cod_noticia=14836&cod_pagina=1222

numa forma mais direta, pela disseminação de práticas pelas empresas de consultoria, que padronizam suas ferramentas de gestão e as aplicam para diversas empresas, de certa forma padronizando essas práticas.

O isomorfismo coercitivo é gerado no âmbito de regulamentações exógenas, como leis previdenciárias e trabalhistas, ou pela existência de um ator com poder de regulação, ou ainda pelas pressões formais ou informais, emanadas de uma organização "chave" para as demais, ou mesmo pela própria pressão cultural da sociedade. Podemos constatar esse tipo de isomorfismo ao observarmos a atuação das diversas agências reguladoras no Brasil, que impõem uma série de regulamentações para as empresas fiscalizadas por elas, homogeneizando diversos aspectos de suas operações.

O isomorfismo normativo se refere mais aos setores nos quais é bem definida a profissionalização de uma categoria ou de acordo com estruturas normativas existentes no ambiente institucional. Nesta modalidade, uma determinada categoria profissional define suas práticas de trabalho, as quais são disseminadas por um processo de educação formal, uma base de interpretação formatada na universidade e nas redes de relacionamentos no âmbito profissional. Praticamente todas as profissões que envolvem a educação formal em nível superior ou técnico seriam exemplos desse tipo de isomorfismo, mas até mesmo outras profissões mais artesanais ou que não apresentam um processo tão institucionalizado de formação, como por exemplo enólogos, chefes de cozinha, artesãos de cutelaria etc. também geram isomorfismo normativo.[23]

Por fim, é importante concluir que o isomorfismo está associado ao conceito de homogeneidade. A homogeneização é, por sua vez, um elemento importante para o entendimento da mudança e dinâmica organizacionais.

A seguir, merece menção uma orientação dentro da Sociologia dedicada ao estudo da dimensão social das trocas de mercado e em aspectos econômicos relacionados a produção, distribuição, troca e consumo de produtos e serviços e que podemos alinhar ao lado do NIS. Denominada Sociologia Econômica, essa vertente – segundo Swedeberg (1993) – tem em seus precursores – além dos já mencionados Weber (1994) e Durkheim (1989; 1990) – autores como Polanyi (1980) e preconiza que a Economia, ao contrário de ocupar uma posição autônoma da realidade social, é parte integrante dessa realidade. Nesse sentido, os participantes do sistema econômico têm suas ações determinadas por suas relações e pela estrutura social na qual estão inseridos. Surgem então mecanismos sociais, inexistentes no pensamento econômico tradicional e que encontram relevância nessa perspectiva, tais como confiança e cooperação.

---

[23] Sobre isso, vide http://www.valor.com.br/cultura/3949082/importancia-da-expertise-e-da-assinatura?utm_source=newsletter_manha&utm_medium=12032015&utm_term=importancia+da+expertise+e+da+assinatura&utm_campaign=informativo&NewsNid=3947060

Central para o correto entendimento dessa abordagem é o conceito de *embeddeness*, desenvolvido por Mark Granovetter (1985) e já mencionado no início deste capítulo. Traduzido de várias maneiras, como incrustação, inserção, embutimento, imersão ou enraizamento, o *embeddeness* coloca em questão a relação entre ação econômica e estrutura social, entendendo que aquela estaria incrustada, inserida, embutida, enraizada nesta e só a partir desta visão é que faria sentido analisar o comportamento econômico dos agentes.

Granovetter (1985), um dos principais precursores dessa abordagem, refuta o pressuposto econômico tradicional, segundo o qual as transações econômicas são produto do comportamento individualizado (atomizado) e que, em linha com a ortodoxia econômica, se manifesta de modo essencialmente racional e calculista (concepção subsocializada). Mas, tampouco está de acordo com a abordagem sociológica mais tradicional, na qual o comportamento estaria totalmente condicionado à aprovação dos outros agentes e a normas e valores existentes na sociedade (concepção sobressocializada). Sua proposta, que de certa forma se posiciona entre os dois extremos (sub e subsocializado), é a de que a ação humana é condicionada por um contexto social, mas que tal contexto é formado por um conjunto de obrigações sociais ou familiares que condicionam agentes envolvidos em uma complexa rede de relações sociais. Portanto, a estrutura social na qual estão inseridos os agentes é entendida aqui não como um ambiente geral no qual estão todos inseridos, mas como uma série de laços interpessoais, com uma história, conteúdo e um posicionamento estrutural dentro de uma rede de relações. Essa estrutura seria o fator mais relevante para se entender a ação e o comportamento econômicos.

2.6. Neoinstitucionalismo Sociológico e Nova Economia Institucional: possibilidades de diálogo com base no conceito de redes

Com relação à concepção de ator/agente e ação econômica, a diferença entre as abordagens clássicas da sociologia e economia se refere ao fato de que, na sociologia, os agentes são influenciados por outros agentes e em economia isso não ocorre. Além disso, na economia por exemplo, em que pese alguns dos pressupostos econômicos mais tradicionais terem sido contestados pela NEI, mesmo em linha com o conceito da racionalidade limitada, os agentes ainda são, pelo menos intencionalmente, vistos como seres racionais. Já em sociologia, ainda predomina a visão de que a racionalidade é, no máximo, uma entre as possibilidades existentes. Entretanto, não se deve encarar as concepções institucionais de recorte econômico e social como teoricamente excludentes; o próprio O. Williamson preconiza que os conceitos ligados a ECT e o conceito de *embeddeness*, introduzido por Granovetter (1985), podem ser considerados complementares (Williamson 1995).

Na direção de um diálogo entre as abordagens institucionalistas, destaca-se a contribuição de Richter (2001), cujo artigo *"New economic sociology and new institutional economics"* se constitui em um ponto de partida para o desenvolvimento deste raciocínio. O autor estabelece uma linha de intersecção procurando demonstrar que as divergências entre as diversas dimensões institucionalistas são menos acentuadas do que se supõe.

Numa primeira aproximação, Richter (2001) recupera incialmente os pressupostos do neoinstitucionalismo econômico. Tem-se estão o aporte teórico original introduzido por Coase (1937), que define a variável central de análise, como a transação. Como já se viu, a transação seria uma relação entre duas partes, cujos custos (os custos de transação) surgem quando relacionados aos custos de se efetuar a transação e manter a mesma estável. Também já foi visto que custos se dão pela existência da informação incompleta e assimétrica entre os participantes da transação, portanto, na existência de incerteza e também na limitação das capacidades cognitivas, o que gera a racionalidade limitada. Completando o raciocínio assimetria de informações gera, a princípio, a possibilidade de oportunismo que nem sempre pode ser resolvido por meios legais, surgindo uma opção de interiorizar as relações (do mercado para hierarquia).

Posteriormente, Williamson (1975) aprofunda a análise, desenvolvendo a ECT e adicionando outros elementos, como a especificidade de ativos, a frequência das transações e a incerteza e a análise discreta para a seleção de estruturas de governança, sendo que a eficácia de uma relação contratual depende da especificidade de ativos e da frequência das relações entre as partes.. É introduzido também o conceito de transformação fundamental, no qual, após firmarem contratos, as partes se veem atadas a uma relação em que antes eram mais livres – uma espécie de monopólio bilateral – e então passam a se transformar criando ativos específicos a essa relação, agora contratual, para dar conta dos riscos associados à possibilidade de ação oportunista. Na impossibilidade de cobrirem todas as possíveis ocorrências relacionadas com a transação, os contratos no longo prazo passam a depender do caráter da relação entre as partes. Tornam-se, portanto, contratos relacionais. O problema é que esse tipo de situação gera um aumento nos custos de monitoramento de contratos – custos de transação – e também aumenta a possibilidade de oportunismo, o que pode conduzir a uma substituição do contrato por uma relação hierárquica. Por outro lado, a eficácia de uma relação contratual depende da especificidade de ativos e da frequência das relações entre as partes.

Por fim, e segundo Richter (2001), a abordagem da NEI/ECT se constitui em uma teoria de contratos bilaterais sob condições de incerteza e informação assimétrica. Nesse arranjo contratual existem delimitações legais e individuais que vão se caracterizar em uma estrutura de governança (organização) de relações contratuais não padronizadas, cujas possibilidades de coordenação entre os agentes são mercado, hierarquia ou uma forma contratual híbrida entre ambas.

Já do lado dos autores da NSE/NIS, mesmo que inicialmente ainda inspirados em obras mais clássicas, tais como as de Weber (1984) e Polanyi (1980), são introduzidas algumas ideias alternativas. Uma das mais importantes (também já mencionada) é a apresentada por Granovetter, (1985) que, em vez da realidade das relações bilaterais, vê no seu lugar uma complexa **rede** de múltiplos relacionamentos contratuais formais e informais, resultando na noção de *embeddeness*. Nesta concepção, a ação econômica se dá no interior de redes de relacionamento social que, por sua vez, caracterizam a estrutura social. Além de incrustada na estrutura social, a ação econômica, segundo DiMaggio (1990), também se encontra na esfera cultural.

Os conceitos mais fundamentais apresentados pelos autores dessa vertente são:

- A ação econômica é uma ação social. As relações podem ser implícitas ou explícitas, hierárquicas ou entre iguais, contratuais ou baseadas em confiança.
- Incrustação da ação social. As ações são delimitadas por relações sociais existentes e não partem de iniciativas individuais. Encontram-se embebidas em redes de relações pessoais (econômicas ou não), em vez de geradas por atores individuais
- Construção social das instituições econômicas. Em vez de produto da coincidência de interesses, as instituições são geradas por uma mão invisível, numa mistura de conflito e coordenação, um processo de construção social, que não é fruto de uma escolha racional, mas sim de um processo de desenvolvimento, baseado em tentativa e erro, no qual predomina a racionalidade limitada. Outra forma de institucionalização é a baseada em hábitos. Por fim, as instituições, se perpetuam não por sua eficiência, mas por uma inércia própria, denominada dependência de trajetória.

Como já vimos, a NES/NIS faz uma crítica à visão econômica que, com a teoria da escolha racional, reduz fenômenos sociais como **confiança e poder** a, no máximo, uma questão menor e não relevante, enquanto os sociólogos consideram essas questões partes fundamentais de qualquer construção teórica. Nesse sentido, Richter (2001) afirma que os economistas são reducionistas e os sociólogos têm uma perspectiva mais ampla.

Outras críticas da NES/NIS são relacionadas por Richter (2001), como se segue:

- Além da eficiência como único impulso motivador da mudança organizacional (especialmente aplicado para grandes organizações e conglomerados), é preciso considerar também a questão do poder dentro e fora da organização, como definidor de comportamentos e a complexidade dos diferentes arranjos sociais. Assim, os verdadeiros vetores do crescimento e da mudança das organizações seriam outros (Perrow, 1986 apud Richter; Richter, 2001).

- Com o surgimento dos grandes conglomerados, testa-se o pressuposto de Williamson (1985) de que isso ocorre por causa dos efeitos da perda de controle advinda do tamanho maior em termos de custos de transação, racionalidade limitada e oportunismo. Estudando empresas de grande porte em termos de ativos, essa justificativa não se revela importante para o seu desenvolvimento, mas sim a ação dos agentes-chave que, de acordo com uma visão própria de mundo, se propõem a resolver os problemas organizacionais, problemas estes eleitos por eles mesmos para que as suas soluções sejam colocadas em prática e assim se reforce sua posição estratégica de poder. (Fligstein, 1985 apud Richter; Richter, 2001)
- Na mais importante crítica à NEI, de um lado é colocada em cheque a noção do mercado com uma concepção neoclássica atomizada e concorrencial. Além disso, critica-se a não atenção ao fato de estarem os agentes mergulhados em um contexto de redes sociais e dos seus efeitos para a questão da confiança, o que, nesta visão, gera uma superestimação do poder da hierarquia. (Granovetter, 1985 apud Richter; Richter, 2001)
- Existem, mecanismos de preço dentro da hierarquia, e os mercados podem conter elementos de hierarquia. Os agentes podem utilizar as diferentes estruturas de governança para o mesmo tipo de transação com parceiros diferentes, franquias e unidades próprias – as também chamadas formas plurais [Menard, 2013], que são direcionadas pela alta gerência. Outra discordância diz respeito ao fato de que transações de dependência mútua podem gerar confiança em vez de (tal como defende a ECT), oportunismo. (Bradach & Eccles, 1989 apud Richter; Richter, 2001)

De todo modo, a principal discordância das correntes de orientação sociológica da NSE/NIS com a NEI/ECT ainda se assenta no fato de não serem consideradas por estas últimas as relações sociais e os fenômenos reconhecidamente importantes, tais como confiança ou poder, preferindo a NEI/ECT centrar seus pressupostos na racionalidade individualizada, ainda que limitada, dos agentes. Powell (1990)/ Grahber (1993) introduzem o conceito de redes como uma forma não prevista no modelo de ECT. Utilizando-se do exemplo de pequenas empresas de base tecnológica que formam redes de cooperação com relações preexistentes, registra-se um arranjo que não poderia ser enquadrado no *continuum* mercado – formas híbridas – hierarquia. Exemplos são encontrados em indústrias artesanais (construção, publicidade, cinema e música), economias regionais e distritos industriais (indústria têxtil alemã, vale do silício) e alianças estratégicas e parcerias (indústrias intensivas em tecnologia). Também o foco, em vez da transação, é apontado como sendo o relacionamento. São enfatizados fatores de justificação para as redes, entre os quais confiança, comprometimento, cooperação, reputação e reciprocidade. Além disso, afirma-se que os contextos institucionais, econômicos, políticos e sociais favorecem o surgimento das redes, combinando-se fatores como habilidades de trabalho, mecanismos externos de treinamento, igualdade relativa entre os participantes, sistema legal, com padrões antitruste mais amenos, políticas nacionais que promovem pesquisa e desenvolvimento e encorajam parcerias entre centros de conhecimento e a indústria. Passa-se a entender as redes sociais como uma categoria acima (ou além) do continuum mercado-hierarquia, não podendo ser enquadradas no modelo tradicional de ECT fugindo, segundo Nohria (1992) do paradigma mercado-hierarquia que tem dominado os estudos organizacionais. Em ECT, o foco passa a ser a lógica da ação coletiva das redes, que permite cooperação sustentável em situações nas quais contratos se tornam relativamente menos importantes do que confiança e reciprocidade. O fundamental seria então a geração da confiança por intermédio da história de relacionamento pessoal anterior, e a construção da reputação que fornece um contexto propício para a rede.

Um esforço de combinação entre ECT/NEI e NES/NIS é introduzido, então, por Richter (2001) pelo conceito de redes. Esse conceito é inicialmente apresentado como uma forma não prevista no modelo de ECT. A princípio, seria forçoso reconhecer que as redes são um arranjo que não pode ser enquadrado no *continuum* mercado – formas híbridas – hierarquia. O estudo de redes, em vez da transação, o foco é o relacionamento/relações, sendo enfatizados fatores até certo ponto estranhos à ECT, tais como a confiança, a intensidade das relações, o comprometimento dos agentes envolvidos e a existência de reciprocidade. Nesse sentido, Richter (2001) cita Wassermann & Faust (1994) para caracterizar as redes como um arranjo constituído de atores/agentes, com seus atributos (preferências, tipo de comportamento em termos de escolhas e de controle de recursos) e suas relações ou ligações (entre pares de atores). No entanto, nesse ponto, e iniciando a construção da ponte teórica entre ECT/NEI e NES/NIS, Richter (2001) propõe que as relações e seus atributos, existentes entre pares de agentes que integram uma rede, poderiam ser entendidas ou equivaler às transações. Estas transações implicam também na existência de interações entre os agentes. Em outras palavras, uma transação não deixa de ser também uma relação/ligação entre agentes, dirigida ou controlada por uma instituição ou uma estrutura de governança. Nesse contexto, haveria ainda um conjunto de regras e normas explícitas (formais) e implícitas (informais) que estruturam as relações entre os agentes.

O conceito de transação não é, portanto, descartado por Richter (2001), mas recebe um tratamento mais amplo. Além das relações puramente econômicas preconizadas pela NEI/ECT, tais como contratos e relações formais e informais de autoridade em uma firma, a transação seria algo que estabelece uma ligação entre pares de atores, como associações, movimentos entre países, conexões físicas – estradas, linha telefônica, relações legais (credor-devedor), relacionamentos biológicos (família, amizade) e mentais (crenças, convicções, cultura).

Assim, além das transações e seus atributos relacionados com as relações bilaterais da NEI/ECT (especificidade de ativos, frequência e incerteza), outros fatores, tais quais papel social, prestígio e posição social dos agentes/atores e competição por esta posição, são apontados como parte das relações em rede. O relacionamento entre compradores e vendedores passa a ser relevante e um novo ator em uma rede deve se posicionar e criar suas ligações, que poderão ser fortes ou fracas dependendo da quantidade (número), qualidade (intensidade) ou tipo (proximidade da atividade essencial) dessas relações.

Richter (2001) também procura adaptar o conceito de especificidade de ativos para o contexto de uma rede. Novos entrantes de uma rede devem pagar uma "comissão de entrada". Após entrar, passam a fazer parte de um conjunto de relacionamentos cuja força depende dos custos de troca/ligação. À medida que o comportamento oportunista é mais iminente, a rede pode se hierarquizar sem se tornar uma firma, como se vê, por exemplo, em conglomerados verticalmente controlados ou mercados de ações horizontalmente controlados, ou ainda pelo controle de terceira parte.

Considerando-se, por exemplo, centrais de compra no comércio varejista (também chamadas de centrais de negócios, que reúnem pequenos negócios varejistas em segmentos variados, tais como farmácias, papelarias e supermercados[24]), é admissível que as redes possam ser consideradas arranjos organizacionais, com os mesmos elementos formadores das estruturas de governança híbrida, e em linha inclusive com o preconizado em Menard (2004), como ativos conjuntos e complementares, com incerteza sobre resultados futuros. O próprio Williamson (1994) sinaliza a possibilidade de um diálogo entre a NSE e NEI ao chamar a atenção para a relação de interdependência entre os níveis macro (ambiente institucional) e meso (estruturas de governança), apresentando ao lado desse conceito um certo destaque para o conceito de confiança que é gerado por relações concretas e contínuas (um elemento redutor de custos de transação). Mesmo que seja a confiança da escolha racional e teoria dos jogos (tratada como um cálculo) e mesmo que, inicialmente, a dependência mútua (especificidade de ativos) gere confiança em vez de comportamento oportunista (o

---

[24] Ver http://www.infomoney.com.br/minhas-financas/noticia/1288532/brasil-aacute-tem-586-centrais-neg-oacute-cios-micro-pequenas

que conduz aos contratos da forma híbrida ou, mais a frente, a hierarquização), é razoável considerar que, posteriormente, a dependência mútua pode também criar arranjos particulares, governados pela reputação geradores de um *quantum* mínimo de confiança, sendo que, desse *quantum* mínimo de confiança, surgiria a coordenação necessária a um arranjo cooperativo sob forma de rede, com mais forte presença de confiança e reciprocidade e baseados em interação social.

Dessa forma, e na visão de Richter (2001), a NES/NIS e a ECT/NEI têm o mesmo objeto – a ação social e econômica –, e ambas reconhecem as instituições. A diferença está na concepção do homem como racional (embora de forma limitada) ou detentor de várias motivações, entre as quais a escolha racional.

O conceito de rede pode se constituir em instrumento de diálogo entre essas duas concepções, tomando como exemplo o próprio mercado como um espaço no qual são realizadas trocas de mercadorias entre agentes econômicos, mas sendo também uma rede de agentes que se conhecem pessoalmente, o que pode resultar em cooperação em vez de competição. Seria importante, a propósito, superar uma barreira ou restrição relacionada ao conceito de custos de transação da ECT/NEI tradicional e que diz respeito à ideia de os custos de transação serem estritamente ligados a uma transação individual. Na verdade existem também ações conjuntas, tais como os custos de se confeccionar e desenhar os artigos de um estatuto de uma associação empresarial, ou, ainda, as despesas para se manter o sistema de direitos de propriedade e o conceito de redes poderiam nos servir para esse fim

Outro espaço de diálogo entre o econômico e o social pode ser encontrado no trabalho de Matthews (1986). Esse economista considera errôneos os pressupostos ligados à maximização da utilidade individual em uma dada estrutura institucional, reconhecendo na economia institucional, que tem maior contato com outras áreas das ciências sociais, um arcabouço teórico mais apropriado para se entender a realidade econômica e o comportamento dos agentes.

Inicialmente, como preconizado pela ECT, ao lado da conceituação tradicional dos custos de execução de contratos referentes a transações, os chamados custos de produção, ou, como afirma Matthews (1986), os custos entre as pessoas e as coisas, são considerados também os custos de transação, caracterizados, tal como já se viu, como os custos de negociar e confeccionar os contratos *ex-ante* e monitorar/fazer cumprir tais contratos *ex-post*. Matthews (1986) nos apresenta então, inicialmente, os custos de transação, ou ainda, ampliando o contexto e, à exemplo de Richter (2001), os custos de relacionamento de pessoas com pessoas. Contudo, diferentemente dos autores da ECT/NEI, que encaram a existência dos custos de transação como função do oportunismo (a busca do interesse próprio por meio de logro e da utilização da assimetria de informações), Matthews (1986) entende ser essa visão muito restrita, pois existem custos puramente cognitivos para organizar e monitorar transações, como considerar o custo de monitorar a competência da outra parte, mesmo que sua honestidade não esteja sob dúvida, apenas para gerar informação e documentação. Em outras palavras, existiriam custos de transação, mesmo na ausência de oportunismo. Em outro ponto de sua reflexão, Matthews (1986) distancia-se novamente dos pressupostos tradicionais da NEI/ECT, criando um caminho alternativo, e também uma ponte com o Institucionalismo Sociológico, ao afirmar que o relacionamento mutuamente imposto das partes não se dá só por contratos, pois estes podem ter custos proibitivos. Quando as ações das pessoas afetam umas às outras, os custos de transação existentes em uma determinada transação, dada a sua complexidade, podem impedir a existência de contratos, ainda que, em princípio, seja recomendável o seu estabelecimento. Em algumas circunstâncias, os custos de transação são tão elevados que os contratos não são possíveis, surgindo assim espaço, a despeito dessa barreira, para a construção de arranjos alternativos, tais como redes de cooperação.

Antes de mais nada, é certo que o oportunismo não é inteiramente eliminado, pois, como afirma Foss (1996), se ele não existisse, em última análise não existiriam as instituições. Mesmo se considerarmos que, como Matthews (1986), existem custos relacionados com a necessidade de se acumular, reter e relembrar informações, ,o que reduz as chances de oportunismo a níveis mínimos, ainda assim, o comportamento oportunista não pode ser entendido como algo completamente inexistente. O que ocorre com relação às redes – e, nesse ponto, Foss (1996), por intermédio de suas observações realizadas em redes interorganizacionais de pequenos negócios na Austrália, fornece mais uma ponte teórica entre as vertentes econômica (representada pelos custos de transação) e sociológica (representada especialmente pelas relações observadas nas redes). Foss identifica no processo de formação das redes estudadas elementos das duas vertentes. Um processo dinâmico, característico da conformação em rede, no qual se tem um período inicial das relações, quando estas nascem com salvaguardas, como o levantamento de informações acerca da reputação de confiabilidade dos agentes em transações/relacionamentos prévios. Depois, a seguir, os atores fazem experiências de relacionamento e, à medida que a relação evolui, ocorrem investimentos em confiança e o oportunismo vai sendo mitigado. Com o passar do tempo, se a experiência é bem-sucedida, as salvaguardas vão sendo abandonadas, vão surgindo transações cada vez mais baseadas em confiança.

CAPÍTULO 3

Governança e redes sociais

Este capítulo explora as principais vertentes sociológicas para o estudo das redes e da governança. Assim, explora como a sociologia econômica fornece o ponto de partida epistemológico para o estudo das redes como forma de análise. Também destaca os principais conceitos de análise de redes sociais, as propriedades de redes e a relação das redes com a teoria institucional.

3.1. Introdução

A sociologia pode ser definida como o campo de estudo das estruturas constitutivas das interações sociais (Abercombie, et al., 2000). Então, a sociologia em sua essência trata como grupos, instituições e relações de afiliação afetam o comportamento humano e das organizações. Nesse sentido, a sociologia tem contribuição substancial quando tratamos de redes e formas de governança das organizações contemporâneas.

A análise das redes tem suas raízes em diversas teorias, segundo Mizruchi (2009): 1) A sociometria – Trabalho de pesquisa de J. L. Moreno, no qual as relações interpessoais foram representadas graficamente; 2) Análise de redes como apêndice do estruturalismo Frances de Claude Lévi-Strauss. Também estudado pelos antropólogos John Barnes, Elizabeth Bott e J. Clyde Mitchell; 3) As reflexões de Wellman sobre a análise de redes como arcabouço da sociologia estrutural. Essa última abordagem reflete como as estruturas sociais compostas por restrições e oportunidades afetam mais o comportamento humano do que normas culturais. Suas raízes clássicas encontram-se na sociologia estrutural de Durkheim, Marx e Simmel. Simmel influi na sociologia estrutural com sua preocupação sobre as propriedades formais da vida social, considerando qualquer situação que envolva três agentes, por exemplo, um será bem-sucedido na medida em que possa explorar um conflito entre os dois (Mizruchi, 2009).

Na sociologia clássica, Max Weber, ao se preocupar como o indivíduo, dá sentido à sua ação, já postulava por uma sociologia relacional. Assim como outros autores clássicos, Karl Polanyi (1944) em sua obra clássica "A grande transformação", explorou como as sociedades, antes da economia de mercado, basearam suas economias na reciprocidade e redistribuição. Também Marcel Mauss (1922), na obra "The Gift", explorou como as trocas e o intercâmbio nas sociedades arcaicas tem relações de reciprocidade, denominado por Mauss por "Dádiva". Assim como coloca Dortier (2010), muitos dos fenômenos de redes são antigos, o que muda é a forma como são designados.

Nas ciências sociais, a abordagem de redes ganha maior evidência após os estudos de capital social de James Coleman (1988), intitulados "Social Capital in the Creation of Human Capital", ao tratar a importância das redes duráveis para realização de objetivos individuais e coletivos (Dortier, 2010). Entre os estudos desse

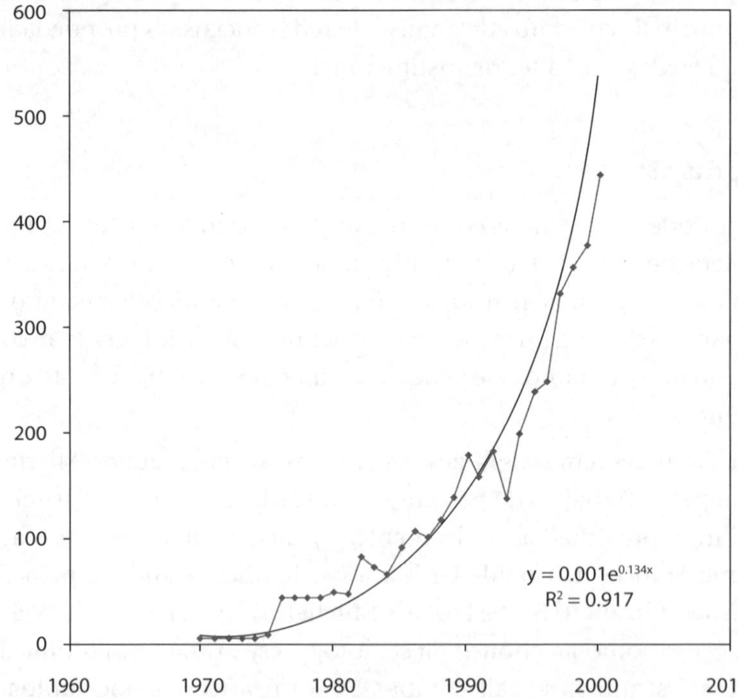

GRÁFICO 3.1 Crescimento do tema redes na produção acadêmica dos principais periódicos indexados à área de ciências sociais.

Fonte: Borgatti, 2003.

período, o estudo de Mark Granovetter (1973), intitulado *"The strength of weak ties"*, sobre a natureza das redes sociais e as condições de mobilidade e emprego, teve relativo impacto na produção mais recente sobre o tema redes e governança. A partir dos anos 90 do século XX, principalmente, esse tema "redes" passa a crescer significativamente em vários campos de estudo (Borgatti, 2003). O Gráfico 3.1 ilustra o crescimento das publicações contendo *social networks* nas palavras-chave

Borgatti e Foster (2003) ilustram o crescimento exponencial do tema em vários campos de estudo. O autor coloca o grande crescimento das abordagens relacionais, contextuais e sistêmicas nas últimas décadas em detrimento dos estudos individualistas e atomizados nos principais periódicos indexados à área de ciências sociais. Assim, podemos verificar que a utilização do conceito de redes, embora originalmente associado à área de ciências sociais e à psicologia, tem se expandido a vários campos de estudo como a ciência política, física, biologia, linguística, antropologia (Kilduff & Tsai, 2003).

ESTUDO DE CASO – ECONOMIA COLABORATIVA EM SERVIÇOS

A economia colaborativa, um novo modelo empresarial que permite às pessoas o intercâmbio de bens e serviços por meio da internet, simboliza coisas diferentes. Para os investidores, é uma oportunidade sedutora de capitalização em bolsa; para os visionários, representa o modelo de um novo regime econômico pós-capitalista.

Um exemplo de consumo colaborativo é a Uber, uma empresa de serviços de transporte compartilhado, que ganhou a inimizade dos taxistas. A Uber, com uma capitalização próxima à soma da capitalização em bolsa de Hertz e Avis, é uma das empresas favoritas da economia colaborativa. Outra empresa muito reconhecida é a Airbnb que, com uma capitalização de bilhões, permite o aluguel de quartos a estranhos. A lista de empresas desse tipo, no entanto, é enorme e não para de crescer.

Os críticos sustentam que a economia colaborativa é um modelo empresarial baseado principalmente em driblar a regulamentação e descumprir a lei. Essas críticas esquecem que essas empresas se sustentam em uma nova tecnologia que reduz os custos de transação e, portanto, podem oferecer bens e serviços tradicionais de forma mais eficiente e a um mercado mais amplo. Isso é um processo tecnológico que também implica mudança fundamental na forma como as pessoas cooperam entre si no mercado.

A origem da ideia data de cerca de 80 anos, com o artigo transcendental do professor Ronald Coase "The Nature of the Firm" (A natureza da firma), que serve de marco para analisar o impacto da internet na forma como cooperamos entre nós no mercado. Coase perguntou por que o mercado, sendo uma ferramenta tão eficiente para comercializar e estabelecer preços, não domina toda a atividade econômica?

De acordo com Coase, a resposta reside na existência de informações imperfeitas e na importância de minimizar custos de transações como: buscar o tratamento adequado, negociar o contrato correto, coordenar os processos de produção de marketing etc. Em consequência desses custos de transação, argumentou Coase, os empresários internalizam muitos intercâmbios dentro de uma empresa. Nas palavras de Coase: "Há ilhas de poder consciente (as empresas) em um oceano de cooperação inconsciente (o mercado)."

Quando seu artigo foi publicado, algumas grandes multinacionais, como a General Motors, começavam a ganhar importância e Coase observou a eficiência que se podia conseguir com a internalização das transações do mercado. Por exemplo, a chegada do telefone e a redução dos custos de transporte no século passado favoreceram o aumento de tamanho das empresas. No fim de sua vida, Coase viu como o nascimento da internet inclinou a balança a favor do mercado ao reduzir os custos de transação.

Essa redução dos custos de transação implicou em duas mudanças importantes na forma de cooperar dos indivíduos. Por um lado, mudou radicalmente o tamanho ideal das empresas: delegaram-se mais atividades ao mercado e a externalização predominou em muitos setores. Por outro, permitiriam a rentabilização de recursos inutilizados (como quartos livres ou carros sem usar), o que impulsionou a concorrência, ampliou os mercados e ameaçou as estruturas empresariais do *status quo*.

As novas tecnologias também permitem que, a um custo baixo, os consumidores possam avaliar a qualidade do bem ou serviço consumido. O sistema faz com que os usuários cumpram uma função através da imposição de regras estritas. Por exemplo, antes do surgimento da Uber, o setor de táxis poderia ter argumentado que a falta de regulamentação criava riscos de estafas ou acidentes.

Agora, em vez de precisar de uma regulamentação do governo para garantir a segurança do serviço, podemos confiar no sistema de avaliação dos usuários para cumprir tal função. Em quem você confiaria mais, em um motorista com uma longa lista de comentários positivos ou em um que conta com uma licença emitida por um burocrata?

A economia colaborativa não concebeu muitos serviços realmente inovadores. Mais exatamente, aproveitou a tecnologia para colocar em contato compradores e vendedores, que sem ela não teriam podido interagir. Essa situação não representa o fim do capitalismo como o conhecemos. Mas o consumo colaborativo supõe uma mudança fundamental na forma como os indivíduos cooperam. Voltamos a Coase: a cooperação entre indivíduos dentro de uma empresa ganhou protagonismo durante o século XX. A tecnologia mudou a tendência naquele século, e agora, as pessoas interagem cada vez mais no mercado, o "oceano da cooperação inconsciente".

Não deveríamos subestimar o impacto dessa mudança, já que terá múltiplos desafios, como o da estrutura reguladora vigente, como ocorrido em outras transformações econômicas, gerarem ganhadores e perdedores. A economia colaborativa apenas começou e aos que se sentem atraídos pela livre empresa nos anima ver que ela, às vezes, corresponde ao sentimento. [1]

3.2. Redes, economia e organizações

Por que então estudar redes, economia e organizações? Há uma explicação empírica e teórico/metodológico. Castells (1999) defende que a ideia de redes na economia surgiu da crise da produção em massa, para atender a necessidade de uma produção mais flexível, capaz de se adaptar às exigências dos mercados globais de demanda específica. Segundo o autor, o modelo tradicional sustentado pelas grandes corporações, baseado na integração vertical e gerenciamento hierárquico entra em crise, pois o foco era a produção em massa. Então, há uma razão para o crescimento do estudo das redes apontado por Castells do ponto de vista da flexibilidade dos negócios, como também apontado por Piore e Sabel (1983) e outros estudiosos das formas flexíveis de produção. Essa é a dimensão empírica para o estudo das redes, a complexidade e diversidade das formas organizacionais.

Existem então duas abordagens para o estudo das redes na economia (Powell & Smith-Doer, 1994). A primeira – redes como forma de governança[2] – é mais multidisciplinar e prescritiva e enxerga as redes como um tipo de lógica de organização ou uma forma de governar as relações entre os atores econômicos. Essa dimensão da rede está tratada no Capítulo 2 deste livro. Certamente, não há como negar abrangência e subjetividade do termo "redes". Não existe um consenso se as redes são metáforas, métodos ou uma teoria (Powell & Smith-Doer, 1994). É possível pensar nas redes como uma metáfora para se compreender relações das mais variadas. Entretanto, as redes também podem ser consideradas teorias, à medida que evoluem nos métodos e na sistematização de suas análises.

---

[1] Fonte: Artigo adaptado Jornal Valor Econômico, disponível em: http://www.valor.com.br/opiniao/3798788/ameaca-ou-oportunidade, que trata sobre os dois lados da economia colaborativa.

[2] No dicionário Oxford (2001, p. 391) governança é definida como "a ação ou a forma de governar". Do ponto de vista deste trabalho, governança é entendida no sentido de como um ator econômico lida com as transações externas.

A segunda abordagem – redes como forma analítica – é ancorada na sociologia e na teoria organizacional e utiliza as redes como base analítica para estudar as relações sociais, seja dentro da firma, nas relações interorganizacionais, seja no ambiente externo das organizações. A perspectiva analítica de redes entende o sistema de relações como um conjunto de atores e modos inter-relacionados. Os atores podem representar entidades em vários níveis de coletividade, como pessoas, firmas, países e assim por diante (Borgatti & Li, 2009). Embora ambos sejam corpos teóricos diferentes, hoje é mais frequente a combinação das abordagens em diversas análises. Então há esforços de analisar formas de governança por meio da análise de redes sociais.

Assim, além de uma razão tipicamente econômica, empírica e gerencial, há razões teórico/metodológicas para a adoção da análise de redes como um método de estudo das estruturas e das relações de atores econômicos. Portanto, as análises das redes podem ser empregadas para compreender relações entre indivíduos, organizações e/ou instituições, à medida que há um maior interesse do papel e consequências das redes no sistema econômico (Powell & Smith-Doer, 1994).

Na interpretação de Dowding (1995), as redes eram inicialmente empregadas como uma metáfora e só se tornaram teoria ao longo das análises sociológicas das redes. A análise de redes ganhou evidências em muitos campos de estudo em razão de facilidades computacionais e tratamento de grandes massas de dados. A análise de redes, então, permite capturar as interações entre indivíduos, grupos, organizações e instituições, entre outras formas de composição das redes. Essa abertura confere à análise de redes sociais um potencial explicativo de grande relevância para o estudo das interações entre pessoas, organizações, instituições e atores em geral.

A análise de redes está alicerçada na estrutura das relações sociais, rejeitando a ideia de que pessoas, organizações ou instituições são entidades estáticas, atomizadas e com limites claramente definidos. Conforme explica Mizruchi (2009) as redes afetam as estruturas das relações e o seu conteúdo. Essas estruturas, por sua vez, definem formas de interação entre os membros do grupo. Logo, compreender essa dinâmica das estruturas sociais e como estas afetam as redes e a governança é essencial na análise das organizações e da economia contemporânea.

3.3. Abordagens sociológicas e redes

3.3.1. Sociologia econômica

A sociologia econômica contribui para a discussão sobre como as relações sociais condicionam o comportamento econômico dos atores e das instituições no mercado (Granovetter, 1985; Uzzi, 1997; Swedberg, 1993). Os atores econômicos, apesar de seus interesses, são condicionados pela interação e pela estrutura social.

Atores econômicos não agem como átomos isolados, mas são dependentes de diversas limitações provindas das relações estabelecidas com outras organizações e instituições.

A sociologia econômica utiliza estruturas de referências, variáveis e formas de explanação da sociologia em atividades complexas relacionadas com a produção, distribuição, troca e consumo de recursos escassos e serviços (Smelser & Swedberg, 1994). Conforme destaca Uzzi (1997), a ação das organizações é limitada, imersa *(embedded)* por questões cognitivas, políticas, estruturais e culturais. Atualmente, a sociologia econômica contribui no sentido de compreender o modo como os atores econômicos, apesar de seus interesses, são condicionados pela interação e pela estrutura social. Um conjunto de temas surge dessa proposição, para se compreender como a arena econômica é formada por muitos mecanismos sociais, como confiança, cooperação e competição (Swedberg, 1993).

Segundo Swedberg (1993), a sociologia econômica surgiu com Max Weber no fim do século XIX, que foi quem se preocupou profundamente com a polarização entre um braço histórico e outro analítico nas análises econômicas, levando assim à chamada "guerra dos métodos" *(Methodenstreit)*. Outras contribuições de Emile Durkheim, Karl Marx e Karl Polanyi foram substancialmente importantes para entender a estrutura social de troca nos mercados modernos. Esses autores contrapõem-se à ideia de que a esfera econômica é suficientemente autônoma da esfera social, como acreditavam os economistas clássicos (Granovetter, 1985).

O Quadro 3.1, proposto por Smelser & Swedberg (1994), ilustra as diferenças entre a sociologia econômica e o *mainstream* da economia. Como coloca Granovetter (1985), o mercado anônimo dos modelos neoclássicos não existe na vida econômica e as transações de todos os tipos são efetivadas via conexões sociais.

A sociologia econômica oferece análises ao entendimento das relações entre empresas, pois parte do pressuposto que os atores são influenciados por outros atores e também pela sociedade. Nesse sentido, a sociologia econômica apresenta as bases conceituais e epistemológicas para a compreensão da complexidade dos sistemas interorganizacionais, redes e das formas de governança.

Parte da motivação em compreender a relação entre a ação econômica e a estrutura social está no trabalho de Granovetter (1985), que é quem utiliza o conceito de *embeddedness* para ilustrar o modo como as relações sociais condicionam o comportamento econômico e as instituições. O autor diferencia e critica duas concepções do homem econômico ou ator econômico, utilizando-se de dois conceitos: o primeiro é o *oversocialized*, o qual compreende os atores obedecendo a normas e valores que são consensualmente desenvolvidos pela socialização; o segundo é o *undersocialized*, o qual compreende que os atores não sofrem impacto da estrutura

QUADRO 3.1 Comparação entre a sociologia econômica e o mainstream da economia

	Sociologia econômica	Mainstream da Economia
Conceito do ator	O ator é influenciado por outros atores e este é parte de grupos e da sociedade.	O ator não é influenciado por outros atores ("individualismo metodológico").
Ação econômica	Muitos tipos de ações econômicas são usados, incluindo as racionais; racionalidade é uma variável.	Todas as ações econômicas são assumidas como racionais; racionalidade é assumida como verdadeira.
Limitação (*constrain*) da ação	A ação econômica é limitada pela escassez de recursos, pela estrutura social e pelo significado da estrutura.	A ação econômica é limitada pelos gostos e pela escassez de recursos, incluindo a tecnologia.
A economia com relação à sociedade	A economia é vista como uma parte integrante da sociedade. A sociedade é sempre a referência básica.	O mercado e a economia são as referências básicas. A sociedade é tratada como "dada".
Objetivo da análise	Descrição e explanação, raramente a predição.	Predição e a explanação; raramente a descrição.
Métodos utilizados	Métodos diferenciados são utilizados. Incluindo os estudos históricos e comparativos, os dados são frequentemente produzidos pelo analista ("dirty hands").	Formal, especialmente com a construção de modelos matemáticos ("clean models").
Tradição intelectual	Marx – Weber – Polayne – Schumpeter – Polayne – Parson- Smelser.	Smith – Ricardo – Mill – Marshall – Keynes – Samuelson.

Fonte: SmelserMELSER e SwedbergWEDBERG, 1994.

social ou das relações de produção, distribuição ou consumo. Granovetter (1985) critica ambas as concepções por considerar o caráter atomístico dos atores; assim, defende que os atores não decidem como átomos independentes e também não aderem inteiramente a normas implícitas, desconsiderando seus interesses. Na perspectiva do *embeddedness*, os atores têm uma ação intencional dentro do sistema de relações sociais (Granovetter, 1985). O autor destaca que a ação econômica e de resultados é afetada por pares de atores e pela estrutura geral da rede. Por isso, as análises posteriores de Granovetter enfatizam a estrutura e as relações como elementos fundamentais para se compreender sistemas políticos e econômicos.

Com base no trabalho de Granovetter, muitos outros autores, principalmente anglo-americanos, têm se debruçado no conceito de *embeddedness* para compreender um conjunto significativo de aspectos, entre eles: Uzzi (1997), Grabher (1993), Gnaywali & Madhavan (2001), Rowley, Behrens & Krackhardt (2000). A perspectiva do *embeddedness* busca demonstrar como a estrutura de troca nos mercados está embutida em processos sociais complexos (Dacin, Ventresca & Beal, 1999). Como destacado por Zukin & DiMaggio (1990), existem quatro tipos de *embeddedness*: político, cognitivo, cultural e estrutural. O *embeddedness* político observa os limites institucionais do poder econômico e dos incentivos; o cognitivo observa os processos da estrutura mental na lógica econômica; o cultural considera que as crenças e os valores suportam a ação econômica (Uzzi, 1996); e, por fim, o *embeddedness* estrutural preocupa-se com a qualidade das relações e posições na estrutura de conexões entre os atores. A questão do *embeddedness* (ou imersão) é um tema central no âmbito da teoria organizacional e tem elevada relação com os estudos das redes sociais. Em particular o *embeddedness* estrutural influenciou parte significativa da produção acadêmica dos estudiosos de redes sociais até os dias atuais.

3.3.2. Sociologia Estrutural, Teoria da Escolha Racional e Redes

Conforme explica Mizruchi (2009), Talcott Parsons sugere que a base da ordem social estava em crenças generalizadas compartilhadas (valores) e em expectativas de comportamento (normas). Tais valores e normas, segundo o modelo de Parsons, eram interiorizados predominantemente por meio da socialização na infância. À medida que essa socialização fosse bem-sucedida, a ação humana prosseguiria voluntariamente de acordo com os valores e normas sociais (Mizruchi, 2009).

Conforme explica o autor, a sociologia estrutural, com ênfase nas restrições e oportunidades da estrutura social e no comportamento, reduz a importância ou desconsidera totalmente o papel das normas interiorizadas. As pessoas podem se comportar de acordo com as normas, não por tê-las interiorizado, mas por temerem as sanções da estrutura social a que poderiam estar sujeitas.

Os teóricos da escolha racional também se preocupam com a dificuldade em distinguir entre a interiorização da norma e o medo da sanção. Como explica Mizruchi (2009), quando observamos os clientes de uma loja pagando por suas compras, abstendo-se do furto, não temos meios para saber se o fazem porque interiorizaram a norma de que furtar é errado ou porque apenas temem as consequências caso sejam flagrados por atores da estrutura social. Como é impossível distinguir empiricamente entre as duas hipóteses, e como até mesmo os teóricos normativistas reconhecem que a segunda hipótese também ocorre, os teóricos da escolha racional tendem a supor que é o medo da sanção, não a interiorização da norma, que move o comportamento normativamente prescrito.

Os teóricos da escolha racional, portanto, concordam com os teóricos estruturalistas sobre a influência da estrutura social no comportamento (Mizruchi, 2009). Conforme destaca o autor, as principais diferenças entre o modelo estrutural e o modelo de escolha racional são: 1) no primeiro, as preferências humanas são consideradas endógenas, ou seja, a formação das preferências é tida como algo a ser explicado; e 2) no segundo, a ação humana é compreendida como sendo afetada por estruturas sociais explicitamente definidas. Um interesse individual é uma preferência de um agente na ausência de restrições externas. Um interesse estrutural é uma preferência de um agente sujeito a restrições sociais, que pode diferir do que seria essa preferência se ausentes tais restrições.

Uma empresa, ao mudar o posicionamento em relação a uma questão política para agradar um cliente, fornecedor ou parceiro poderoso, revela um interesse na estrutura social como forma de recompor recursos para sua ação. Dessa forma, como explica Mizruchi (2009), a análise de redes "pode ser vista como arcabouço da sociologia estrutural. A sociologia estrutural é uma abordagem segundo as estruturas sociais, restrições e oportunidades são vistas como afetando mais o comportamento humano do que normas culturais".

Embora Mizruchi (2009) destaque a relação dos estudos de redes com a estrutura social, atualmente são crescentes os estudos sobre a relação entre redes e a cognição humana (Kilduff e Tsai, 2007). Esse campo de estudo é uma tentativa de construir pontes entre as perspectivas estruturalistas e as individualistas. Kilduff e Tsai (2007) citam como a teoria cognitiva das redes pode ajudar a compreender como as percepções individuais da estrutura social influenciam na composição das redes. Assim, destacam os mapas cognitivos e a acurácia cognitiva como elementos centrais para entendimento das percepções dos atores da rede.

A acurácia cognitiva foca na percepção da estrutura social das redes, no quanto os atores conseguem perceber como a estrutura social se formata. O mapa cognitivo é uma representação das relações dos sistemas de conexões, como exemplo a rede de amizades (Kilduff & Tsai, 2007). Então, há muitas lacunas na relação entre as teorias individualistas e as estruturalistas, e as redes cognitivas compõem uma ponte entre esses postulados. Esse fato chama a atenção quanto ao potencial do campo cognitivo, simbólico e estrutural nos estudos das redes e das organizações em geral.

3.4. Redes como forma de análise

Além da Sociologia Econômica, a rede como perspectiva analítica teve grande influência da antropologia e da sociologia, com o estudo das redes de afiliação (Powell & Smith-Doer, 1994). Os estudiosos buscavam compreender como os indivíduos são ligados uns aos outros, e como essas relações funcionam como um facilitador para as realizações e ainda como uma "cola" que proporciona ordem e significado para a vida social. A rede vem influenciando muitos estudos no âmbito da estratégia e da teoria das organizações.

A rede, como instrumento de análise, apoia-se na estrutura das relações para compreender uma ampla gama de aspectos. Nessa perspectiva, o ambiente social pode ser expresso como estruturas ou relações regulares entre as unidades (Wasserman

& Faust, 1994). As estruturas de relações podem ser econômicas, políticas, interacionais ou afetivas, entre outras formas. As relações são expressas por elos ou conexões *(linkages)* entre as unidades de análise (Wasserman & Faust, 1994). Através dos *linkages* fluem recursos materiais e não materiais, a interação física dos atores e as relações formais de autoridade. A Figura 3.1 ilustra os elementos morfológicos presentes na estrutura das redes. Conforme mencionado por Britto (2002), existem quatro elementos morfológicos que constituem a estrutura das redes: nós, posições, ligações e fluxos.

FIGURA 3.1 Elementos morfológicos das redes. Fonte: Britto, 2002.

Os **nós** podem ser descritos como um conjunto de agentes, objetos ou eventos presentes na rede em questão. Existem duas perspectivas para o estabelecimento dos nós da rede: a primeira tem as empresas como unidade básica de análise e a segunda considera as atividades como os pontos focais do arranjo. As **posições** definem as localizações das empresas ou atividades (os nós) no interior da estrutura. A posição está diretamente associada à divisão do trabalho dos diferentes agentes.

As **ligações,** conexões ou *linkages* determinam o grau de difusão ou densidade dos atores de uma rede. Britto (2002) destaca que nas redes de empresas é necessário um detalhamento dos relacionamentos organizacionais, produtivos e tecnológicos entre os membros da rede. Para o entendimento da estrutura de uma rede, ainda é necessária a análise dos **fluxos** tangíveis (bens, insumos e produtos) e intangíveis (informações) das **ligações**.

Ainda dentro desta análise estrutural, Britto (2002) destaca que os tipos e quantidades de ligações podem distinguir estruturas dispersas quando número de pontos inseridos é limitado, ou saturado, com alto número de ligações. Britto (2002) enfatiza que trabalhar com conceitos de rede envolve artifícios analíticos para compreensão de fenômenos, correlacionando elementos morfológicos como nós, posições, ligações e fluxos. O autor também menciona que o estudo analítico de rede está associado a abordagens da Economia Política Clássica, assim como a sociologia e a matemática, e enfatiza que trata-se de uma abordagem interdisciplinar. Para o autor, o conceito de rede para ciências exatas vem motivando o desenvolvimento instrumental, assim como para as ciências sociais vem motivando a importância das relações.

Também Waarden (1992) destaca sete dimensões das redes: (1) número e o tipo do ator, (2) estratégia dos atores, (3) regras de conduta, (4) institucionalização, (5) relações de poder, (6) função da rede e (7) estrutura da rede.

O número e o tipo dos atores são relevantes para os atributos das redes, pois representam as dimensões quantitativas e qualitativas dos atores. Essa variável envolve aspectos como necessidades, interesses, capacidade, recursos e desempenho.

Quanto à estratégia dos atores, Waarden (1992) destaca que os mesmos desenvolvem estratégias em relação aos outros atores da rede. Os atores podem utilizar ou criar redes para satisfazer suas necessidades, interesses e objetivos e para desenvolver estratégias para lidar com a interdependência.

As regras de conduta são caracterizadas pelas convenções e interações ou regras do jogo que governam as trocas. Essas surgem a partir do papel das percepções, atitudes e interesses dos participantes. As redes altamente institucionalizadas desenvolvem sua própria cultura e convenções. A institucionalização se refere à característica estrutural da rede e sua estabilidade. Maior é a institucionalização em redes fechadas, com alta intensidade e com simetria de relações.

As relações de poder são determinadas pela distribuição de recursos e necessidades entre os atores e pelas estruturas organizacionais de cada organização. O poder depende também do grau de centralização ou fragmentação.

A função da rede depende das intenções, necessidades, recursos e estratégias dos atores envolvidos. Segundo Waarden, o conceito de função representa uma ponte entre a estrutura e o ator da rede.

A estrutura representa a forma de relação entre os atores. A dimensão estrutural comporta algumas variáveis importantes: tamanho da rede, limites da rede (restrita ou acessível), estrutura das conexões (caótica ou ordenada), intensidade ou força da relação (frequência e duração da interação), densa ou múltipla, simetria ou reciprocidade da interconexão, tipo de coordenação, centralidade, grau de delegação, natureza das relações (conflitiva ou cooperativa).

Nesse sentido, a análise de redes envolve artifícios analíticos para compreensão da característica dos elementos morfológicos como: nós, posições, ligações e fluxos (Britto, 2002), além dos elementos apresentados por Waarden (1992). Para o autor, "nós" são unidades básicas da rede, os quais podem adotar uma posição privilegiada na estrutura por meio dos relacionamentos com outros atores da rede. Esses elementos baseiam a análise morfológica das redes, sejam em um nível intraorganizacional, seja interorganizacional, pois, conforme explica Lazzarini (2008), o estudo de redes tem foco em dois níveis de análise: 1) *interorganizacional* – redes com base no relacionamento entre empresas ou organizações de forma geral e 2) *intraorganizacional* – redes de indivíduos dentro das organizações. Esse amplo escopo analítico abre muitas frentes de estudos das redes e das formas de governança.

A Figura 3.2A ilustra como a estrutura de liderança está esparsa (com baixo grau de centralização – indice de 0.28, medido de 0 a 1), indicando a ausência de líderes informais na estrutura da rede. Na Figura 3.2B vê-se que o grau de centralização cresceu (com um índice de 0.45) em um segundo momento da coleta de dados, conferindo um estudo longitudinal ao longo dos sete meses seguintes.

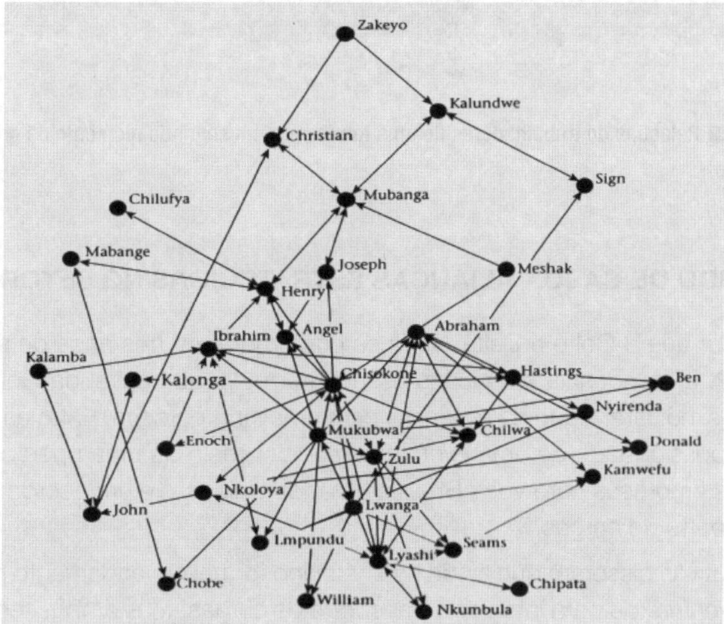

FIGURA 3.2A Relações dos trabalhadores de uma fábrica em um primeiro momento
(In: Kilduff e Tsai, 2003)

Esse aumento de centralização foi fortemente motivado pela influência da liderança e do poder dos líderes. Então, do período 1 para o 2, os trabalhadores foram mais associados por um certo grau de interação social. Esse capital social foi determinante para a ação de uma greve reivindicando melhores condições de trabalho (Scott, 2000; Kilduff & Tsai, 2003).

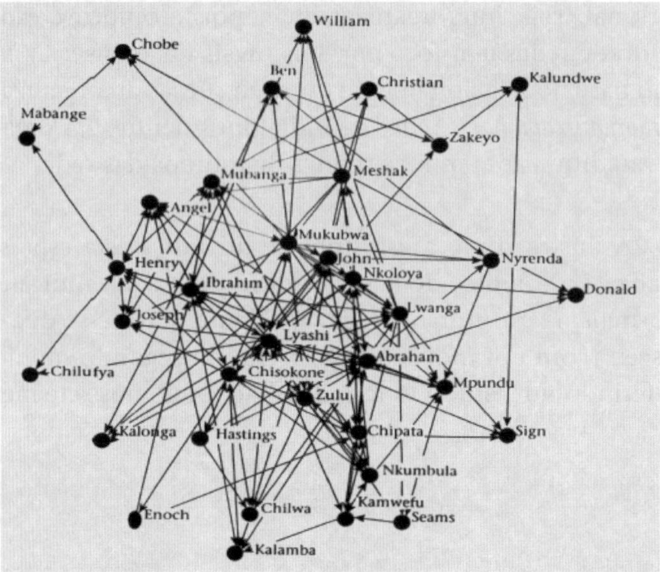

FIGURA 3.2B Relações do trabalhadores de uma fábrica em um segundo momento de greve

(In: Kilduff e Tsai, 2003)

ESTUDO DE CASO – ALIANÇAS ESTRATÉGICAS NO SETOR AÉREO

No dia em que a Gol e a Delta Air Lines comemoraram três anos de sociedade – em 2012, a companhia americana assumiu em 3% do capital da Gol –, as duas empresas indicaram que há potencial para ampliar a parceria. Entre as alternativas estão a possibilidade de uma *joint venture* – por meio de uma operação conjunta das duas empresas para voos Brasil e Estados Unidos – e um acordo operacional no transporte de cargas.

Os executivos disseram que ainda não há plano formal em andamento para criação de *joint venture* ou para integrar o transporte de cargas. Mas ambos reconheceram que existem potenciais possibilidades.

Os governos do Brasil e dos Estados Unidos assinaram um acordo de "céus abertos" em 2011. A partir de outubro no mesmo ano, o programa entra em sua última etapa, que flexibiliza totalmente o acesso das companhias aéreas americanas e brasileiras às rotas que ligam os dois países.

O diretor de relações internacionais da Gol, Alberto Fajerman, afirma que o acordo assinado com a Delta há três anos foi um marco na estratégia internacional da Gol. Segundo ele, atualmente 30% do tráfego da Delta gerado no Brasil é de passageiros captados pela companhia aérea brasileira. O diretor da

Delta afirmou: "O Brasil é o nosso quarto maior mercado no mundo por causa da Gol."

As receitas da Gol geradas nas rotas compartilhadas com a Delta cresceram 80% em três anos. Atualmente, 12% do faturamento da companhia, de R$10 bilhões em 2014, são provenientes de voos internacionais ou acordos com empresas aéreas estrangeiras. A meta da Gol é elevar essa fatia para 18% até 2017.

O diretor da Delta afirma que a decisão de cortar em 15% a oferta de capacidade para o Brasil este ano não vai afetar a parceria com a Gol.

A Delta informou que vai reduzir a oferta nas rotas internacionais em 3% para amenizar o efeito negativo da depreciação de várias moedas ante o dólar, evento que reduziu a receita nos voos internacionais.

Os executivos da Gol e da Delta enxergam outras alternativas de potenciais oportunidades para aproveitar a sociedade, caso do setor de transporte de cargas. Ontem (28/04/2015), a Gollog, unidade de transporte de cargas da Gol, anunciou acordo com a Air France-KLM para venda de serviços de carga. Assim como a Delta, a empresa europeia é sócia da Gol, com 1,5% do capital da empresa.

Em 2014, a Gol faturou R$1,2 bilhão de cargas, 12% da receita da companhia. A Delta faturou US$ 934 milhões nesse segmento, ou seja 2,3% do faturamento.

3.5. Redes: estrutura e relações

Um dos níveis de análise de redes envolve a posição do ator e as características da estrutura e das relações da rede. A análise posicional considera os aspectos estruturais e relacionais das redes. Qualquer tipo de rede encerra uma estrutura e determinadas relações entre os atores.[3] A presença de regularidades nas relações é denominada estrutura (Wasserman & Faust, 1994). A análise posicional das redes tem grande contribuição do conceito de *embeddedness*. Segundo Granovetter (1985), existem dois tipos de *embeddedness*: o estrutural e o relacional. O primeiro enfatiza como a posição estrutural de um ator na rede afeta o seu comportamento e o segundo, o relacional, enfatiza a dependência do comportamento dos atores com a estrutura de mútuas expectativas. Também Rowley, Behrens & Krackhardt (2000) explicam o conceito de *embeddedness* por intermédio de duas perspectivas. O *embeddedness estrutural* – através da *perspectiva das posições* – enfatiza o valor informacional da posição estrutural que o parceiro ocupa na rede. O *embeddedness relacional* – através da *perspectiva da coesão* – emprega o papel dos elos coesivos diretos como um

[3] Conforme a definição do Dicionário Aurélio (Holanda, 1988, p. 279), "estrutura" é definida como a "disposição e ordem das partes de um todo" e relações como "referência, ligação, vinculação" ou o "conhecimento recíproco e/ou convivência entre pessoas".

mecanismo de ganhar informações refinadas, confiança, legitimidade e consenso. O *embeddedness* estrutural e o relacional funcionam como um elemento de controle em termos do comportamento e cooperação dos parceiros de uma aliança (Rowley, Behrens & Krackhardt, 2000).

A estrutura contém canais nos quais os atores trocam bens e serviços, transferem recursos e informações. Estão também presentes na estrutura as relações de poder, a confiança, o oportunismo, o controle social, os sistemas de alinhamento de interesses, as formas de negociação e as formas de seleção de parceiros, entre outros aspectos. Embora a estrutura e as relações sejam conceitos empregados em diferentes níveis de análise das redes, ambos são complementares para se entender a dinâmica das trocas entre os atores econômicos.

O posicionamento estrutural e relacional dos atores em uma determinada rede compreende diferentes configurações possíveis dos processos de troca. É possível participar de uma rede altamente conectada (densa) com relações de longo prazo, mas também é possível participar de uma rede difusa e conseguir informações novas. Dimensionar essas propriedades permite compreender qual é o posicionamento estrutural e relacional mais adequado ao contexto de uma organização. Assim, esses conceitos são essenciais para o estudo das redes de fornecimento e as respectivas formas de coordenação.

Posicionamento estrutural – O posicionamento estrutural de um ator varia entre a rede densa e a rede difusa (*continuum estrutural*).

Uma propriedade estrutural da rede é a sua densidade. O conceito de densidade é entendido pela intensidade da conexão entre os atores da rede – quanto maior o número de laços entre os atores de uma rede, maior a densidade (Gnyawali & Madhavan, 2001). Os autores definem três características das redes densas: (1) facilitam o fluxo de informação e outros recursos; (2) funcionam como sistemas fechados de confiança e normas divididas, em que as estruturas de comportamento padrão se desenvolvem mais facilmente; (3) facilitam a atribuição de sanções.

As redes difusas originam-se quando o grau de interconexão é relativamente menor. Um dos aspectos positivos das redes difusas para o desempenho das firmas está associado ao acesso às novas informações, pelo caráter não redundante das relações.[4]

A Figura 3.3 ilustra um ator central em uma rede difusa e em uma rede densa. O grau de interconexão das relações é ilustrado pelos traços mais espessos nas redes densas.

---

[4] Relações não redundantes caracterizam-se pela presença de informações novas e não dominadas pelos atores. Logo, as relações redundantes caracterizam-se pela presença de informações amplamente dominadas pelos atores.

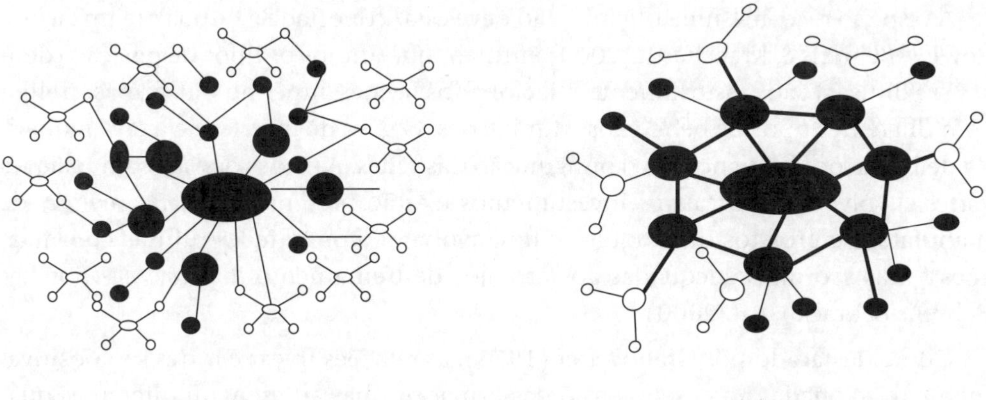

FIGURA 3.3 Rede difusa e a rede densa.

Posicionamento relacional – Uma das formas de se entender o posicionamento relacional é pela coesão das relações entre os atores.

A coesão das relações é uma propriedade relacional dos pares de atores de uma rede e pode ser compreendida pela intensidade do relacionamento (forte ou fraco, estratégia de saída ou diálogo, relações de longo prazo etc.). A coesão tem relação com a densidade, embora haja uma grande confusão dos termos. A densidade é uma variável da estrutura geral da rede, já a coesão é uma variável relativa às relações entre os pares de atores da rede. Mesmo que a coesão seja fundamental para a maior densidade de uma rede, é possível que haja também relações coesas dentro de redes difusas. Na visão de Rowley, Behrens & Krackhardt (2000), a densidade e a coesão devem ser tratadas conjuntamente, uma vez que a intensidade de relacionamento (forte ou fraco) depende da estrutura da rede (densa ou difusa). Nas relações interorganizacionais, por exemplo, a estrutura pode ser compreendida pelo grau de densidade da rede e as relações podem ser compreendidas pelo grau de coesão entre os pares de atores.

Estruturalmente, as redes podem ser densas ou difusas e, relacionalmente, as redes podem ter conexões fortes ou fracas (*"strong or weak ties"*). Conexões fortes e redes densas são mais vantajosas em ambientes estáveis e conexões fracas, e redes difusas são mais benéficas em ambientes incertos (Rowley, Behrens & Krackhardt, 2000). Isso porque as conexões fortes e as redes densas são associadas à troca de informações refinadas e à confiança, enquanto as conexões fracas e as redes difusas são associadas às novas informações.

Uma pergunta no mínimo instigante: **qual é a melhor forma de se conectar a uma determinada rede?** Rowley, Behrens & Krackhardt (2000) destacam que a posição de um ator é dependente do contexto da indústria.

A respeito de como uma organização deve estar conectada a outras organizações, Rowley, Behrens & Krackhardt (2000) afirmam que ambos os tipos de posição (densas ou difusas) são positivamente relacionados ao desempenho das firmas, porém com diferentes tipos de benefícios e limitações. O grau de incerteza e a taxa requerida de inovações influenciam a configuração das redes. As redes densas com relações fortes envolvem significativos investimentos e estão presentes nas *joint ventures* de manufatura e projetos de pesquisa e desenvolvimento. As redes difusas com relações fracas são mais adequadas aos arranjos de treinamento e *marketing* (Rowley, Behrens & Krackhardt, 2000).[5]

Como destacado por Granovetter (1973), as relações fracas e fortes são positivamente relacionadas ao desempenho das firmas. Ambas apresentam diferentes qualidades e são vantajosas para diferentes propósitos. As relações fortes, por exemplo, são mais adequadas às indústrias de aço, por apresentarem relativa estabilidade. As relações fracas são adequadas às indústrias de semicondutores, por apresentarem elevada dinâmica e assim propiciarem maior acesso às novas informações (Rowley, Behrens & Krackhardt, 2000).

A estruturação da rede de relações passou a ser uma questão estratégica relevante, mas extremamente complexa. Se uma organização estiver muito embutida (*overembedded*) em uma rede de relações, a adaptação à dinâmica ambiental se torna mais difícil, restringindo o acesso desse ator às novas oportunidades e às informações (Uzzi, 1997). Segundo o autor, essa questão leva a um paradoxo, pois as mesmas relações fortes e coesas que levam uma organização a se diferenciar de outras organizações na arena competitiva podem reduzir a capacidade de adaptação.

A rede muito embutida (*overembedded*) tem relações fortes e coesas com todos os níveis de fornecedores. Já a rede pouco embutida (*underembedded*) tem relações de mercado[6] com todos os níveis de fornecedores. A rede integrada, segundo Uzzi (1997), seria a maneira ótima de configuração de uma rede de fornecedores, pois combina relações coesas e relações de mercado. Na rede integrada não há uma dependência exclusiva de poucos fornecedores e ainda há possibilidades de receber informações não redundantes. Conforme destacado por Uzzi (1997), o grau em que as relações fortes e fracas facilitam a ação econômica depende da qualidade das conexões, da posição e da arquitetura de rede.

---

[5] Por necessitarem de maiores investimentos, cooperação, troca de informações, confiança entre outros aspectos, as *joint ventures* de manufatura, os projetos de pesquisa e desenvolvimento, os consórcios entre outros arranjos são denominados de redes densas. Já as trocas nas redes difusas envolvem menor intensidade de relacionamento e estão presentes nos arranjos de treinamento e de *marketing*, nas redes competitivas, entre outros arranjos.

[6] Relações no mercado de commodities "em que os negócios se realizam com pagamento à vista e entrega imediata de mercadorias" (Sandroni, 1996, p. 316). Nas redes *underembedded* as relações são caracterizadas pela baixa intensidade de relacionamento.

A Figura 3.4 ilustra essa situação através dos tipos de estrutura de rede que uma organização pode estar conectada. Cada rede é composta por um contratante (firma focal) que está ligado aos fornecedores de primeiro e de segundo nível. As linhas espessas representam um maior grau de reciprocidade, confiança, troca de informações refinadas etc., presentes nas relações fortes e coesas.

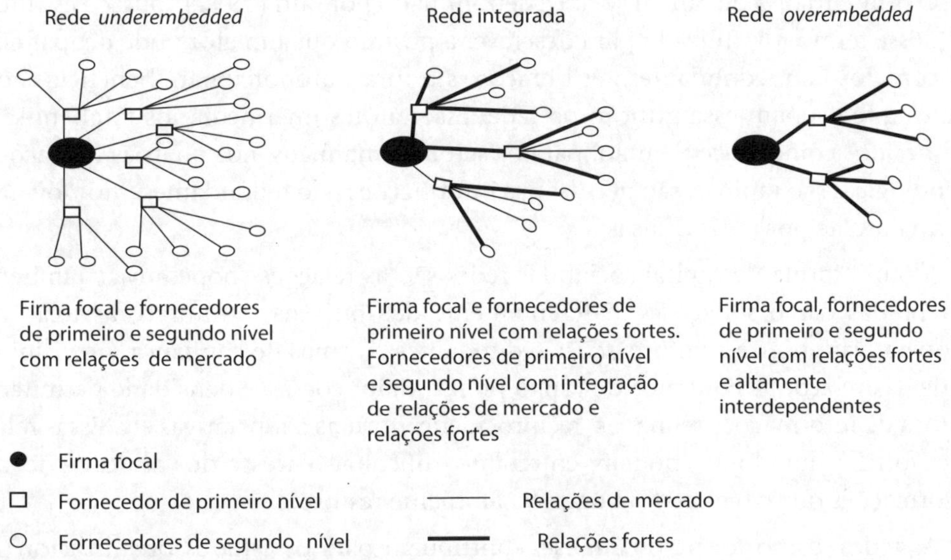

FIGURA 3.4 **Tipos de estrutura de rede e suas respectivas conexões.**
Fonte: Uzzi, 1997.

As relações densas e difusas são denominadas por Burt (1992) capital social. Segundo o autor, a arena competitiva tem uma estrutura social: atores confiando em outros atores, obrigados a suportar outros, dependentes de trocas com outros. Cada ator tem suas redes de contatos. A posição ocupada por um ator, na estrutura social da arena, proporciona vantagens competitivas e altas taxas de retorno no investimento.

O capital social é ainda mais importante quando há competição imperfeita e o capital de investimento é abundante. Sob a competição perfeita, o capital social é uma constante na equação da produção. Quando a competição é imperfeita, o capital é menos móvel e exerce um papel mais complexo na equação da produção.

Questões empíricas dessa linha de trabalho voltam-se à magnitude de associações entre recursos de contato e o próprio recurso do ator e às variações nas associações por tipos de relações (Burt, 1992). Evidências empíricas são fartamente disponíveis. As pessoas desenvolvem relações com pessoas similares ou com as quais elas se identificam. Existem razões óbvias para isso, as pessoas socialmente similares passam o tempo nos mesmos lugares e as relações entre elas assim emergem. Além disso, as pessoas socialmente similares têm mais interesses em comum e, assim, as relações são mantidas. A opinião e os recursos de um indivíduo estão relacionados às opiniões e aos recursos de seus contatos estreitos (Burt, 1992).

O primeiro tipo de capital social é denominado por Burt (1992) "buraco estrutural". Esse termo foi utilizado para descrever a posição que um ator pode ocupar entre contatos não redundantes. Os buracos estruturais proporcionam benefícios aos atores que ocupam essa posição na rede. Esses atores intermediários também são conhecidos como *brokers*. Então, para os setores dinâmicos, nos quais as inovações tecnológicas são rápidas, são necessárias informações não redundantes, promovidas normalmente por redes difusas.

A outra forma de capital social das redes são as relações cooperativas, também entendidas como *strong ties*. Diferentemente dos buracos estruturais, as relações cooperativas encerram informações redundantes, normas de confiança, previsibilidade das relações e contratos de longo prazo. Maior coesão e densidade permitem a troca de informações refinadas, reciprocidade, normas cooperativas etc. Essas relações fortes e duradouras podem, entretanto, dificultar o acesso dos atores às novas informações que circulam fora daquele ambiente restrito.

As redes, como forma de análise, contribuem para os estudos organizacionais ao permitir o entendimento da qualidade e da natureza das relações entre organizações; já as redes como forma de governança se apresentam como uma estratégia para lidar com incertezas, inovações tecnológicas e a exploração de novos mercados.

3.6. Propriedades das redes

Na análise das redes, existem diversas propriedades estruturais que auxiliam os analistas a estudar padrões presentes nas complexas estruturas de relacionamentos entre atores. Essas propriedades geram benefícios e/ou restrições para os atores da rede. As propriedades estruturais colocadas por Wasserman & Faust (1998) são: centralidade, equivalência estrutural, autonomia estrutural, densidade e coesão. Também Lazzarini (2008) adiciona a centralização e fragmentação no nível da rede. As propriedades variam ainda de acordo com o nível de análise: atores, pares de atores, redes e grupos. Para facilitar a leitura dos níveis de análise as propriedades estão ilustradas no Quadro 3.2 conforme o nível de análise entre: atores, pares de atores e a estrutura da rede como um todo. Também o quadro define e explora alguns efeitos das propriedades.

QUADRO 3.2 Propriedades e nível de análise das redes

Propriedades	Nível de análise	Definição	Efeitos
Centralidade	**Ator**	Ator centraliza as relações com os outros atores da rede (posição estratégica). Centralidade de grau, intermediação e proximidade.	Acesso a recursos externos, informações, *status* e poder
Autonomia e buraco estrutural	**Ator**	O ator ocupa um buraco estrutural entre dois atores com quem está conectado.	Aumenta os benefícios da informação (*broker*), recursos, controle dos atores e *status*.
Equivalência estrutural	**Pares de atores**	Estruturas de relações dos atores têm similares dentro da rede.	Atores tendem a ter comportamentos similares (ativos, informações e *status* similares) e simétricos.
Coesão	**Pares de atores**	Intensidade do relacionamento entre parede de atores (forte ou fraco). Interações frequentes com comprometimento de recursos.	Relações coesas estão relacionadas ao ganho de informações refinadas, conhecimento tácito, controle social e reciprocidade.
Densidade	**Rede**	É a extensão da interconexão entre os atores da rede. Quanto mais atores estão conectados entre si, maior a densidade.	Facilita o fluxo de informações e recursos. Sistema fechado de confiança e normas compartilhadas. Facilita a atribuição de sanções.
Centralização	**Rede**	Atores centrais interligam diversos outros atores.	Rede com atores mais centrais com acesso a recursos externos, informações, *status* e poder.
Fragmentação	**Rede**	Rede com diferentes subredes desconectadas umas às outras.	Atores podem ocupar posições de intermediação ou maior coesão local na rede ou subrede.

Os itens a seguir definem as propriedades de acordo com o nível de análise destacado no Quadro 3.2.

3.6.1. Nível de análise: atores

As métricas de redes associadas ao nível dos atores são também chamadas de indicadores posicionais (Lazzarini, 2008). Os atores, então, ocupam posições na estrutura da rede capazes de gerar algum tipo de vantagem relativa a informações, recursos, poder, legitimidade, entre outros benefícios. A seguir, são exploradas algumas dessas propriedades relativas à posição dos atores.

Centralidade de grau

Existem três medidas de centralidade: i) centralidade de grau *(degree)*; ii) centralidade de proximidade *(closeness)*; e iii) centralidade de intermediação *(betwenness)*.

Na centralidade, também conhecida em análise de redes sociais de centralidade de grau, um ator centraliza a relação com outros atores da rede, então pode dispor de um grau maior de centralidade. O grau de centralidade consiste no número de ligações ou laços com os outros atores (Lazzarini, 2008). Assim, esse ator tem acesso a recursos, poder e informações etc.

Conforme explica Mizruchi (2009) na década de 80 e meados da década de 90 do século XX vários estudiosos enfatizaram pesquisas sobre a relação centralidade e poder. Entretanto, embora diversos estudos demonstrem relação entre centralidade e poder, essa associação é mais complexa do que sugerem os primeiros estudos (Mizruchi, 2009). Para essa constatação, o autor cita os trabalhos que destacam a existência de "agentes de elevada centralidade local", conforme ilustrado na Figura 3.5.

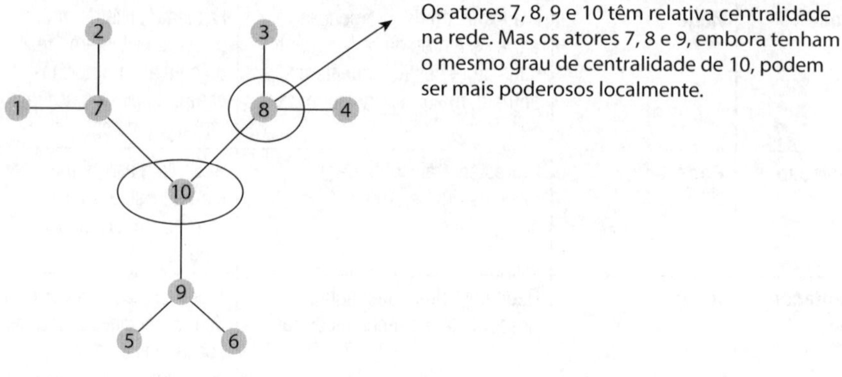

FIGURA 3.5 Agentes de elevada centralidade local.

Fonte: Mizruchi, 2009

Bonacich observou que o poder está também associado à capacidade dos agentes em terem ligações periféricas. Isso denota que algumas situações de centralidade e poder não estão totalmente correlacionadas (Mizruchi, 2009). Por esse fato, as medidas de centralidade também passaram a incorporar a proximidade e a intermediação como posições muito influentes, além do grau de centralidade. A Figura 3.6 ilustra o fluxo de transações de metais e a posição relativa dos atores. Os atores mais centrais, como Itália, Japão entre outros mais centrais, são aqueles com grau de centralidade maior do que os atores dispostos nas margens da rede (Nooy; Mrvar; Batagelj, 2005).

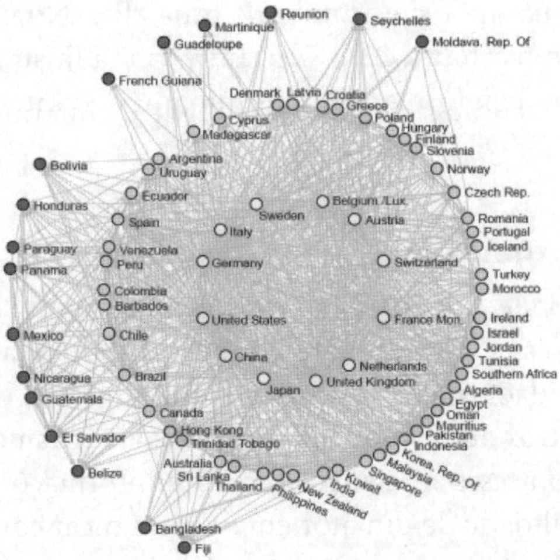

FIGURA 3.6 Fluxo de transações de metais e a posição relativa dos atores.

Fonte: Nooy, Mrvar, Batagelj, 2005

A Figura 3.7 ilustra uma rede de afiliação entre os executivos de empresas e organizações, através de uma técnica chamada análise de correspondência. A Figura 3.7 ilustra como certo grupo de executivos está ligado por meio de clubes e conselhos de empresas.

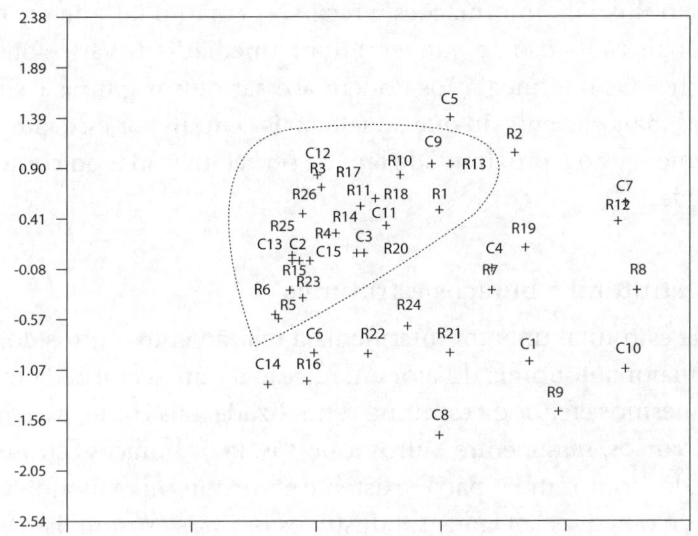

FIGURA 3.7 A estrutura social dos executivos e seus clubes.

(In: Kilduff e Tsai, 2003)

O centro da figura compõe a estrutura de uma elite. No centro há atores como R4 e R14 que atendem os clubes C3 e C15. Essa é uma ilustração de como atores e grupos mais centrais podem formar elites dominantes no interior da estrutura social (Kilduff & Tsai, 2003).

Centralidade de Proximidade

Em relação à proximidade, um ator é tão mais central quanto menor for o caminho (número de laços) a ser percorrido para alcançar os outros atores da rede (Mizruchi, 2009). A proximidade mede a distância que um ator está de outros. Atores mais próximos de outros atores podem desfrutar dos mesmos benefícios do grau de centralidade, como acesso a recursos, poder e informações etc. A proximidade também reflete na facilidade de um ator em se comunicar com outros sem precisar de intermediários, compartilhando a informação diretamente com outros membros da rede. Quanto mais alto for o grau de proximidade, melhor será o acesso a alguns tipos de recursos dentro da rede (Mizruchi, 2009).

Centralidade de Intermediação

A centralidade de intermediação é medida pelo potencial de os atores intermediarem relações com outros atores. Esse tipo de centralidade avalia o grau em que determinado ator interliga outros atores da rede (Lazzarini, 2008). Essa intermediação facilita o fluxo de informações e recursos, então o fato de ser mais central pode não ser mais vantajoso do que ser um intermediário de vários outros atores e grupos de atores. Os intermediários podem acessar outros grupos e subgrupos da rede de formas mais eficiente do que aquele mais central. Por esse fato, as medidas de grau, intermediação e proximidade têm de ser relativizadas ao contexto e recursos de cada rede.

Autonomia estrutural e buracos estruturais

Na autonomia estrutural um ator intermedia a relação entre outros dois atores, resultando em maior autonomia do ator em relação a outros atores da rede. Essa posição gera os mesmos efeitos da estrutura centralizada, tais como: acesso a informações, poder, recursos, *status*, entre outros aspectos. Já os buracos estruturais podem ser caracterizados como "um espaço" existente entre dois ou mais atores da rede. De forma simples e objetivas, a Figura 3.8 ilustra os buracos estruturais. Os estudos de Cook et al. e Marsden também sugerem que a relação centralidade e poder é afetada por redes "positivamente e negativamente" conectadas (Mizruchi, 2009). Exemplo de uma rede negativamente conectada na figura a seguir.

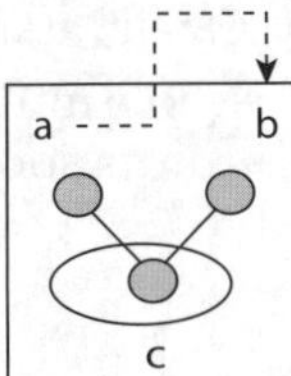

Por vezes, atores não conseguem se relacionar com outros, devido à presença de outros, que impossibilitam ou mesmo restringem tais associações. Como no caso ao lado em que o ator A para se relacionar com B tem necessariamente de acessá-lo através do ator C.

FIGURA 3.8 Rede negativamente conectada.

Verifica-se nesse caso que ambos os atores desempenham a mesma influência dentro da rede, dessa forma, por exemplo, se o ator A buscar influenciar ou realizar trocas com o ator C e essa relação não for bem-sucedida, os atores B ou C podem se fechar ao ator A isolando o ator.

Agora, considera-se que A e B não têm contato algum diretamente, por exemplo. Nessa rede o ator C apresenta vantagem em sua posição, ele tem duas opções de realizar trocas, enquanto os atores A e B, apenas uma.

Redes reais, em geral, dispõem de um número maior de atores, estas quando crescem, porém, dificilmente mantêm a sua medida de densidade, ou seja, a densidade diminui enquanto os buracos estruturais aumentam (Mizruchi, 2009). Como e onde esses buracos estão distribuídos pode se dar de forma bem desigual, não havendo uma regularidade ou um padrão para tal ocorrência, variando de rede para rede. A Figura 3.9 ilustra as redes de amizades entre alunos. Conforme resultados do estudo de Newman (2003), a principal forma de divisão da rede é a raça. Então formam-se as comunidades, os grupos inseridos em uma rede. Entretanto, a figura ilustra atores intermediando os grupos e ocupando os buracos estruturais presentes na rede.

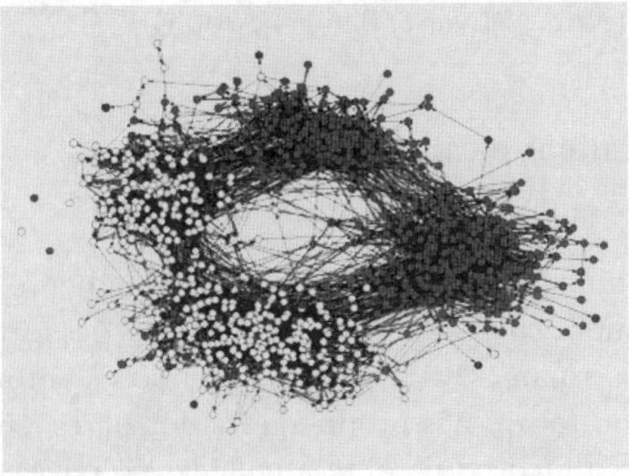

FIGURA 3.9 Estrutura de rede complexas.

Fonte: Newman, 2003.

Também a Figura 3.10 representa uma estrutura social. A Norm e o Ozzie, assim como o Bob, estão ocupando buracos estruturais entre grupos. Essa posição é muito importante por conferir poder ao ator intermediário.

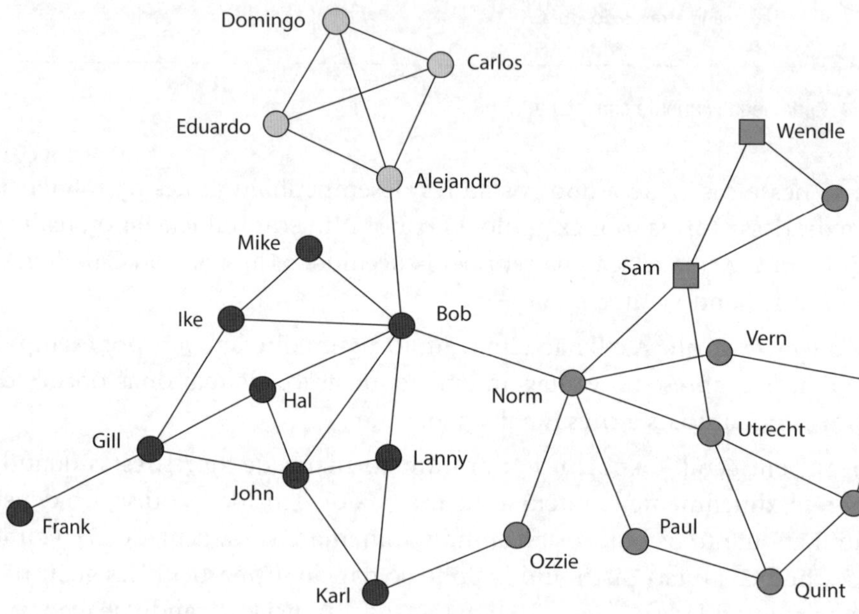

FIGURA 3.10 Estrutura de comunicação dos trabalhadores em um momento de greve.

Fonte: Nooy, Mrvar, Batagelj, 2005.

A Figura 3.10 ilustra as estruturas de comunicação entre trabalhadores em um momento de greve e como certos atores ocupam posições intermediárias, também chamados de *brokers*.(Nooy, Mrvar & Batagelj, 2005).

3.6.2. Nivel de análise: pares de atores

Coesão

A coesão é compreendida pela intensidade do relacionamento (forte ou fraco) entre pares de atores. Os grupos coesos são aqueles com relações fortes, intensas, frequentes ou positivas (Wasserman & Faust 1994). Segundo os autores as relações coesas em redes de um-modo focam nas propriedades dos pares, enquanto a coesão em redes de dois-modos o foco recai sobre atividades coletivas, também conhecidas como as redes de afiliação. As redes mais coesas apresentam padrões de homogeneidade maior, afetando o comportamento dos atores. Conforme explicam Wasserman e Faust (1994), há quatro propriedades dos subgrupos coesivos: 1) mutualidade dos laços, ocorre quando todos os laços escolhem uns aos outros; 2) a proximidade dos membros do subgrupo e a facilidade de contato entre os membros; 3) a frequência dos laços dos membros e 4) a frequência dos laços entre os membros do subgrupo, comparado aos não pertencentes ao subgrupo. A mutualidade Assim, as relações coesas estão relacionadas ao ganho de informações refinadas, conhecimento tácito, controle social e reciprocidade.

Equivalência estrutural

Na equivalência estrutural dois atores ocupam posições similares na estrutura da rede. Esses métodos também são referenciados como posicionais, papéis e abordagens relacionais (Wasserman & Faust, 1994). Em geral esses métodos buscam representar estruturas de redes para revelar um subconjunto de atores similares dentro de uma estrutura de relações. Na definição de Wasserman e Faust (1994), dois atores são equivalentes se têm laços idênticos entre os atores de uma determinada rede.

Os modelos posicionais baseiam-se em técnicas de matriz algébrica. Seu foco é na identificação de agentes estruturalmente equivalentes,[7] pares de agentes ligados aos mesmos terceiros. Os *blockmodels* são "técnicas de utilização de matriz de representação binária de matrizes relacionáveis", que possibilita a medida da equivalência estrutural (introdução de White, Boorman e Breiger em 1976). Para White, Boorman e Breiger, *blockmodel* é um modelo que apresenta características gerais, tanto os laços entre posições como as informações sobre atores individuais. Baseia-se em duas premissas: (a) uma partição de atores em uma rede são chamadas de posições; (b) para cada par de posições é estabelecida a presença ou abstenção de um laço entre as posições (Wasserman & Faust, 1994). Existem três formas de leitura de blocos (Wasserman & Faust, 2004): por meio da validação do *blockmodel* feito com base nos atributos dos atores; pela descrição das posições individuais; e pela descrição do *blockmodel* como um todo.

- Os modelos de equivalência estrutural levam a duas interpretações:
  - Agentes estruturantes equivalentes têm maior chance de se apresentarem parecidos, em consequência das fontes disponíveis serem comuns;
  - Agentes estruturantes equivalentes têm tendência a imitações por causa do fator competitividade.

---

[7] Equivalência estrutural é uma medida que possibilita delimitar a rede em blocos distintos, cujos componentes têm ligações comuns com outros sistemas. Wasserman & Faust (1994) relatam que a lógica de uma rede possibilita enxergar que dois elementos perfeitamente equivalentes sejam perfeitamente substituíveis.

3.6.3. Nível de análise: rede

Densidade

A densidade está associada à existência (ou não) do número de ligações observados na estrutura, comparativamente com o número máximo de ligações que pode ocorrer no interior da rede. A densidade facilita o fluxo de informações e recursos, exerce um sistema fechado de confiança e normas compartilhadas e ainda facilita a atribuição de sanções. Conforme explica Lazzarini (2008) o número máximo de laços é dado pela fórmula N(n-1)/2. No caso de uma rede de quatro atores, o número máximo de laço que pode ser estabelecido na rede é 4 (4-1)/2= 6.

A análise das redes permite também a análise de níveis distintos: do ator, das relações ou da estrutura. A partir dessa matriz várias propriedades são medidas na rede. A Figura 3.11 ilustra uma rede hipotética com elevado grau de densidade.

A Figura 3.11 ilustra como o conhecimento (como tecnologias e know how) foi fortemente transmitido entre as 36 unidades de negócios de uma empresa do setor alimentício (Kilduff & Tsai, 2003). Essa empresa tem 14 unidades de negócios gerenciadas por membros da família, representados pelos quadrados no grafo. As circunferências são unidades dirigidas por membros de fora da família.

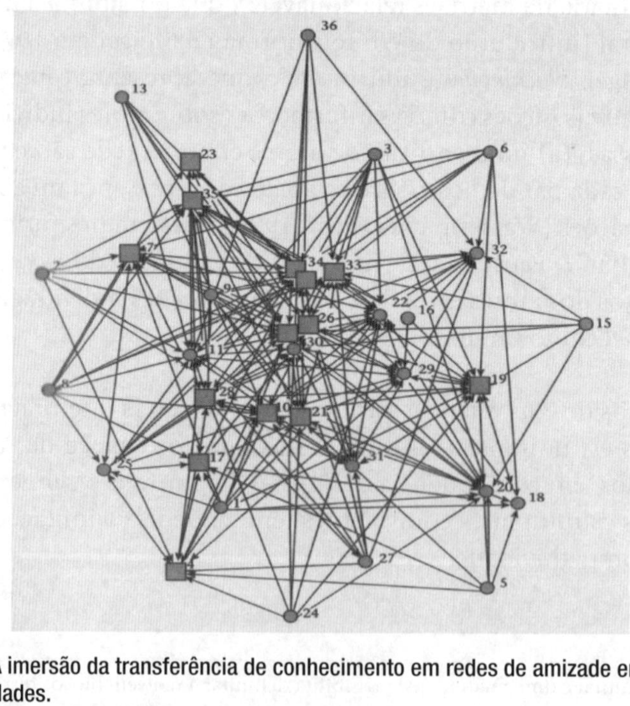

FIGURA 3.11 A imersão da transferência de conhecimento em redes de amizade em uma empresas com múltiplas unidades.

(In: Kilduff e Tsai, 2003)

O estudo de Kilduff e Tsai (2003) ilustra como os membros da família formam uma espécie de grupo (cluster) no centro da rede de transferência de conhecimento. Essas unidades da família tendem a favorecer um e outro com novos conhecimentos e também tendem a receber conhecimento de unidades não dirigida pelos membros da família. Assim, o estudo é concluído relatando que a transferência de conhecimento está fortemente associada às relações de amizade e à estrutura social (Kilduff; Tsai, 2003). Como destacado pelos autores, algumas empresas têm uma certa confiabilidade desconexas quando organizações falham em desenvolver laços de confiança.

Conforme explica o autor, as redes densas permitem aos atores aplicar sanções coletivas. Se alguém age de maneira errada, a informação fluirá entre os diversos atores e permitirá a exclusão do malfeitor. Um grupo no qual as pessoas têm laços umas com as outras facilita a comunicação entre elas e ajuda a criar uma cultura baseada em normas e valores coletivos (Lazzarini, 2008).

3.6.4. Cliques e subgrupos

Marsden demonstra que o poder dos agentes centrais depende da capacidade de formar coalizões. Existem diversas inferências a serem feitas com relação a uma posição de um agente ou ator, reforçando que o seu comportamento de um ator depende da localização estrutural (Mizruchi, 2009).

Os cliques são considerados subgrupos dentro de uma rede. São atores densamente conectados ou com a maioria dos agentes diretamente ligada entre si (Mizruchi, 2009). Pode indicar grupos fechados, que mantém fortes ligações, de forma a haver certa resistência à entrada de novos atores no subgrupo em questão, indicando espécie de "panelinhas".

Área importante da análise das redes é a identificação de subgrupos da rede. A maioria das análises operou dentro de duas grandes tradições que Burt (1992) intitulou "relacional" e "posicional". Os modelos relacionais baseiam-se em técnicas gráfico-teóricas com destaque para a identificação de "cliques", que são regiões altamente conectadas das redes em que a totalidade (ou maioria) está ligada entre si. Para Marteleto (2001), "em qualquer rede social, alguns elos mantêm relações mais estreitas ou mais íntimas, e estes são denominados de cliques", que Emyrbayer define como "grupo de atores no qual cada um está direta e fortemente ligado a todos os outros". Cliques podem representar uma instituição, um grupo específico e até mesmo identificar a movimentação em torno de um determinado problema. (Marteleto, 2001). Para Rossoni (2006), clique é um conceito fundamental para estudar a coesão de subgrupos, no qual a teoria dos grafos oferece um conceito formal e preciso (Rossoni, 2006). Para Wasserman & Faust (1994), clique é um subgrafo de três ou mais nós, no qual todos os pontos estão diretamente conectados por linhas (Wasserman & Faust, 1994). A Figura 3.12 apresenta uma representação dos cliques.

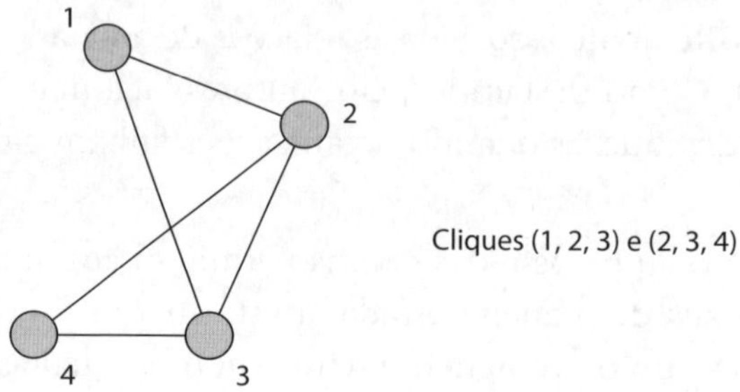

FIGURA 3.12 Representação de cliques.

- Cliques se baseiam em laços diretos × blocos se baseiam em equivalência posicional (estrutural) = previsões diferentes (influência e similaridade)
- As relações nos cliques se baseiam em laços coesos (mais utilizados em A.R.) e tendenciam à influenciação entre os agentes.

A Figura 3.13 ilustra a interação entre 14 participantes e outros 4 instrutores da National Science Foundation. O ponto central nesse grafo indica é a se as pessoas apresentam homofilia (tendência de relacionamento apenas com aqueles similares, como sexo, por exemplo) como nas interações.

A homofilia é possivel de ser mensurada, mas, conforme relatam Kilduff e Tsai (2003), o grafo revela claras evidências. Os diferentes sexos tendem a agrupar-se em grupos reconhecíveis. O grafo ilustra como alguns pontos da rede são elementares para conectar subgrupos com outros subgrupos (John e Holly constituem as únicas ligações entre um grupo e outro grupo).

A Figura 3.14A ilustra como os membros de um clique podem estar sobrepostos em múltiplas relações (como indicado nas linhas contínuas e tracejadas). Essas múltiplas relações podem ser sobrepostas em relações únicas, como ilustrado na Figura 3.14B. Em uma rede de elevada sobreposição, muitos membros de outro clique podem fazer parte de muitos outros cliques, assim proporcionando um centro de agência de múltiplos membros (Kilduff & Tsai, 2003).

Os grafos 3.14A e 3.14B ilustram a relações de uma rede em dois períodos. Essas relações estão associadas a trocas informais no ambiente de trabalho. Em um

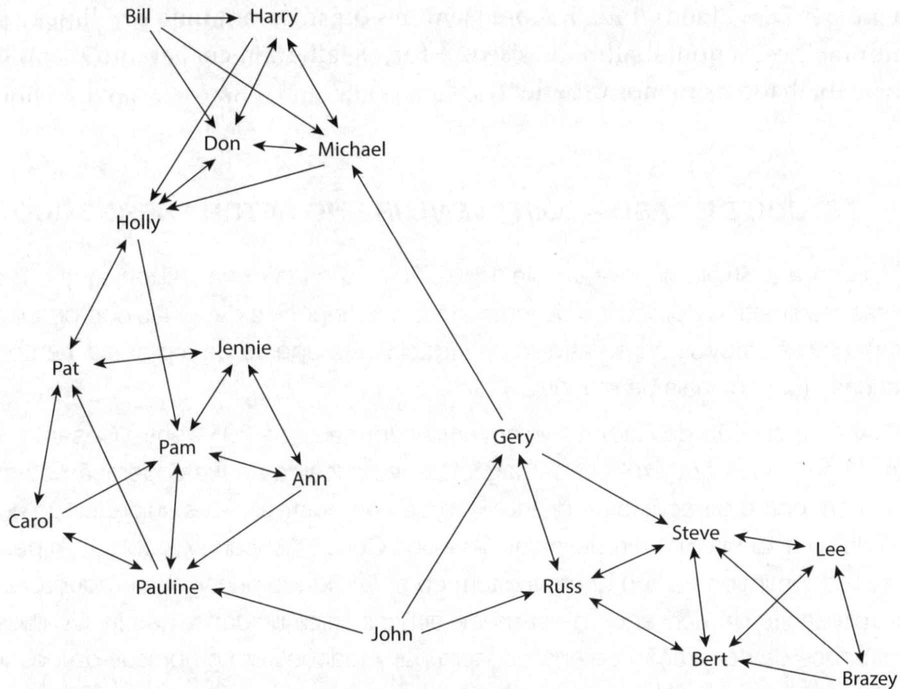

FIGURA 3.13 As interações entre participantes e instrutores

(In: Kilduff e Tsai, 2003)

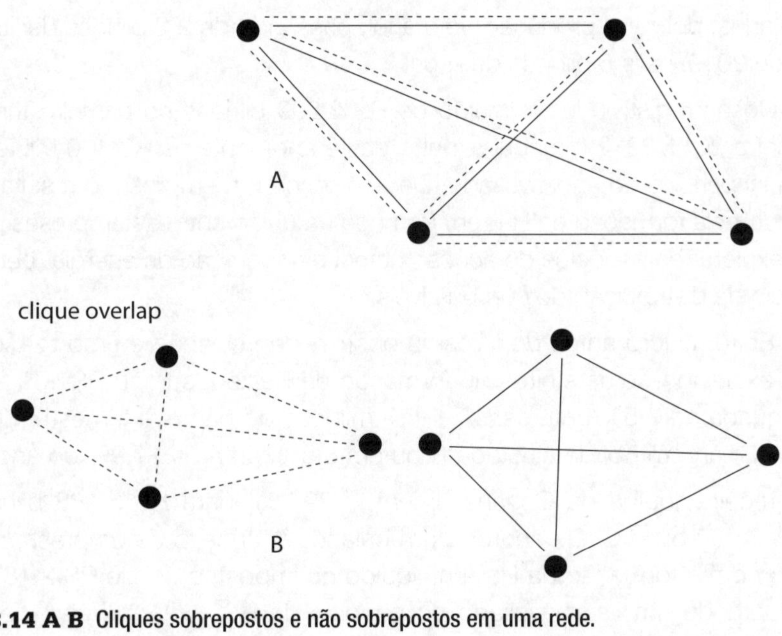

FIGURA 3.14 A B Cliques sobrepostos e não sobrepostos em uma rede.

Fonte: In: Kilduff e Tsai, 2003.

primeiro período, alguns trabalhadores seniores organizaram uma paralisação para garantir melhorias no trabalho, mas seus esforços falharam em garantir o apoio de outros trabalhadores menos experientes.

ESTUDO DE CASO – *JOINT VENTURE* NO SETOR ENERGÉTICO

A Cosan e a Shell anunciaram dia 14/02/2011 a criação da Raízen, que é a empresa resultante do processo de integração dos negócios das duas companhias. A Raízen será a marca corporativa dos negócios e a aposta para o crescimento das vendas internacionais de etanol.

Após a criação da Raízen – *joint venture* formada de 2011 entre Cosan e Shell em 1° de junho para explorar os negócios de açúcar, etanol e cogeração de energia, bem como o negócio de distribuição de combustíveis – as unidades de negócio da companhia foram redefinidas. A antiga Cosan Açúcar e Álcool (CAA) passou a ser denominada Raízen Energia e tem como atividade principal a produção e comercialização de derivados de cana-de-açúcar. Essa unidade, que inclui ainda as atividades de cogeração de energia, tem participações em empresas de pesquisa e desenvolvimento de novas tecnologias.

A Raízen nasceu com valor de mercado estimado em torno de US$ 12 bilhões, cerca de 40 mil funcionários, uma rede de 4,5 mil postos e com a previsão de, em cinco anos, dobrar a produção de etanol, passando de 2,2 bilhões de litros (resultado de 2010) para 5 bilhões de litros.

A Cosan registrou lucro líquido de R$ 2,299 bilhões no primeiro trimestre do ano-safra 2011/2012 (de abril a junho deste ano), ante os R$ 400 mil registrados em igual período do ano passado. De acordo com a empresa, o resultado foi impactado pela formação da Raízen, formada da união entre as empresas já citadas, para explorar os negócios de açúcar, etanol e cogeração de energia, bem como o negócio de distribuição de combustíveis.

O Ebitda (lucro antes de juros, impostos, depreciação e amortizações) ajustado, excluindo-se os efeitos de formação da Raízen, somou R$ 439,9 milhões, com queda de 7,5% ante os R$ 475,7 milhões do primeiro trimestre do ano anterior. A margem Ebitda ajustada ficou em 8,5%, ante os 11,9% do ano anterior.

A receita líquida da Cosan aumentou 29,7%, para R$ 5,188 bilhões, ante os R$ 3,999 bilhões. De acordo com balanço financeiro da empresa, o valor de ganho com a formação da Raízen, líquido de impostos, foi de R$ 2,187 bilhões, considerando um valor avaliado do negócio de R$ 16,12 bilhões, dos quais a participação da Cosan de 50% seria de R$ 8,06 bilhões.

A nova companhia nasce com faturamento anual estimado de R$ 50 bilhões, informou o ex-presidente da Shell no Brasil, Vasco Dias, que comandará a Raízen. Em termos de capacidade de produção, a companhia espera passar dos atuais 62 milhões de toneladas de cana moída para 100 milhões de toneladas anuais.

A produção de açúcar deve passar de 4 milhões de toneladas para 6 milhões de toneladas em um prazo de 5 anos.

Segundo o presidente do conselho de administração da Raízen, Rubens Ometto, a nova companhia nasce com uma situação financeira confortável, pois, da dívida de US$ 2,5 bilhões da Cosan, a Shell deve aportar US$ 1,6 bilhão.

Com a união dessas duas empresas, algumas providências foram tomadas, como a marca Shell, que será mantida e foi a escolhida para ser a única na distribuição de combustíveis no Brasil. Já a marca Esso tende a desaparecer no prazo de até 36 meses, segundo a empresa.

De acordo com os executivos, é pela presença da marca Shell no mundo com seus mais de 4,5 mil postos de combustíveis que eles pretendem expandir o mercado de distribuição de etanol, principalmente nos mercados asiáticos e europeus.

"O que vamos colocar lá fora dependerá do sucesso de ampliar os mandatos de mistura de etanol da gasolina", disse Dias. No último ano, a Cosan exportou cerca de 600 milhões de litros de etanol.

Fonte: (http://g1.globo.com/economia/negocios/noticia/2011/02/cosan-e-shell-anunciam-criacao-da-marca-raizen.html) e da revista Exame (http://exame.abril.com.br/negocios/noticias/criacao-da-raizen-eleva-lucro-da-cosan-a-r-2-29-bi)

3.7. Redes e o ambiente

A análise ambiental da teoria das organizações[8] é composta basicamente por três linhas teóricas: a ecologia das populações, a dependência de recursos e a contingência estrutural. A perspectiva da ecologia das populações enfatiza a capacidade adaptativa das organizações. O nível de análise dessa perspectiva envolve conjuntos de organizações, em vez de organizações individuais. Seu principal argumento é que

---

[8] A análise ambiental da teoria das organizações é uma denominação para as correntes teóricas que se preocupam com a relação da organização com seu ambiente externo. Conforme colocado por Motta & Vasconcelos (2002), o meio ambiente é uma denominação atribuída ao conjunto de forças externas que influenciam o modo como as organizações funcionam e obtêm recursos. Se na primeira metade do século XX, a ênfase da teoria administrativa era nas questões internas, hoje há uma grande preocupação com os elementos externos à organização. Há fortes indícios de que foi a teoria da contingência que inaugurou um novo ciclo teórico, que busca relacionar a organização ao seu ambiente.

o ambiente seleciona conjuntos de organizações que se adaptam às características ambientais (Nohria & Gulati, 1994). Os trabalhos dessa perspectiva foram formalizados nas pesquisas de Hannan & Freeman (1977), publicadas em *The population ecology of organizations*.

Atualmente, cresce o volume de estudos dedicados ao entendimento das mudanças organizacionais utilizando-se dos processos de seleção ambiental. Os ecólogos organizacionais buscam esclarecer como as condições políticas, econômicas e sociais afetam a diversidade de organizações e como essas condições externas justificam sua composição mutante ao longo do tempo (Baum, 1998). Também focalizam a quantidade de fundação e fracasso, criação e morte de populações organizacionais (Baum, 1998). População é entendida como um conjunto de organizações engajadas em atividades similares de utilização de recursos. Baum (1998) destaca que a formação das populações é resultado de um processo que isola ou segrega um tipo de organização de outras, incluindo incompatibilidades tecnológicas e ações institucionais. Esse modelo tem influências da ecologia e tornou-se uma "ciência polimórfica", abrangendo aspectos relacionados aos fenômenos naturais e sociais. O ambientalismo está diretamente relacionado às interações entre biosfera, tecnosfera e sociosfera (Egri & Pinfield, 1998).

Uma contribuição importante da ecologia das populações está em explicar como os fatores ambientais selecionam as características organizacionais que melhor se adaptam ao ambiente (Aldrich & Pfeffer, 1976). As organizações que melhor se adaptam ao ambiente são selecionadas e destacadas, em contrapartida àquelas que apresentam maior dificuldade de adaptação – trata-se de um modelo análogo à seleção natural. Aldrich & Pfeffer (1976) destacam a existência de três estágios. O primeiro refere-se à variação das formas organizacionais conduzidas em função das pressões ambientais. O segundo estágio é o da seleção, no qual somente algumas formas organizacionais se adequam ao ambiente. O terceiro e último estágio é o da retenção, no qual as formas selecionadas são preservadas, duplicadas e reproduzidas. Os autores ressaltam que a estrutura das organizações sofre pressões inerciais, internas ou externas. As pressões internas são: investimento em plantas, equipamentos, profissionais especializados, informações em posse dos tomadores de decisão, políticas internas e a sua história. As pressões externas são: barreiras legais ou fiscais dos mercados, informações do ambiente externo, legitimidade da organização para com o ambiente, estabelecimento de estratégias em um ambiente competitivo.

Pesquisas relacionadas à morte organizacional têm recebido atenção de alguns pesquisadores (Hall, 1990); em um nível organizacional pode-se rastrear o crescimento e o declínio de populações inteiras. A comunidade ecológica é outra forma de análise, através da qual examina-se populações de uma mesma região, buscando-se traçar características e similaridades entre populações de organizações que contribuem à sobrevivência das mesmas. Essa abordagem enfoca a relação da organização com o ambiente, abrindo espaços para estudos voltados à organização social humana e principalmente análises dos efeitos do ambiente sobre a estrutura organizacional (Hannan & Freeman, 1977).

A perspectiva da dependência de recursos enfatiza os fluxos de recursos através das interações ambientais. Assim como a perspectiva da ecologia das populações, a dependência de recursos considera que o ambiente exerce uma influência crítica nas organizações. Entretanto, sua ênfase principal concentra-se no fluxo de recursos críticos e escassos. O nível de análise dessa perspectiva situa-se nas relações interorganizacionais. Esse modelo tem fortes laços com a economia política das organizações (Hall, 1990) e com a sociologia (Nohria & Gulati, 1994), tendo em sua raiz histórica os trabalhos de Pfeffer & Salancik (1982), publicados em *The external control of organizations*. Nesse trabalho, os autores destacam que a dependência de recursos tem recebido maior importância desde que as organizações passaram a controlar e alterar as atividades de outras organizações. Esse comportamento se consolida como um mecanismo para minimizar sua vulnerabilidade e dependência ambiental. Essa perspectiva possibilita aos gerentes e administradores compreenderem e agirem conforme as relações de poder e dependência existentes entre as organizações e os atores da rede (Hatch, 1997).

A dependência de recursos considera ativo o processo de interação com o ambiente; nesse sentido, diverge da perspectiva da ecologia das populações, para o qual as organizações em foco são receptoras passivas das forças ambientais (Hall, 1990). Na perspectiva da dependência de recursos, as organizações tentam manipular o ambiente em que atuam em benefício próprio, implicando decisões estratégicas para se adaptarem ao ambiente. As organizações são dependentes dos recursos que necessitam e, portanto, são também dependentes do ambiente em que atuam. Os recursos dos quais as organizações dependem são os mais variados: novas tecnologias, matérias-primas, recursos financeiros, entre outros. Vale lembrar que a dependência de recursos e os possíveis problemas decorrentes dessa dependência podem ser amenizados por ações preventivas. A ação dos atores que antecipam decisões ligadas aos recursos escassos é denominada por Hatch (1997) como contradependência.

A contribuição dessa perspectiva é relevante no que diz respeito às relações interorganizacionais (Hall, 1990) e também para a compreensão das forças de poder e dependência existentes na rede de relações interorganizacionais (Hatch, 1997). Nesse sentido, as organizações usam a interação ambiental como um recurso capaz de minimizar os problemas ligados à interdependência e às incertezas do ambiente (Pfeffer, 1972). Essas organizações tentam absorver a interdependência e as incertezas, seja através de fusões e aquisições, seja através da cooperação entre organizações e troca de recursos ou até mesmo através do movimento de troca entre profissionais da organização. As unidades organizacionais que têm capacidade de interagir com as restrições, incertezas e contingências do ambiente obtêm maior poder dentro das organizações (Hall, 1990).

Outro aspecto interessante analisado por essa perspectiva é que a dependência entre organizações se reflete na diferença de poder entre elas, tendo uma organização mais ou menos poder em relação às outras, à medida que controla os recursos necessários pelas outras ou reduz sua própria dependência através do controle dos recursos (Nohria & Gulati, 1994).

A contingência estrutural surgiu da ideia de que as ações organizacionais dependem das relações ambientais da organização. Como o próprio nome dessa perspectiva sugere, a estrutura organizacional é contingente às pressões e incertezas ambientais. O nível de análise dessa perspectiva está nos fatores ambientais que condicionam as formas organizacionais. Os trabalhos ligados a essa perspectiva têm origem nas contribuições clássicas de Woodward (1965), Thompson (1967) e Burns & Stalker (1961). Muitos analistas observaram que a contingência estrutural é uma maneira de combinar elementos importantes acerca dos objetivos, conflitos e das restrições ambientais.

Existem dois pressupostos acerca da perspectiva da contingência estrutural: não existe uma forma melhor (ou mais eficiente) de se organizar e cada organização tem sua trajetória (Nohria & Gulati, 1994). De acordo com Scott (apud Hall, 1990), "a maneira ótima de organizar depende da natureza do ambiente com o qual a organização se relaciona".

A perspectiva da contingência estrutural incorpora os objetivos como parte da cultura da organização e parte das disposições mentais dos tomadores de decisão. As organizações, assim como os indivíduos, são criaturas com propósitos e objetivos que atuam conforme pressões do ambiente (Hall, 1990). No entanto, a definição das atividades de término (objetivos) é sempre problemática para as organizações, pois estas abrigam conflitos, tanto no sentido vertical, como no horizontal, entre diferentes expectativas dos atores organizacionais. A maior preocupação sobre as análises contemporâneas da contingência estrutural está em fornecer um paradigma coerente com a análise da estrutura das organizações individuais. As análises dessa natureza incluem os relacionamentos de autoridade e de subordinação, os comportamentos requeridos pelos regulamentos das organizações e os padrões adotados na tomada de decisões, como descentralização, padrões de comunicação, entre outros (Donaldson, 1998).

A grande contribuição dessa perspectiva é a relativização de como as organizações devem se organizar para lidar com as incertezas do ambiente. A contingência estrutural considera que não há uma estrutura organizacional única e efetiva para todas as organizações (Donaldson, 1998). O autor destaca que a otimização da estrutura varia de acordo com determinados fatores, como a estratégia ou o seu tamanho.

No trabalho clássico de Burns & Stalker (1961), os autores identificaram duas tipologias de organizações que se formam e se adaptam conforme o tipo de pressão ambiental: são as organizações orgânicas e as mecânicas. As principais características das organizações mecanicistas são: estrutura burocrática e divisão do trabalho, cargos ocupados por especialistas, decisões altamente centralizadas, hierarquia rígida, amplitude mais estreita de controle e compatibilidade de atuação em ambientes estáveis. As principais características das organizações orgânicas são: estrutura flexível com pouca divisão de trabalho, redefinição dos cargos, decisões descentralizadas, maior amplitude de controle, maior confiança na comunicação e atuação em ambientes dinâmicos. Esses autores contribuem para o entendimento de que diferentes ambientes requerem diferentes tipos e estilos de organização.

O institucionalismo histórico foi desenvolvido a partir da teoria política e do estruturalismo funcionalista, durante as décadas de 60 e 70 do século XX (Hall & Taylor, 1996). Os institucionalistas históricos não consideram que a disputa gerada pelos conflitos entre os grupos rivais se dá por recursos escassos. Eles buscam explanar as instituições e os conflitos da estrutura econômica através de processos históricos que privilegiam alguns interesses e desmobilizam outros. A análise histórica explora a forma como instituições sociais e políticas estruturam suas interações.

Conforme Hall & Taylor (1996), o institucionalismo da escolha racional tem origens nos estudos do comportamento dos congressistas norte-americanos.[9] Essa corrente do institucionalismo, com origens na ciência política, enfatiza a importância dos direitos de propriedade, da renda e dos custos de transação para a operação e para o desenvolvimento das instituições. Atualmente, as análises voltam-se para a coalizão do comportamento entre as instituições políticas e para a intensidade dos conflitos éticos.

A corrente da escolha racional também é identificada nos estudos econômicos: Akerloff (1970) preocupou-se principalmente com a assimetria de informações[10]

---

[9] Nesse caso, o institucionalismo buscava explicar a estabilidade das preferências dos congressistas entre um conjunto de múltiplas opções. Destacava ainda que a estabilidade das escolhas e do fluxo de informações dos congressistas acontecia em função das regras e dos procedimentos que estruturavam o Congresso. Algumas dessas regras proporcionavam o controle do programa de trabalho que limitava a extensão e sequência das opções dos congressistas.

[10] O mercado dispõe de informação assimétrica, isto é, informações disponíveis e privadas a um ator e não a outro. Tanto Akerloff (1970) quanto Barsel (1982) tratam do caráter incompleto das informações que tem grande influência nos processos de troca.

entre os agentes econômicos, enquanto Barzel (1982) desenvolveu uma análise de como conseguir um sistema de garantia que minimizasse os efeitos da assimetria informacional. Sappington (1991) estudou a relação de incentivos entre os agentes, isto é, como motivar o agente a desempenhar a tarefa adequadamente.

O conceito de custo de transação, introduzido por Coase (1937), tem sido amplamente utilizado pelos institucionalistas da escolha racional. Em *The nature of the firm*, o autor considera a firma (organização) composta por várias transações, que seriam unidades básicas de análise. O institucionalismo da escolha racional tem recebido grande atenção dos economistas, baseando-se na nova economia institucional (NEI). Os autores precursores da NEI são Oliver Williamson e Douglas North, que resgataram os conceitos trabalhados por Coase (1937).

As análises de Douglas North contribuem para a perspectiva da NEI em um nível macroinstitucional de análise, relacionando as instituições ao seu desempenho econômico. North (1994) analisa como o conjunto de organizações pode influenciar o ambiente institucional e também como o ambiente institucional pode influenciar o comportamento dos agentes.

Em seu trabalho *Mechanisms of governance*, Williamson (1996) desenvolve o conceito de estrutura de governança, que é definida a partir das transações. O autor busca caracterizar uma transação através da incerteza, da frequência e da especificidade dos ativos, para assim estabelecer uma estrutura de governança que venha diminuir os custos de transação, isto é, o escopo da firma. Mercado *spot*, contratos (formas híbridas) ou integração vertical são explicados pelos diferentes tipos ou atributos das transações que levam a diferentes formas de governança. O ponto de partida desse modelo é o intercâmbio de transações de bens e serviços em um mercado livre.

A peculiaridade da análise de Williamson (1996) está em promover a centralidade nos custos de transação em lugar dos custos de produção. Como ressaltado por Scott (apud Hall, 1990), "a perspectiva do custo de transação assume que o que é crítico não é a produção, mas sim o intercâmbio de bens e serviços e as estruturas que governam estes intercâmbios". Em outra de suas obras, *The economic institutions of capitalism: firms, markets, relational contracting*, Williamson (1985) realiza um estudo microanalítico das propriedades da estrutura de governança das transações. Seus principais temas são: racionalidade e oportunismo, integração vertical, estruturas intermediárias entre contratação de mercado e hierarquia.

O enfoque dos custos de transação tem recebido atenção dos sociólogos organizacionais. Eccles & White (1988), por exemplo, estudaram as firmas com múltiplos centros de benefícios e observaram que os custos internos de transação de algumas firmas podem exceder os custos externos de transação.

3.8. Macrossistemas organizacionais e redes

As perspectivas teóricas já apresentadas apresentam níveis de análises e pressupostos metodológicos bastante distintos. O debate central que surge entre as perspectivas teóricas pretende conceber o comportamento e a ação econômica dos atores. Conceber o que condiciona a ação e o comportamento dos atores econômicos é bastante complexo. Os estudiosos organizacionais precisam reconhecer que a ação econômica e o comportamento dos atores dependem de aspectos políticos, ecológicos, racionais, sociológicos e contingenciais, como levantaram as perspectivas anteriores. Esse conjunto complexo de fenômenos presentes no ambiente das organizações é aqui compreendido como macrossistema organizacional.

O macrossistema organizacional abre margem para discussões mais profundas acerca do tema em questão. A ideia não é criar uma só teoria, mas pontes de discussões que permitam uma maior compreensão dos temas dos estudos organizacionais.

As ciências sociais estão constantemente dialogando com outras perspectivas teóricas. Assim, é necessário conhecer os autores que formam esse diálogo e suas contribuições para o presente trabalho. Uma forma de esclarecer as diferentes perspectivas é descrever seus diferentes níveis de análise, como realizado em Sacomano Neto & Truzzi (2002).

Na teoria das organizações, a dependência de recursos é formulada do nível interorganizacional (Hatch, 1997). Os ecologistas organizacionais analisam os conjuntos de organizações e suas características. A contingência estrutural analisa os fatores que condicionam as diferentes formas organizacionais (Donaldson, 1998).

A Nova Economia Institucional (NEI) concebe as transações como a principal unidade de análise, as quais devem ser mensuradas (Williamson, 1981), e adota a presença do "homocontratual", que é egoísta e intencionalmente interessado (Hall, 1990). Essa perspectiva ignora a estrutura social para compreender o comportamento dos atores e adota um nível de análise individual. Já o nível de análise da sociologia econômica difere significativamente da visão econômica por considerar a estrutura social, o controle e as formas de interação como elementos centrais da ação e dos processos de troca dos atores econômicos. A diferença elementar entre ambas perspectivas é o grau em que os atores têm escolhas racionais ou são condicionados pelas estruturas sociais.

O Quadro 3.3 ilustra o nível de análise, as principais variáveis, críticas e principais autores de cada uma das perspectivas.

QUADRO 3.3 Caracterização de alguns elementos acerca das perspectivas teóricas

Variáveis / Perspectivas	Nível de análise	Principais variáveis	Principais críticas	Principais autores
Sociologia econômica	Como os atores econômicos são condicionados pela interação e pela estrutura social	Interação, estrutura social e *embeddedness*	Dificuldade de sistematização e mensuração	Marx – Weber – Polayne – Schumpeter – Polayne – Parson/Smelser.
Ecologia das populações	População de organizações Nichos ecológicos	Variação, seleção e retenção de populações de organizações	Dificuldade de especificar a fonte de variação ambiental. Os processos gerenciais são ignorados	Hannan & Freeman (1977) Aldrich e Pfeffer (1976)
Dependência de recursos	Interações ambientais Controles interorganizacionais	Fluxo de recursos Ação organizacional no ambiente	Limitação da ação organizacional O que dirige a ação gerencial	Pfeffer e Salancik (1978) Pfeffer (1972)
Contingência estrutural	Fatores ambientais que condicionam a forma organizacional	Decisões estratégicas contingentes às pressões ambientais	Demasiada crença na capacidade adaptativa das organizações. Dificuldade de apresentar respostas racionais às pressões internas e externas	Woodward (1965), Thompson (1967) e Burns & Stalker (1961)
Institucionalismo Histórico e sociológico	Como as organizações surgem, tornam-se estáveis e são transformadas. Estruturação da ação e ordem de significado	Aspectos coercitivos, normativos e cognitivos	Determinismo institucional para difusão das formas organizacionais. Dificuldade de mensuração das variáveis	Fligstein (1999) Powell & DiMaggio (1991) Scott (1995)
Institucionalismo da escolha racional (NEI)	Custos de transação e formas de governança	Intercâmbio de bens e serviços em um mercado livre	Negligentes quanto as estruturas e lutas de poder. Interesses individuais e grupais derivados de uma estrutura de interesses	Wiliamson (1996) North (1994) Wiliamson (1985)

O novo institucionalismo histórico e sociológico e a ecologia das populações se aproximam na forma em que concebem a ação dos atores. Ambas não consideram a intencionalidade dos atores econômicos, isto é, o ator econômico é passivo frente às demandas ambientais. Diferem da perspectiva da dependência de recursos e da nova economia institucional, em que os atores são ativos e intencionais. A sociologia econômica, com o conceito de *embeddedness*, se situa em um nível intermediário, isto é, o ator tem escolhas dentro de uma estrutura social. É a sociologia econômica que tem fornecido aparato teórico e conceitual para a análise das redes. Por esse fato, a análise das redes também se situa em um nível intermediário de análise entre a estrutura social ou institucional e os atores que a compõem. Embora a análise das redes seja mais diretamente suportada pela sociologia econômica, é necessário mencionar como as diferentes perspectivas apresentadas contribuem no âmbito deste trabalho.

Nei, Dyer & Nobeola (2000) destacam os problemas do *free rider*,[11] associados à transferência de conhecimento na rede. Ainda Gulati (1999, p. 1440) destaca a existência de incertezas relacionadas às formas de cooperação e comenta que "a informação imperfeita sobre o potencial do parceiro aumenta o custo de procura e os riscos de se expor a um comportamento oportunista". Grandori (1995) afirma que os conceitos de economia de especialização, economia de escala e economia de escopo podem ser explicados pelas propriedades das redes entre empresas. As questões da incerteza, especificidade dos ativos e da frequência de interações introduzidas por Williamson (1996) são variáveis importantes para se compreender os processos de troca que ocorrem nas redes. A nova economia institucional, contudo, é limitada por seu caráter racionalista.

A ecologia das populações contribui para o presente trabalho, pois possibilita a compreensão dos processos demográficos das organizações, além de uma melhor compreensão das forças e dos condicionantes que levaram inúmeras empresas nacionais de autopeças à falência ou à reestruturação de suas atividades.

A dependência de recursos é fundamental para se compreender os processos de troca que ocorrem nas redes, principalmente as ações dos atores econômicos que visam diminuir a dependência ambiental (contradependência). Nessa perspectiva,

---

[11] O *free rider* ou "caroneiro" é caracterizado quando um ator, através de contratos *ex-ante*, aproveita as incertezas ambientais e as transações em benefício próprio. Esse nível de análise tem grande relação com o conceito de *moral hazard* trabalhado no âmbito da NEI. O *moral hazard* ou risco moral são os riscos transacionais que acontecem após a realização do contrato entre as partes, isto é, *ex-post*. Ambos tratam do oportunismo dos atores; por exemplo: quando um ator x vende um produto para um ator y. O "caroneiro" (ator x), sabendo de uma possível alta do dólar, tenta forçar que o contrato seja efetuado em dólar para aproveitar possíveis ganhos futuros. Já no risco moral, o ator x busca, oportunamente, benefícios na transação, depois que o contrato já está delineado.

os atores têm uma ação direta na gestão dos recursos escassos. Para Daft (1999), as redes são uma forma de minimizar a dependência de recursos.

A contingência estrutural contribui para o estudo do setor automobilístico e de seus novos arranjos produtivos, já que esse setor tem chamado a atenção de inúmeros estudiosos que querem compreender como as estruturas organizacionais se relacionam com o ambiente. Já o novo institucionalismo auxilia a compreender as forças que levam os atores a estabilizar e manter as estruturas de troca por meio de diferentes mecanismos.

No sentido de facilitar o entendimento das várias correntes teóricas na teoria administrativa, Motta & Vasconcelos (2002) dividiram as diferentes escolas de pensamento da administração através dos aspectos estruturais (organização formal, regras, normas e estruturas organizacionais, elementos visíveis e explícitos) e dos aspectos relacionais (organização informal, elementos comportamentais e subjetivos). A Figura 3.15 ilustra as diferentes perspectivas teóricas e os respectivos focos de análise.

FIGURA 3.15 Focos de análise da teoria administrativa.

Fonte: Adaptado de Motta & Vasconcelos, 2002.

Motta & Vasconcelos (2002) citam as diversas escolas do pensamento administrativo e também as escolas contemporâneas pós-contingenciais (custo de transação, ecologia populacional, dependência de recursos, redes, cultura organizacional, poder e psicanálise e organizações). Os autores classificam os estudos sobre redes como sendo relacional e externa, como mostra a Figura 3.15. Entretanto, além de seu caráter relacional, a perspectiva das redes trata também dos aspectos estruturais em suas análises, como será visto no capítulo seguinte.

A perspectiva das redes une as perspectivas sociológicas e econômicas, para o entendimento do comportamento dos atores, e oferece um nível intermediário de análise, por considerar a intencionalidade dos atores, mas também a estrutura social e a coação das escolhas (Powell & Smith-Doer, 1994). Em função disso, as redes têm se tornado um elemento central das análises contemporâneas da sociologia econômica (Smelser & Swedberg, 1994), na teoria das organizações (Uzzi, 1996), na análise das alianças estratégicas (Gulati, 1998), nas redes sociais (Wasserman & Faust, 1994), nas redes de poder (Paulillo, 1999), nas redes de produção e nas redes de acesso e oportunidades (Powell & Smith-Doer, 1994).

As teorias colocadas nos tópicos anteriores auxiliam a compreensão do macroambiente organizacional e fornecem diversos *insights* a respeito da dinâmica das relações interorganizacionais. A ecologia das populações prevê que as organizações que não se adaptarem às mudanças tecnológicas, econômicas e sociais serão excluídas e morrerão dentro de um conjunto de outras organizações mais aptas. A dependência de recursos atribui aos gestores um papel político para evitar a dependência interorganizacional. A contingência estrutural defende a necessidade das organizações de se adaptarem conforme as suas características e as pressões ambientais. Já a Nova Economia Institucional contribui, mostrando os aspectos transacionais que adquiriram grande relevância na atualidade, graças a sua complexidade. O Novo Institucionalismo busca compreender a dinâmica organizacional que ora tende às mudanças, ora à estabilidade. Todas essas perspectivas contribuem direta ou indiretamente para este estudo, no qual a perspectiva das redes foi adotada para a análise das relações de fornecimento de duas montadoras brasileiras e dois de seus fornecedores. Esse conjunto teórico forma um campo de interpretação do macroambiente organizacional. Os atores sociais exercem influência no ambiente para diminuir a dependência de recursos; no entanto, a ação desses atores é limitada *(constrained)* pela estrutura social presente em qualquer tipo de relação.

O macroambiente organizacional ilustra as diversas demandas e pressões ambientais nas quais as organizações estão inseridas. Conforme colocado por Daft (1999), essas questões introduzem novos papéis gerenciais. Se por muitos anos a preocupação gerencial era com os aspectos internos, hoje as questões externas passaram a ocupar grande relevância nas atividades e nas preocupações gerenciais. Os gerentes contemporâneos têm que lidar com diversas demandas e pressões presentes no ambiente interorganizacional.

A ideia de macroambiente organizacional mostra as diversas demandas com as quais os gestores têm de lidar na atualidade, demandas que, por um lado, geram oportunidades e, por outro, limitações à ação. Os gerentes têm que reconhecer as diversas oportunidades (novos produtos, mercados e relações produtivas) e limitações (dependência de recursos, leis, regras, normas e convenções), presentes no macroambiente organizacional.

3.9. Redes e as Instituições

O novo institucionalismo busca explicar por que as organizações surgem, tornam-se estáveis ou são transformadas (Fligstein, 1999), também quer explicar como a ação e a cultura são estruturadas nas organizações (DiMaggio & Powell, 1991). As raízes teóricas desta perspectiva se originam no trabalho de Meyer & Rowan (1991), *Institucionalized organizations: formal structure as myth and cerimony,* o qual despertou o interesse de vários autores na sociologia em explicar os papéis simbólicos das estruturas formais. Essa linha da sociologia das organizações ganhou contribuições de outras áreas do pensamento como a ciência política e a economia. Assim, o novo institucionalismo transformou-se em uma arena de ideias interdisciplinar.

A teoria institucional tem investigado uma gama de fenômenos, devido sua grande interdisciplinaridade. Tolbert & Zucker (1998) destacam trabalhos que abrangem desde a expansão de políticas de pessoal até a redefinição fundamental da missão organizacional ou a formulação de políticas nacionais e internacionais por organizações governamentais. Grande parte da investigação originada deste modelo tem sido desenvolvida a partir de organizações não lucrativas, cujas tecnologias são indeterminadas (HALL, 1990). A multiplicidade de trabalhos deste modelo teórico confere ao novo institucionalismo uma grande dificuldade de sistematização.

A proposição central das teorias institucionais contemporâneas está no entendimento das mudanças estruturais, não pela eficiência ou concorrência, mas por outros fatores que tornam as organizações semelhantes (Caldas & Fachin, 2007). A questão central indagada por DiMaggio e Powell (2005) é o que torna as organizações tão similares? Os autores afirmam que os atores racionais tornam suas organizações cada vez mais similares ao transformá-las, isto é, isomórficas.

O trabalho de Scott (1995) ilustra três níveis de análise do novo institucionalismo: o regulativo, o normativo e o cognitivo – os quais são compreendidos através dos respectivos mecanismos: coercitivo (regras, leis e sanções), normativos (certificação e aceitação) e mimético (predomínio e isomorfismo). Esses três níveis analíticos permitem o entendimento de aspectos distintos de um mesmo fenômeno (Machado-da-Silva, 1998) e compõem três diferentes perspectivas analíticas: institucionalismo sociológico, institucionalismo histórico e institucionalismo da escolha racional (Hall & Taylor, 1996). Nas três diferentes perspectivas os autores exploram o conjunto de relações entre as instituições e seu comportamento, bem como a explicação dos processos pelos quais as organizações se originam ou se modificam.

Uma das contribuições do novo institucionalismo sociológico está na análise da configuração do isomorfismo entre as organizações. As análises do novo institucionalismo consideram que as organizações estão inseridas em campos formados por outras organizações similares, que vão se tornando cada vez mais similares – isomórficas – dentro desses campos organizacionais (DiMaggio & Powell, 1991). As organizações se imitam e se modelam umas às outras, em função das incertezas. Os autores citam três pressões ambientais que dão origem ao isomorfismo das organizações: coercitiva, normativa ou mimética.[12]

Outras contribuições são encontradas nos trabalhos de Meyer, Scott e Zucker (apud Hall, 1990), referentes às questões internas da organização. Esses trabalhos enfocam o modo como as práticas e os padrões adquirem valores e são legitimados nas estruturas organizacionais – essa visão é uma extensão da concepção de Berger e Luckman, que concebem a realidade como uma construção social. Os atores organizacionais são compreendidos por intermédio de sentimentos e significados adquiridos socialmente (Hall,1990).

As organizações estão inseridas em campos formados por outras organizações similares, que vão se tornando cada vez mais similares – isomórficas – dentro desses campos organizacionais (DiMaggio & Powell, 2005).

O isomorfismo coercitivo resulta tanto de pressões formais quanto informais de umas organizações sobre as outras (DiMaggio & Powell, 2005). Essas pressões ocorrem através de coerção, persuasão ou até convite. Nesse nível de análise, o ambiente legal afeta o comportamento e as estruturas das organizações "refletem cada vez mais regras institucionalizadas e legitimadas pelo estado e dentro do estado" (DiMaggio & Powell, 2005, p.78). O resultado desse processo é as organizações tornarem-se mais homogêneas em decorrência da conformação institucional

O isomorfismo mimético envolve o grau de incerteza do ambiente, incentivando a imitação de práticas entre os atores. Certas organizações são tomadas como

[12] *Coercitivo*: resulta tanto de pressões formais quanto informais de umas organizações sobre as outras, numa relação de dominação e dependência. *Mimético*: é quando o grau de incerteza incentiva a imitação de práticas entre os atores. *Normativo*: entidades profissionais têm o poder de regulamentar arranjos nas estruturas organizacionais, de acordo com os interesses próprios.

modelos, como uma forma de lidar com as incertezas e a ambiguidade das soluções organizacionais (DiMaggio & Powell, 2005). Essa é uma das explicações da pouca variação e maior homogeneidade das organizações. No campo ocorre cópia de práticas e modelos organizacionais de organizações legítimas ou bem-sucedidas.

O isomorfismo normativo envolve as entidades profissionais capazes de regulamentar, impor e negociar regras e normas de acordo com os seus interesses próprios. DiMaggio e Powell (2005) destacam dois aspectos importantes relacionando profissionalização e isomorfismo: o primeiro é o apoio à educação formal e a legitimação de uma base cognitiva de profissionais da área, o segundo aspecto envolve o crescimento e a constituição de redes de profissionais por onde novos modelos organizacionais são difundidos.

O isomorfismo institucional, apresentado no célebre trabalho de DiMaggio e Powell (2005, p.82), oferece duas proposições relevantes discutidas nessa pesquisa: 1) "quanto maior o grau de dependência de uma organização em relação a outra, mais similar ela se tornará a essa organização em termos de estrutura, ambiente e foco comportamental" e 2) "quanto maior o nível de estruturação de um campo, maior o grau de isomorfismo". Essas reflexões permitem compreender os processos de homogeneidade das práticas nas organizações automotivas e também o profundo processo de burocratização, ainda em curso nas organizações contemporâneas, conforme apontado por Weber (1999).

Ao propor uma agenda de pesquisa, destacamos alguns direcionamentos e reflexões gerais das três perspectivas apresentadas no Quadro 3.3.

3.10. Agenda na perspectiva da análise das redes

A análise das redes tem recebido significativa atenção dos estudiosos das organizações. Nessa perspectiva, o ambiente social pode ser expresso como estruturas ou relações regulares entre as unidades (Wasserman & Faust, 1994; Scott, 2000; Mizruch, 2006; Kilduff & Tsai, 2007). Essa perspectiva tem caráter analítico-metodológica e utilização de propriedade das redes e posição dos atores nessa estrutura. Após a análise morfológica das redes – nós, posições, ligações e fluxos – é possível construir redes de relações entre organizações e constituir um ponto de partida para análise de qualquer tipo de rede.

A análise morfológica pode ser acompanhada das medidas das propriedades centralidade, equivalência estrutural, autonomia estrutural, densidade e coesão, entre outras. Na centralidade, um ator centraliza a relação com outros atores da rede (Wasserman e Faust, 1994; Scott, 2000; Mizruch, 2006; Kilduff e Tsai, 2007; Lazzarini, 2008). A partir dessas medidas é possível identificar posições mais ou menos privilegiadas na estrutura da rede.

Diversas possibilidades de análise são factíveis na perspectiva das redes, como as medidas de densidade e centralidade.

Medida de densidade – redes com maiores números de ligações entre os atores são mais densas. Dessa propriedade surgem algumas reflexões, como:

- Redes densas influenciam na distribuição de recursos entre as organizações?
- Redes difusas auxiliam as organizações a adquirir informações não redundantes de outras organizações?
- Como essas informações afetam a inovação das organizações participantes?
- Redes densas promovem canais frequentes e intensos em comunicação?
- A densidade da rede afeta o conjunto de regras aos atores?

Medida de centralidade da rede – atores com maior número de contatos são aqueles mais centrais da rede. Então surgem questões, como:

- O maior grau de centralidade do ator na rede reflete na aquisição de recursos e informações privilegiadas?
- A intermediação de uma organização na rede pode representar vantagem com relação a outros atores da rede?
- Como a maior proximidade de uma organização no conjunto da rede pode tornar-se um recurso relacional?

São amplas as possibilidades de análise na perspectiva das redes. Lazzarini (2008) cita outras possibilidades de análise, como os buracos estruturais, entendido pela ausência de relação entre os contatos, possibilitando explorar essa posição

TABELA 3.1 Síntese dos níveis de análise e os principais autores

Variáveis / Perspectivas	Nível de Análise	Principais autores
Análise das redes	Estrutura de relacionamento entre os atores. Estudo da morfologia das redes envolve os nós, as posições, as ligações e os fluxos.	Wasserman e Faust (1994); Powell e Smith Doer (1994); Uzzi (1997); Scott (2000); Mizruch (2006); Kilduff e Tsai (2007).
Novo Institucionalismo	Análise sobre os elementos coercitivos (regras, leis e sanções), normativos (certificação e aceitação) e mimético (predomínio) geram homogeneidade dos atores. Estudo do isomorfismo, recursos de poder e custo de transação.	Powell & DiMaggio (1991) Scott (1995) Williamson (1996) North (1994) Williamson (1985)

Fonte: elaboração dos autores.

privilegiada entre contatos não redundantes. O autor também destaca outras possibilidades de análise atreladas ao capital social, mundos pequenos, redes verticais, redes horizontais, redes intraorganizacionais, constelações, *netchains*, conselhos entrelaçados, entre outras possibilidades.

A perspectiva das redes constitui um campo de estudo em amplo desenvolvimento e diálogo com a sociologia econômica, pois em sua constituição ontológica nega as explicações individualistas e atomistas, para explicações da estrutura e das relações sociais presentes no mercado.

3.11. Agenda na perspectiva do novo institucionalismo

O novo institucionalismo constitui um campo de estudo amplo e multidisciplinar, com influência da sociologia, economia e ciência política (Hall & Taylor, 1996). Apresenta-se como uma fértil perspectiva para o estudo das organizações e sua relação com a cultura, normas, regras e a homogeneidade (DiMaggio & Powell, 1991).

Os três níveis de análise do novo institucionalismo – regulativo, normativo e cognitivo –, citados por Scott (1995), são os pilares centrais constituintes dessa perspectiva. O nível regulativo, composto por regras, leis e sanções permite compreender um conjunto significativo de relações entre empresas, como a relação entre as regras impostas pelos Estados e os impactos nas formas organizacionais, além de regras impostas por grandes organizações. No nível regulativo, as pressões das organizações e do Estado impõem uma relação de dominação e dependência.

O nível normativo também enseja vários aspectos relativos à análise das relações entre empresas, como as normas estabelecidas entre organizações. O isomorfismo normativo envolve as normas estabelecidas por entidades profissionais capazes de regulamentar, impor e negociar regras e normas de acordo com os seus interesses próprios. Esse nível de análise também levanta os seguintes pontos: qual o grau de influência dessas normas e na difusão das práticas organizacionais?

No nível mimético o grau de incerteza incentiva a imitação de práticas entre organizações. Esse fato estimula, nas relações entre organizações, a cópia das práticas organizacionais. Isso leva a questionar: as práticas organizacionais são difundidas pelo aspecto técnico ou institucional? Como essas práticas se difundem e são institucionalizadas? Como as regras moldam o comportamento e as rotinas das organizações? O nível normativo envolve o que é aceito e normalizado, então pode-se perguntar: as organizações adotam novas formas organizacionais em função da eficiência ou pela legitimidade?

Outros questionamentos são pertinentes, como:

- Como as constantes transações entre organizações moldam a cultura, práticas e rotinas?
- Quais são as influências do isomorfismo coercitivo, normativo e mimético nas formas organizacionais?
- A adoção de práticas organizacionais acontece por critérios técnicos ou institucionais?
- As pressões normativas similares moldam de forma homogênea o comportamento das organizações?
- Qual a relação entre o Estado e as práticas organizacionais? As leis e a regulamentação do Estado delimitam o campo de atuação institucional das organizações?
- Como a dependência das organizações afeta a similaridade quanto a estrutura, ambiente e foco comportamental?
- Qual a influência da incerteza na adoção de práticas de organizações bem-sucedidas? Elevada incerteza leva ao isomorfismo entre as organizações?
- A participação de gestores em associações profissionais afeta adoção de práticas organizacionais de organizações similares?

A perspectiva institucional busca explicar a adoção das práticas e a homogeneidade organizacional com base em processos institucionais e não necessariamente ligados à eficiência. Conforme mencionam DiMaggio e Powell (2005, p. 85), "os weberianos apontam para a contínua homogeneização das estruturas organizacionais a medida que a racionalidade formal da burocracia se estende aos limites da vida organizacional contemporânea". Nesse sentido, um conjunto significativo de temas e pesquisas e um intenso debate com a sociologia econômica surge a partir dessa perspectiva teórica.

Essas posições condicionam a difusão do conhecimento técnico e gerencial, a capacidade de controle da montadora sobre os fornecedores e, ainda, as relações de poder entre os atores (processos decisórios). Por esse fato, foram incorporadas contribuições de diversas disciplinas teóricas para entender os processos de troca em mercados complexos e a configuração do macrossistema organizacional, descrito e explicado no Capítulo 2.

Conforme observado por Fligstein (1985), "cada escola de pensamento tem a tendência de conceber sua teoria como uma explicação causal total dos fenômenos organizacionais. Uma das tarefas centrais da teoria das organizações é reorientar as áreas de uma maneira que vemos as teorias competidoras como contribuintes ao entendimento dos fenômenos organizacionais".

Do ponto de vista metodológico dos estudos organizacionais, a interdisciplinaridade entre as perspectivas contribui para enxergar o fenômeno organizacional de diversos ângulos, que são, inclusive, complementares. Hall & Taylor (1996) comentam que as abordagens racionais e culturais têm um espaço de diálogo, uma vez que o comportamento dos atores é condicionado ora por uma visão estratégica, ora por uma visão cultural. Os autores discutem um possível intercâmbio nas análises institucionais entre as perspectivas históricas, racionais e sociais, mas ressalvam limites para tal integração, em função de diferenças básicas da dimensão humana e dos efeitos que as instituições podem gerar no comportamento dos atores. Essa reflexão teórica torna-se importante à medida que existe uma crescente tentativa de construir pontes entre as perspectivas econômicas e sociológicas, estruturais e racionais e entre teorias institucionais e ecológicas (Nohria & Gulati, 1994).

A ambiguidade dos conceitos nos estudos organizacionais encoraja a contínua desconstrução de conceitos e pressupostos para a construção de novos referenciais (Hatch, 1997). Por esse fato, a análise das redes goza de um espaço em franca expansão pelo seu caráter mesoanalítico, isto é, os atores agem dentro dos limites da estrutura social em que participam. A questão mesoanalítica é um caso clássico dentro da teoria social (Fligstein, 1998); a discussão central nessa perspectiva busca entender o modo como os atores agem dentro da estrutura de relações.

Nos estudos sociológicos contemporâneos sobre esse tema, Giddens (1998) é um dos autores que trata de forma muito particular essa relação entre as estruturas e os atores. Suas análises buscam "maneiras de dar conta de uma das mais tenazes dualidades da teoria social: aquela entre a estrutura (vale dizer, os arranjos persistentes e cristalizados em normas de ação que respondem pela continuidade e reprodução da organização social), por um lado, e, por outro, a agência (capacidade dos agentes sociais de produzir por seus próprios meios ações que respondam, também inovadoramente, às molduras estruturais em que se encontram)" (Cohn, In: Giddens, 1998).

Outros autores, como Fligstein (1998), Granovetter (1985), Uzzi (1997), Rowley, Behrens & Krackhardt (2000) Gnyawali & Madhavan (2001), Zukin & DiMaggio (1990), também vêm buscando estruturas de análise alternativas, muitas baseadas na sociologia econômica. A sociologia econômica é a linha teórica que buscou pressupostos teóricos alternativos àqueles praticados dentro dos estudos econômicos clássicos, e que contribuiu de forma indiscutível para a análise das redes.

A análise das redes desenvolve suas análises em um ponto intermediário entre a estrutura e as escolhas estratégicas dos atores (mesoanálise). Diversos autores têm concebido as redes como um nível de análise apropriado para compreender as complexas relações de troca entre os atores (Uzzi, 1997; Baum & Dutton, 1996; Rowley,

Behrens & Krackhardt, 2000; Granovetter, 1985; Powell, 1996; Grandori & Soda, 1995; Gulati, Nohria & Zaheer, 2000).

ESTUDO DE CASO – CONSÓRCIO MODULAR E FORMA DE GOVERNANÇA

No consórcio modular, o veículo é montado integralmente pelos fornecedores modulistas, que estão instalados dentro da planta da montadora. Esses fornecedores montam: cabine, cabine interna (bancos, vidro, tapeçaria), pintura, chassi, suspensão, rodas e motor. O layout da fábrica foi formulado com base nesses processos produtivos. O desafio, no início da planta, era preparar os fornecedores para um novo conceito de produção e interação com o cliente. Os sistemas de programação *on line* entre montadora e fornecedores permitiram sincronismo no recebimento dos programas de produção e planejamento de produção anual, semestral, mensal, diária e a cada hora.

A montadora somente controla a qualidade dos produtos finais montados pelos fornecedores. Ela também realiza compras de componentes para os fornecedores modulistas que são responsáveis por controlar a logística e a qualidade dos fornecedores de segundo nível (entregam componentes para os fornecedores modulistas da montadora). Dos 1.800 funcionários na planta, cerca de 300 pertenciam à montadora, quando os dados foram levantados.

O sistema logístico é terceirizado para um consolidador, operando dentro do sistema *milk-run* e *just-in-sequence*, conforme denomina Pires (2004). O consolidador logístico otimiza as cargas e o fluxo de caminhões na entrega da matéria-prima. Os estoques são baixos e os itens caros são suficientes para apenas um dia de produção. Isso exige elevada eficiência do processo logístico.

Outras características dessa planta são destacadas por Collins et al. (1997): o fornecedor é coinvestidor; está localizado na mesma planta da montadora; tem relações de profunda dependência e também na limitação no processo decisório e no sistema de produção. Os fornecedores, inicialmente, dividiram os riscos de investimento, em contrapartida à aquisição de novos conhecimentos de montagem e *design* de novos componentes.

O consórcio modular também simplifica a complexidade do produto, aumenta o controle na rede, combina estandardização com customização de produtos e a diminuição do *lead time* de produção (Hoek et al. 1998).

Atualmente, a montadora é proprietária das máquinas e equipamentos da linha de montagem e emprega apenas cerca de 20% de toda a mão de obra da fábrica.

Parte significativa das compras de insumos e componentes utilizados pelos modulistas na montagem dos caminhões e ônibus é comprada pela montadora, por questões tributárias e pelo poder de barganha junto aos fornecedores. Entretanto, a coordenação logística e o controle da qualidade dos componentes ficam sob responsabilidade dos modulistas.

Essas características ilustram como a montadora viabilizou uma fábrica moderna, com riscos e custos reduzidos, seleto grupo de fornecedores mundiais e menor complexidade de coordenação da cadeia de suprimentos, por meio de um projeto coletivo com apoio e investimento de grandes fornecedores globais. Desde os anos seguintes à sua instalação, a montadora vem desfrutando de excelente divisão de mercado de caminhões no Brasil.

Fonte: Sacomano Neto e Truzzi (2009)

CAPÍTULO 4

Governança econômica de redes: a perspectiva da nova economia institucional

4.1. Introdução

Os limites da empresa sempre foram, para os economistas, uma preocupação importante. Quando autores do neoinstitucionalismo econômico (ou da Nova Economia Institucional – NEI) começaram a destacar a importância do custo de transação para o empresário e apresentar uma explicação mais ampla sobre os novos limites da firma, a economia das organizações ganhou muita atenção. Nessa perspectiva, as instituições seriam formatadas pelos indivíduos inseridos em um ambiente no qual eles próprios se comportavam de maneira calculista e estratégica em relação às negociações com fornecedores, distribuidores, aliados, cooperados etc. (Coase, 1937; Williamson, 1975).

Os trabalhos de Coase (1937) e Williamson (1975) tornaram-se muito conhecidos fora da academia nos anos 80 e 90 do século XX e começaram a ajudar as empresas ocidentais a compreender as transformações organizacionais que estavam em curso no campo econômico mundial. Os custos de transação, as governanças e as redes faziam sentido na explicação das novas vantagens competitivas das empresas asiáticas nos mercados e nas cadeias globais de valor. Governanças de custos de transação e redes tornaram-se fenômenos que deveriam ser compreendidos rapidamente pelas organizações ocidentais. Hoje, compreende-se como essas mobilizações das organizações em torno da emergência do conceito de governança das transações e de explicações sobre as adaptações das empresas para tornar os custos de negociação eficientes ajudaram o ocidente empresarial compreender o ambiente competitivo do pós-fordismo global.

A agenda científica da Nova Economia Institucional (NEI) ajudou intensamente a compreensão de um novo padrão de produção, acumulação, regulação e de competição entre as empresas. Junto aos trabalhos de Coase (1937) e Williamson (1975; 1979) nessa agenda científica, somaram-se Knight (1922), Commons (1934), Simon (1957), Arrow (1969), Alchian & Demsetz (1972), Williamson (1985), Bradach & Eccles (1989) e Menard (2004; 2014a; 2014b). O desenvolvimento teórico do neoinstitucionalismo econômico está sintetizado na Figura 4.1, desde a observância do oportunismo na organização econômica e da racionalidade limitada do ator econômico até a escolha entre alternativas discretas de governança e a subsequente possibilidade de adoção de formas plurais de coordenação da negociação – e que pode facilitar as organizações em rede.

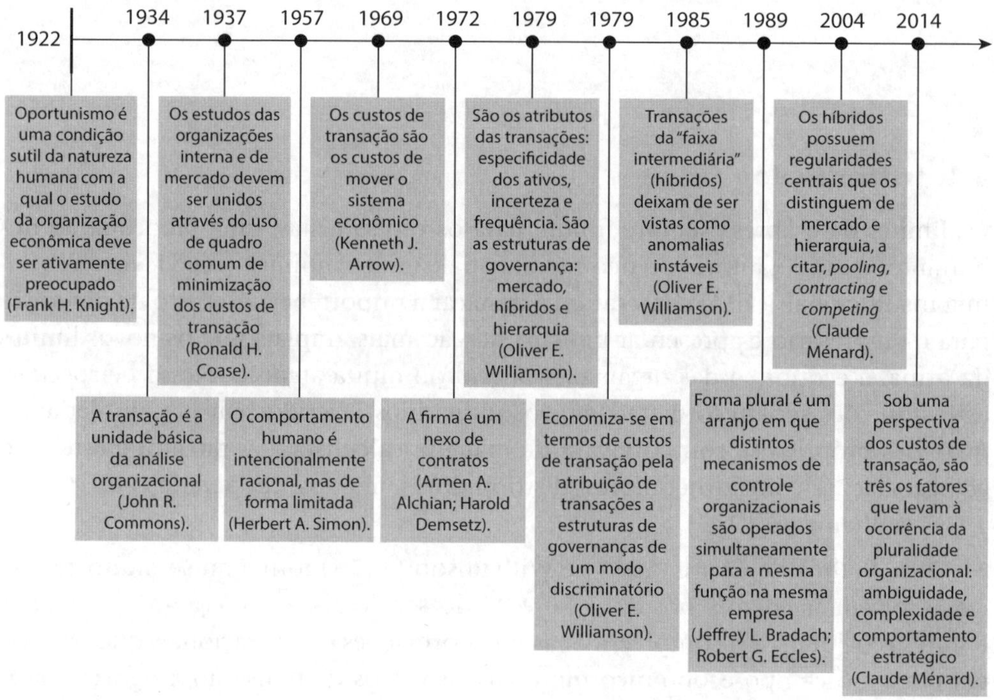

FIGURA 4.1 **Evolução cronológica da Economia dos Custos de Transação.**

Fonte: Rodrigues (2015, p. 57), a partir de Arrow (1969), Alchian & Demsetz (1972), Williamson (1979), Williamson (1985), Bradach & Eccles (1989), Menard (2004; 2014a; 2014b).

No neoinstitucionalismo econômico, também identificado com o Institucionalismo da Escolha Racional – que abarca a política, além da realidade econômica – tem-se que, na visão de Hall e Taylor (1996), a dinâmica das decisões econômicas se dá dentro da necessidade de minimizar os custos de transação, sendo que os agentes se relacionam com base nos ganhos que cada parte espera obter de uma transação. A Nova Economia Institucional (NEI), ou Economia dos Custos de Transação (ECT), está configurada em duas correntes principais: a análise da firma e suas formas de organização (Coase, 1937; Williamson, 1985), e a história econômica e o estudo da mudança institucional (North, 1990; Matthews, 1986). Existem também abordagens mais críticas do institucionalismo econômico a exemplo de Menard (2004), que, mesmo estando alinhado com a ECT, coloca em evidência as formas híbridas, dando maior destaque para as razões de sua emergência e os mecanismos utilizados para coordenar suas transações. Ou de Hennard (2008), que aborda métodos de organização (sistema de preço e hierarquia) para as duas únicas instituições que reconhece (mercado e firma), negando que o contrato seja uma nova instituição. O contrato é, segundo a agenda de estudo ordenada por esse autor, uma das várias alternativas da firma para combinar controle de resultado e controle de comportamentos para compreender o maior objetivo das governanças, que é fortalecer a marca por meio da melhor combinação para aquele negócio entre os custos de trapaça e os custos de displicência (desobediência).

Nesse caminho de contraposições que o presente capítulo vai apresentar para melhor compreender as governanças econômicas de redes, vale destacar também as abordagens de natureza sociológica, tal como o trabalho de Powell (1990) e sua perspectiva de redes de empresas em termos de reciprocidade e confiança. Algo que, de algum modo, abre porosidades com Hennart e, ao mesmo tempo, fecha aproximação com a agenda de Williamson (1975, 1991, 1996), que sempre negou a confiança como característica importante do custo da transação. Nessa perspectiva as instituições seriam formas eficientes de coordenação (escolha racional), compensando as incertezas do mercado, resultado de decisões individuais e da soma individual de cálculos de custo e benefício, manifestando-se sob a forma de um contrato.

Uma importante contribuição teórica que ampara o esforço de combinação entre a Nova Economia Institucional/Economia dos Custos de Transação (NEI/ECT) e outras abordagens do campo institucional, como o Novo Institucionalismo Sociológico (NIS), foi encontrada nas postulações de Matthews (1986). Ela pode estar resumida a partir da identificação de um espaço comum entre as visões do institucionalismo aparentemente antagônicas: a visão econômica, amparada nos conceitos de oportunismo e custos de transação como eixos teóricos básicos, e a sociológica, cujo foco está na existência de relações confiantes e recíprocas em arranjos cooperativos. Esse ponto de diálogo é representado pela racionalidade limitada e assimetria de informações, geradores de custos de transação (NEI/ECT) mesmo em um contexto de relações baseadas em confiança e altruísmo, existentes em arranjos do tipo redes analisados neste trabalho, tal como exposto nos trabalhos de Matthews (1986).

A formação em rede se constitui não apenas em uma estrutura híbrida de governança, mas num arranjo organizacional específico no qual é possível perceber a convivência de mecanismos de coordenação formais ao lado de outros mecanismos informais – sob os aspectos sociais e culturais. A tipologia de redes, por sua vez, oferece espaço para novas caracterizações que não se enquadram exatamente nos padrões até o momento registrados e analisados sob a forma de arranjos híbridos da NEI/ECT, tais como as franquias, acordos de subcontratação, *joint ventures*, alianças estratégicas etc.

As redes podem ser associadas ou identificadas com as características das alianças estratégicas entre empresas de maior porte, por exemplo, no caso da motivação inicial que é essencialmente econômica, e com um aspecto formal na natureza de seus vínculos, representado, nos casos, de estatutos de redes. É importante destacar, porém, algumas características importantes de redes, especialmente as redes de pequenas empresas, como o fato de seus integrantes conservarem sua independência (o que nem sempre se dá com as alianças estratégicas) e estabelecerem entre si vínculos horizontais com elementos informais (o que é mais raro nas alianças, mas eventualmente poderá acontecer), baseados em cooperação, confiança e reciprocidade.

Um aspecto da ação cooperativa na forma de redes de empresas é a existência de mecanismos de coordenação formais e informais. Nesse caso encontram-se tanto aqueles mecanismos de coordenação mais sintonizados com o controle e formalismo da abordagem econômica, tais como os estatutos de rede e atas de reuniões, quanto os mecanismos informais, baseados em confiança e reciprocidade, mais trabalhados em vertentes sociológicas do institucionalismo.

O objetivo deste capítulo é apresentar um panorama descritivo da vertente do institucionalismo econômico ao lado do aporte teórico de redes. Essa união é importante porque é possível estabelecer espaços de diálogo entre as vertentes econômica e sociológica do institucionalismo com a abordagem de redes como elemento relevante do conhecimento para tomadores de decisão e estudiosos das governanças. Nesse sentido, o presente capítulo foi organizado em quatro itens, além da introdução. No item 2 são abordados conceitos relacionados com o fenômeno de redes a partir de uma concepção econômica e sua relação com a questão da competitividade e o papel dos custos de transação nessa questão. Segue-se o item 3, dedicado a uma discussão sobre a Nova Economia Institucional, reforçando mais especificamente o conceito central dos custos de transação como base teórica para se refletir sobre o estudo de redes, dentro de uma perspectiva econômica. As duas grandes correntes da NEI/ECT, ambiente institucional (3.1) e estruturas de governança (3.2) merecem um destaque especial nesse item. Por fim, o quarto item apresenta as definições e características mais importantes para as governanças econômicas de redes e algumas abordagens complementares (Menard, 2004, 2006; Zylbersztajn, 2004; Powell, 1990) que chamam a atenção para a complementaridade entre contrato, reputação, centralidades e coesão das relações entre os integrantes das redes.

4.2. Redes, custos de transação e competitividade

O surgimento da rede como fenômeno empresarial é bem explicável na dimensão organizacional da competitividade. O predomínio e a consolidação da concorrência imperfeita no século XX e a emergência da crise do padrão fordista de produção e acumulação a partir dos anos 80 do século XX resultaram, entre outras coisas, na organização empresarial em rede focada em custos de transação competitivos. A Nike, por exemplo, nunca foi uma fábrica ou apenas uma função de produção – na tradicional sinergia tecnológica que explora economias de escala e escopo, conforme lembra Tirole (1988). Trata-se de um caso empresarial que cabe mal na definição de firma da teoria econômica neoclássica, embora jamais a empresa tenha deixado de apresentar produtos, inovações, diferenciações e outros atributos cativantes para seus consumidores. A Nike seria um bom exemplo da firma como um nexo de transações ou uma estrutura de governança? Parece que sim, o que reforça a contribuição da abordagem teórica da Nova Economia Institucional (NEI) para conceituar a firma, conforme Coase (1937), Williamson (1979, 1985, 1991, 1996), Menard (2004, 2006, 2012), MacNeil (1974, 1978, 1985, 2000), entre outros.

Essa é uma face importante da nova realidade empresarial que alterou os padrões de competitividade nos países desenvolvidos para disseminar-se depois por todo o mundo. O conceito de firma mudou para os autores institucionais da Economia dos Custos de Transação (ECT) – um ramo importante da Nova Economia Institucional. A firma pode ser um nexo de transações ou de relações econômicas e não uma função de produção (conforme a definição da teoria econômica neoclássica do *mainstream* econômico), sendo que os custos dessas transações podem ser o diferencial em relação aos concorrentes. Isto é, do acordo realizado pela firma com a outra parte (pessoa jurídica ou física) pode nascer uma vantagem competitiva conforme a definição da transmissão de direitos entre as partes, a exclusão ou a modificação de deveres. Variando em complexidade, forma, tempo, salvaguardas e capacidade de se fazer cumprir os termos acordados (*enforcement*), os custos de uma transação – e suas vantagens – não são negligenciáveis para a competitividade (Sztajn, Zylbersztajn & Azevedo, 2005, p. 113).

Segundo Tauile (1994), a resposta para os diferentes padrões de *performance* entre as firmas não esteve necessariamente na base tecnológica ou na flexibilidade resultante disso, mas sim "*...nas formas contemporâneas de cooperação entre os agentes econômicos em diversos níveis da organização social da produção*" (Tauile, 1994, p. 86), constituindo-se assim em "... *um novo paradigma de produtividade industrial e de eficiência econômica* (Tauile, 1994, p. 85).

A mescla entre cooperação e conflito na empresa e na concorrência, em oposição ao caráter típico da rivalidade de maximização do lucro, abriu a possibilidade de que desempenhos organizacionais superiores passassem a exigir uma reformulação nos limites da firma. A passagem, na decisão do empresário, entre "fazer ou comprar pronto" para o "fazer, contratar e cooperar ou comprar pronto" representou um avanço para o entendimento do limite da firma. O contrato, segundo Coase (1937), colocava uma nova instituição econômica como opção para o empresário decidir o negócio. Mais do que isso, abria-se a possibilidade de considerar os custos da contratação e da gestão do compromisso entre as partes (incluindo aí a displicência e a trapaça) como algo relevante na tomada de decisão empresarial. Assim, os custos de transação, por meio dos desenvolvimentos da cooperação e da reputação, ganharam relevância na busca empresarial de novas vantagens competitivas.

Os custos de transação importavam tanto quanto os custos de produção para a empresa alcançar sucesso no mercado. Governanças econômicas de redes – focadas em custos de transação – podem representar um nível de competitividade superior às demais formas organizacionais que complementam o contrato (como a quase integração vertical, esquemas de liderança e de instituições *ad. hoc* etc.).

A rede aparece na abordagem de economia dos custos de transação primeiramente como uma organização complementar ao contrato, conforme Menard (2004, 2006), para depois oferecer até outras conotações – como a conquista da confiança para um grupo bem delimitado de autores do neoinstitucionalismo econômico que não tratam o oportunismo como pressuposto comportamental (MacNeil, 1974, 1978), o que destoa de parte representativa da ECT, particularmente dos seguidores das definições de Williamson (1979, 1985, 1991) – um tema que será retomado no item final do presente capítulo.

Este capítulo trata da economia dos custos de transação e da forma organizacional em rede que pode aprimorar ou complementar a governança de uma firma em cada negociação, conforme afirma Menard (2004).

Foi esse custo de transação que ganhou importância na definição de novas vantagens competitivas da empresa. Isso não se deu rapidamente no meio acadêmico. Entre a publicação de Coase (1937) e os trabalhos pioneiros de Williamson (1975) e MacNeil (1978) sobre os limites da firma, ocorreu um vazio nos avanços sobre a organização empresarial redutora de custos de transação.

O avanço da opção da terceirização e da formatação de redes de fornecimento externo ou de subcontratação é um exemplo da emergência da rede de custos de transação como um fenômeno organizacional para a competitividade.

No plano interior da firma, a cooperação entre gerência e demais escalões para a obtenção de objetivos comuns dentro de uma cultura mais participativa e menos impositiva também chamou a atenção. Outra firma surge, com novos recursos estratégicos, como as obtenções de informação, de reputação, de liderança, de novos mecanismos de monitoramento, de alianças internas e externas da firma (como alianças de marcas, *joint ventures, capital ventures.*) etc. Essas novas condições seriam o reflexo de mudanças relacionadas com o aumento da instabilidade do ambiente empresarial, obrigando a firma a desenvolver uma *"... capacidade de resposta aos sinais de mercado através de adaptação e mudança (em geral colocando em evidência as inovações) ..."* (Tauile, 1994 p. 88).

O principal fator gerador de vantagens competitivas não estaria necessariamente na base técnica da firma, mas nos fatores organizacionais que possibilitam a uma empresa reagir e mudar diante de condições hostis de mercado ou criar essas mesmas condições aos seus concorrentes (Tauile, 1994; Powell, 1990).

Depreende-se que todos esses movimentos cooperativos, internos e externos, têm relação com a questão da competitividade. A questão da dosagem empresarial entre cooperação e conflito para o tomador de decisão na firma passa a ser crucial. O dilema entre a cooperação e o conflito (como opção do empresário para o negócio, isto é, na produção e na negociação capitalista) acaba convergindo e coexistindo em níveis diferentes e mais elevados de articulação empresarial (Fiani, 2005).

Subcontratações (como formas de terceirização) entre uma organização de grande porte (subcontratante) e outras de menor porte (subcontratadas) podem proporcionar um conjunto capaz de adaptação e maior resistência às pressões de mercado. Uma das razões é que, ao entregar parte de suas atividades a empresas menores, porém mais flexíveis, uma grande empresa cria condições de flexibilidade e benefícios para todo o sistema. Compromissos mútuos, de longo prazo, nos quais as pequenas empresas transferem sua flexibilidade e se beneficiam em troca de assistência financeira, tecnológica e organizacional fornecida pelas grandes, geram uma estrutura cooperativa sólida, mais coesa, durável, confiável e mais eficiente.

Isso faz com que, apesar de se constituir em uma estrutura a priori não verticalizada, e, portanto, exposta aos problemas de se arcar com os desfavoráveis custos de transação, a estabilidade proporcionada pela cooperação intensa acaba por conter e minimizar esses custos. Assim sendo, contratos, redes e outras formas complementares de organização na governança híbrida podem se tornar soluções permanentes para a firma definir e coordenar os negócios, não havendo necessidade de integrar atividades ou cair na hierarquia de comando vertical dos negócios da empresa, tal como assinalam os primeiros teóricos da ECT como alternativa única à inviabilidade de custos gerada por uma transação de mercado.

Logo, redes como estruturas de governanças de custos de transação começaram a ganhar maior atenção na agenda da ECT quando Menard (2004) destacou a reputação, a influência do parceiro e o esquema da liderança como mecanismos complementares do contrato (o primeiro objeto de referência da NEI para estudar a governança híbrida e não hierárquica da firma) para a coordenação eficiente. Eficiência aqui é definida conforme um conjunto de transações relevantes para a competitividade por dotar a empresa de um custo (de negociação) que não pode mais ser negligenciado.

As consequências benéficas desses tipos de atuação cooperativa, bem como sua adaptação aos novos cenários competitivos, se revelam através de variados aspectos, como a melhor qualidade do produto, redução do tempo de entrega e de perdas e menores investimentos em capital fixo que advêm desta forma de atuação.

Com isso, surge uma nova firma, num conceito amplificado e que, segundo Tauilie (1994 p. 89); ... *é mais capaz de sobreviver e ser bem-sucedida num ambiente instável, atuando com flexibilidade e rapidez e dentro de estratégias de longo prazo*. Esses sistemas cooperativos acabam por produzir estruturas produtivas mais fortes e ágeis de um lado e empresas individuais mais dinâmicas (desde que a credibilidade e os compromissos mútuos sejam respeitados pelos seus integrantes).

Retornando à questão das transformações tecnológicas e empresariais, especialmente concentradas nos anos 80 e 90 do século XX, e recorrendo à contribuição de Mazzali & Costa (1997), tem-se que um novo ambiente trazido por essas mudanças introduz condições mais dinâmicas e de difícil compreensão no âmbito do cálculo capitalista, fazendo com que surjam novas formas de competição e de obtenção de vantagens competitivas, bem como novas formas de divisão de riscos.

Na dimensão externa à empresa, observam-se novas formas de articulação e relacionamento das unidades econômicas produtivas, entre as quais se destacam ações de terceirização de atividades (enxugamento de estruturas e diminuição de custo fixo), intensificação dentro de uma cadeia produtiva, relacionamentos estáveis entre uma firma central (detentora de controle tecnológico ou de mercado) e seus clientes e fornecedores, bem como alianças estratégicas entre empresas concorrentes, visando complementação de competências e conquista de novos mercados ou acesso a novas tecnologias. Passa a ser mais difícil, então, definir os limites de separação entre os agentes econômicos e surgem novas inter-relações não vinculadas a fatores geográficos ou organizacionais. Desponta um novo modelo de relações cooperativas entre as organizações, representado pela organização em rede.

As redes de empresas seriam então, dentro de uma perspectiva econômica, conformações organizacionais caracterizadas pela interdependência das diversas empresas que as integram, com comportamento conjunto entre clientes, fornecedores e parceiros. Nesse sentido, seriam identificadas de redes mais verticais – que estabelecem inter-relações cooperativas entre clientes e fornecedores – a mais horizontais – que funcionam através de um processo de orquestração entre empresas afins. Nas duas modalidades de rede tem-se como desejável (mas não imprescindível) a existência de um elemento coordenador que se constitui no núcleo da rede.

As redes mais verticais funcionam pela complementaridade de ativos com consequente perda de autonomia dos agentes em nome do fortalecimento do conjunto ou relações. À empresa coordenadora são facultados proeminência e controle sobre os relacionamentos. Surgimentos das redes mais verticais ocorrem por motivações organizacionais ligadas à descentralização, fruto da reorganização de uma grande empresa e quase integração entre os diversos membros. Mas a motivação central, segundo Mazzali & Costa (1997), é a resposta que necessita ser dada diante de crescentes exigências de demanda. Integrações logísticas na produção e distribuição são exemplos que visam aumentar a eficiência de processos.

A rede mais horizontal se constitui numa resposta às exigências tecnológicas e organizacionais ampliadas trazidas pela crescente globalização financeira e concentrações dos mercados. Estabelece-se um ambiente organizacional em que existam concorrentes potenciais, mas com possibilidades de união de atributos complementares e que fazem alianças cooperativas, compartilhando competências, riscos e custos para fazer frente aos desafios – como pequenos varejistas de supermercado e de farmácias no Brasil, que se unem em centrais de compras para fazer frente ao poderio das grandes redes de supermercados e explorar novas oportunidades, onde quer que elas se apresentem (redes virtuais de empresas de base tecnológica que unem seus esforços e capacidades para produzir um bem ou serviço cuja necessidade é identificada, viabilizando essa união através de recursos avançados de informática e telecomunicações).

Mazalli & Costa (1997) destacam que a organização em rede surge associada ao problema da coordenação econômica de atividades e recursos. Em oposição à teoria neoclássica, a coordenação espontânea do mercado e das decisões empresariais através dos mecanismos de preços pode dar lugar, então, à necessidade de um comportamento coletivo e intencional das organizações para o atendimento da eficiência, que está nas negociações e não apenas na produção. Ainda segundo Mazalli & Costa (1997), dada a especialização generalizada de um lado e dados os custos de transação que devem ser minimizados de outro, a cooperação e articulação de empresas complementares ou parceiras sob a forma de rede surge como um caminho a ser seguido, chegando a ser definido como uma nova base de atividade econômica. A empresa deixa de ser uma ilha isolada para se tornar praticante da cooperação empresarial e, portanto, tendo em vista não ser capaz de realizar todas as atividades com a mesma desenvoltura ou escala insuficiente, gera a necessidade de estabelecer relações com outras empresas. Associada à especialização, a inovação se constitui em outro fator determinante para a dinâmica empresarial, trazendo em si uma contradição: para se desenvolver a inovação devem ser utilizadas concentrações de conhecimentos e recursos – construção de capacidades – que de um lado proporcionam seu nascimento (da inovação), mas do outro restringem a condição de se criar novas inovações por causa da mobilização da empresa em torno de uma única inovação específica. A forma de organização em rede surge novamente como uma opção de se contornar essa restrição e, assim, a formação em rede tem seu valor sintetizado na diminuição de custos (inclusive custos de transação) e no incremento da inovação específica, sem abandonar a escala.

Valendo-nos agora da contribuição de Bacic & Souza (1996), tem-se que as novas dimensões assumidas pela competição empresarial em diversos aspectos, como qualidade, variedade de produtos com ciclo de vida curto, atendimento rápido ao cliente, flexibilidade, customização em massa, preços competitivos etc., passam a destacar os aspectos de relações entre empresas e formas de organização em rede com atuação coordenada.

Coloca-se aqui a questão da criação de vantagens competitivas de determinada rede, e a necessidade de municiá-la com instrumentos eficazes de tomada de decisão. É preciso que exista uma utilização das informações em termos da interação com agentes externos (ambiente macroeconômico, por exemplo) e interação com elementos ambientais mais próximos e concretos (como a concorrência, fornecedores, clientes, produtos substitutos, entrantes potenciais, sindicatos, governo, mídia etc.) e, com isso, alimentar os tomadores de decisão com informações adequadas para um ambiente pós-fordista, não apenas caracterizado pelo avanço de tecnologias de produção e de informação, mas pelas inovações organizacionais da governança de redes. Nesse caso, elementos nada tradicionais do mercado e da firma, como o contrato, a reputação, os esquemas de liderança e de influência, trazem para a empresa novas prioridades, como reduções de custos de transações, formatações de redes e adaptações a processos de imersões organizacionais e imersões que desafiam a organização pós-fordista.

4.3. A nova economia institucional e os custos de transação: a base teórica para estudar e planejar redes na perspectiva econômica

A abordagem de economia institucional, em sua linha de orientação para estudos de arranjos institucionais alternativos entre o mercado e a empresa (integração vertical) para reduzir custos de transação, apresenta duas dimensões dominantes de análise: a do Ambiente Institucional (AI) e a de Estruturas de Governança (ECT).

A matriz institucional de um setor econômico, assim como as estruturas de governança criadas pelas firmas para coordenar negócios, influencia e pode determinar os custos de transação da empresa com qualquer outro ator econômico (empresas, governos, autônomos, intermediários, *lobbies* etc.).

Assim, a relação entre instituições e eficiência da firma se dá por meio da contribuição delas para o desenvolvimento econômico (segundo a abordagem de Douglas North, ganhador do prêmio Nobel de economia em 1991 e referência central quando o ambiente institucional é focado) ou como as estruturas de governança lidam com diferentes custos de transação (de acordo com a contribuição de Oliver Williamson, ganhador do Nobel de economia em 2009, e sua contribuição decisiva no campo da economia institucional). Assim, as eficiências das instituições ou das estruturas de governança das empresas para o desenvolvimento, nas dimensões macroeconômica e microeconômica, estariam ligadas às possibilidades de reduções dos custos de transação.

Então, a forma como os atores econômicos interagem entre si, e com seu ambiente institucional (agências governamentais, leis, políticas econômicas etc.), acaba se mostrando mais complexa do que propõem os modelos econômicos tradicionais ou do *mainstream* da economia clássica. Tanto que, na abordagem de economia dos custos de transação, a firma é definida como um nexo de contratos regendo transações com fornecedores, assessores jurídicos, prestadores de serviços, intermediários etc. E baseando-se na organização interna da firma, há que se considerar estratégica ou vital a tentativa de realizar a coordenação do sistema econômico pelo conjunto de transações vitais para a organização. A ênfase da análise da ECT é na organização da empresa e nas adaptações que isso acarreta no negócio, diferentemente da ênfase na tecnologia e na função eficiente de produção colocada pela teoria neoclássica da firma. Os atores destacados para a firma na ECT **são advogados, contadores, relações públicas, financistas,** *lobbistas*, atores coletivos etc., um conjunto que foi sucessivamente ignorado pelo *mainstream* microeconômico (teoria neoclássica).

No plano do ambiente institucional, Douglas North (1991, 1994) define instituições como restrições criadas pelos humanos que estruturam as interações econômicas, políticas e sociais e que podem ser informais (sanções, tabus, costumes, tradições e códigos de conduta) e formais (constituições, leis, direitos de propriedade, normas etc.) e que foram criadas para reduzir a incerteza nas trocas.

North (1994, p. 13) faz uma distinção útil entre instituições e organizações. Instituições são as regras formais (leis, normas etc.) e as limitações informais (convenções, rotinas, mitos, crenças etc.) e os mecanismos responsáveis pela eficácia desses dois tipos normativos, ou seja, o que restringe o relacionamento do ator econômico com o outro. Assim, as instituições constituem as "regras do jogo" e as organizações são os "jogadores" (empresas, ONGs, órgãos públicos etc.). Para North (1994), o ambiente institucional é a matriz de regras e normas formais e informais que, juntamente com os padrões de restrições econômicas, definem um conjunto de escolhas e, assim, determinam os custos de produção e de transação e, consequentemente, a lucratividade e a viabilidade de uma empresa ingressar em uma atividade econômica (North, 1991, 1994).

No plano da estrutura de governança estariam os mecanismos redutores dos custos de transação de uma organização (lucrativas ou não lucrativas, públicas ou privadas). Chama a atenção o número de organizações não lucrativas – como asilos, abrigos, creches, secretarias de órgãos públicos, hospitais beneficentes etc. – que apresentam custos de transação elevados e sequer os conhecem por definição.

Colocados em dois momentos da negociação organizacional, antes e depois de a firma contratar (*ex ante* e *ex post*) parceiros, serviços e outros, os custos de uma transação para a firma podem ser:

Ex-ante:

a) Custos relacionados com a formalização da transação;
b) Custos de localização de clientes e fornecedores;
c) Custos relacionados com o processo de negociação;
d) Custos relacionados ao estabelecimento de salvaguardas necessárias a todo e qualquer acordo;
e) Custos de ensino para produzir o que se necessita.

Ex-post:

f) Custos relacionados à má adaptação das transações ao acordo;
g) Custos das negociações em que se incorre quando há esforços para corrigir o estabelecido;
h) Custos associados ao estabelecimento e manutenção das governanças;
i) Custos de manutenção dos compromissos estabelecidos formal ou informalmente.

Fazendo uma ponte entre os níveis macro e micro baseando-se nos indivíduos, tem-se que eles apresentam atributos comportamentais que direcionam suas decisões econômicas, criando-se com isso uma situação fundamental: apesar de haver racionalidade intencional, essa racionalidade é limitada. Tal limitação ocorre em função de termos um mundo excessivamente complexo, em face de uma capacidade limitada de processamento de informações pelos agentes e, entre os diversos agentes, capacidades distintas de processamento dessas informações, isto é, assimetrias de informações entre os agentes. Herbert Simon ganhou o prêmio Nobel de economia em 1978 ao destacar a racionalidade limitada do ator econômico, o que foi fundamental para Williamson destacar os custos de transação da empresa. Para Simon (1957), os atores são intencionalmente racionais, mas o são apenas limitadamente. Os atores tentam se proteger dos problemas potenciais, mas falham por não fazê-lo por completo já que não entendem perfeitamente os estados presentes e futuros do mundo econômico.

A racionalidade limitada gera uma situação de incerteza por causa da informação imperfeita gerada em processos assimétricos de informações nos negócios entre os atores. Isso, por sua vez, favorece o oportunismo (intrínseco aos indivíduos), que, de modo geral, se manifesta através de manipulação dessas assimetrias de informações de uma parte visando apropriação de benefícios da transação em detrimento da outra parte.

> *O oportunismo significa que não se pode esperar que todos os agentes ajam de acordo com suas promessas. O pressuposto não é que todos os agentes sejam desonestos, mas que é difícil predizer o quanto eles são honestos ou desonestos. O nível de oportunismo não é algo dado, e pode-se esperar que ele varie dependendo da força do controle legal e social que caracteriza o ambiente da transação* (Hennart, 2014, p. 308).

De modo específico, o oportunismo se manifesta *ex-ante,* no âmbito da **seleção adversa,** e *ex-post,* através do **risco moral**. Seleção adversa e risco moral causam dificuldades de negociação, execução, monitoramento e renovação de contratos e geram, portanto, custos de transação (dimensionados principalmente, mas não exclusivamente, pelas especificidades dos ativos envolvidos na negociação) que devem ser minimizados com a aplicação da estrutura de governança mais adequada (definida através da análise estrutural discreta). Dessa forma, as instituições (macro e microeconômicas) agem aqui como elementos de contenção destes custos.

Complementando o que já foi exposto, Farina et al. (1997) cita Williamson (1993), fazendo referência a um esquema de ligação entre o ambiente institucional, as estruturas de governança (como centro do modelo) e os atores, sendo que estes diferentes níveis se influenciam mutuamente.

Como o próprio Williamson (1993, 1996) coloca, as estruturas de governança operam dentro de um esquema de três níveis, em que as próprias governanças estariam nas orquestrações das empresas ou organizações, ficando abaixo do ambiente institucional (no nível macroeconômico) e acima do nível microeconômico. Nesse modelo, o ambiente institucional influencia as estruturas de governança através de mudanças nos parâmetros institucionais (mudança das leis e nos direitos de propriedade). Essas estruturas, por sua vez, também recebem influência dos atributos comportamentais em nível individual.

A Figura 4.2 mostra as interações-chave para a compreensão das influências do ambiente institucional sobre as estruturas de governança, e como os atores podem influenciar e até provocar mudanças institucionais – na medida em que constituam estruturas de governanças geradoras de custos de transação competitivos.

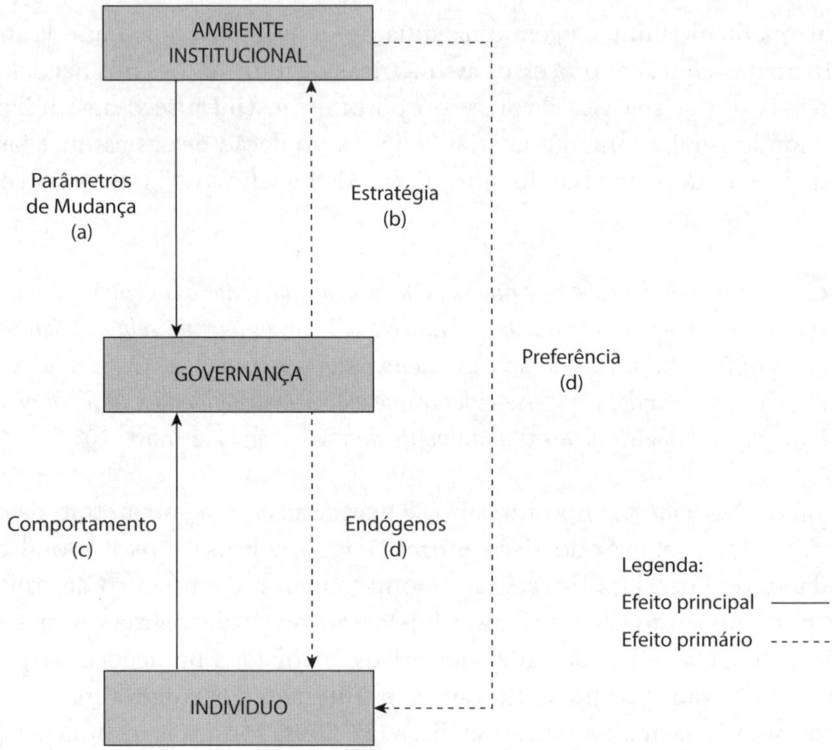

FIGURA 4.2 As interações e os efeitos entre ambiente institucional, estruturas de governança e atores econômicos. Fonte: Williamson (1991, p. 80).

De modo mais secundário, o ambiente institucional também é influenciado pelas ações estratégicas ensejadas nas estruturas de governança (pelos *lobbies* e as orquestrações de interesses das empresas, por exemplo, muitas vezes se intrometendo na política) da mesma maneira que os comportamentos individuais podem ser influenciados por ações de propaganda das estruturas de governança. Dessa forma, temos o ambiente institucional (regras formais e informais), as estruturas de governança (empresas organizadas em torno de estruturas de mercado, arranjos híbridos e contratos ou quase hierarquias, por exemplo) e os indivíduos, interagindo entre si, num cenário com pressupostos comportamentais de oportunismo atuando em face da assimetria de informações.

Dependendo da natureza das transações de uma sociedade, as instituições diferem entre si em termos de complexidade, variando de sociedades mais primitivas - nas quais os custos de transação são menores (em razão da incerteza reduzida e ao alto custo de oportunismo), surgindo disso uma necessidade menor de instituições - a sociedades mais complexas - nas quais há necessidade de algum arranjo institucional que dê segurança para as transações como os direitos de propriedade, as garantias e **até mesmo a reputação (que, diferentemente da confiança, está presente no modelo teórico de Williamson** - conforme será mostrado no item 4 deste capítulo).

Assim, a mudança do ambiente institucional causa efeitos sobre o resultado econômico. A legislação e a reputação desenvolvida entre empresas em negócios servem de exemplos bem-sucedidos na colaboração para o desenvolvimento. O próprio surgimento das instituições, como os direitos de propriedade e a legislação (tributária, fiscal, trabalhista), serve de exemplo para a construção de um ambiente favorável para negócios capitalistas.

4.3.1. Ambiente institucional

Na perspectiva macroeconômica do novo institucionalismo, em que o destaque é o Ambiente Institucional, destaca-se a contribuição de Douglas North com o estudo das instituições e suas consequências para o desenvolvimento econômico, cuja face mais conhecida está revelada no livro "*Institutions, Institucional Change, and Economic Performance*" de 1990.

O conceito de transação e seus custos, tal como definido em Coase (1937), é também utilizado por North (1990) quando relaciona estes custos com as instituições formais e informais. Definidas como as regras do jogo da sociedade e desempenhando o papel de impor limites aos comportamentos sociais, as instituições são de grande importância para o desenvolvimento econômico. Para North, boas instituições políticas e econômicas geram tanto menores custos de transação para a sociedade, quanto incentivos para o desenvolvimento econômico, proporcionando uma maior eficiência dos mercados.

Refutando a teoria neoclássica, que praticamente ignora o componente institucional na criação dos mercados, North (1990) também salienta a importância das mudanças institucionais dentro de uma perspectiva histórica como indutora do desenvolvimento.

Fundamentais para o funcionamento do sistema econômico e a distribuição dos benefícios do crescimento, os custos de transação são aqui definidos de modo semelhante ao que é feito dentro da concepção de estruturas de governança. Assim, são definidos como os custos de obtenção de informações sobre os atributos de valor de um bem ou sobre o desempenho dos agentes e sua quantificação. Além disso, os custos de transação seriam relacionados também aos gastos com a especificação de direitos e deveres das partes envolvidas em uma transação e dos mecanismos de execução contratual, bem como os gastos eventuais posteriores de se fazer cumprir os contratos e coordenar a solução de controvérsias. Esses dois últimos seriam necessários como resultado do comportamento potencialmente oportunista das partes envolvidas em uma transação impessoal, sendo tal comportamento oportunista um pressuposto básico da NEI.

Existe também uma relação dos custos de transação com a definição dos direitos de propriedade e suas dimensões (definição de usos, renda potencial e alienação) que acompanham o bem na troca. Esses custos são altos e imprevisíveis, e explicitados, portanto, de maneira imperfeita e incompleta.

Para North (1990, p.), as instituições *"devem não só promover a avaliação dos diretos de propriedade a baixos custos, como também oferecer incentivos que estimulem decisões descentralizadas e mercados efetivamente competitivos"*.

E as fontes das mudanças institucionais são as oportunidades percebidas pelos empresários, que realizam essas demandas no contexto dos custos percebidos como necessários para alterar a estrutura institucional em várias frentes. North (1991) considera que, mesmo que os agentes envolvidos em uma transação tenham os mesmos objetivos, como maximizar os lucros, a transação consumirá recursos; mas no contexto de comportamento unilateral de maximização e informação assimétrica sobre atributos valiosos da negociação, os custos de transação são determinantes críticos do desempenho econômico. Assim, as instituições e a eficiência do *enforcement* (poder de execução) do empresário determinam os custos de uma transação.

Pouco se sabe como reverter a direção da economia em busca de eficiência adaptativa (North, 1994). Essa mudança exige a alteração das organizações existentes ou mesmo a criação de novas, cujos empresários consigam visualizar as vantagens no desempenho das atividades produtivas e tenham incentivos para modificar direta ou indiretamente a estrutura institucional.

> *"As instituições e organizações eficazes podem reduzir os custos de cada transação, de forma a obter uma parcela maior dos ganhos potenciais de cada interação humana"* (North, 1994, p. 34).

North (1994, p. 11) faz uma relação entre instituições, custos de transação e crescimento econômico, e afirma que um conjunto de instituições políticas e econômicas que ofereça transações de baixo custo e que viabiliza a existência de mercados de produtos e fatores eficientes para o crescimento econômico.

ESTUDO DE CASO – O CASO BRASILEIRO DE ÓRGÃOS DE JULGAMENTO DE PROCESSOS DE CONCENTRAÇÃO DE MERCADO, CONDUTA ANTICONCORRENCIAL, AÇÕES DE PREVENÇÃO DE CONCENTRAÇÃO E DISSEMINAÇÃO DA CULTURA CONCORRENCIAL

Temos, como exemplo, na dimensão de ambiente institucional, as estruturas institucionais de defesa da concorrência de mercado em economias de mercado um mecanismo importante, existente na maior parte dos países, e que, no Brasil, se configura no Sistema Brasileiro de Defesa da Concorrência (SBDC) composto por dois órgãos: o Conselho Administrativo de Defesa Econômica (Cade), autarquia ligada ao Ministério da Justiça e a Secretaria de Acompanhamento Econômico (SAE), vinculada ao Ministério da Fazenda. Anteriormente havia um terceiro órgão, a Secretaria de Direito Econômico, subordinada ao Ministério da Justiça e que, a partir da lei 12.529 de 2011, teve a maior parte de suas atribuições absorvidas pelo Cade. Ao Cade cabe a instrução e o julgamento de processos de concentração de mercado (fusões e aquisições) e condutas anticoncorrenciais, enquanto que a SEAE se encarrega de ações de prevenção de concentração e disseminação da cultura concorrencial e elaboração de estudos técnicos. Basicamente, o SBDC atua em três frentes: ações preventivas de análise das operações de fusões, aquisições e *joint ventures* (cooperação econômica) de empresas em território brasileiro. Antes de ser concretizadas, as operações devem ser notificadas junto ao sistema, ações de repressão, com investigação e punição de práticas não competitivas, como carteis e abusos de empresas dominantes (vendas casadas, preços predatórios, cláusulas de exclusividade) e ações educativas, difundindo a cultura da competição por meio de seminários, participação em eventos, publicações.[1]

Numa interpretação de Gala (2003) sobre a abordagem de Douglas North, os custos de transação nascem das imperfeições dos mercados em termos de informações incompletas e disponíveis de maneira assimétrica aos atores para tomada de decisão, bem como da incerteza decorrente desse fato. Isso faz com que, conforme coloca Gala (2003), em razão da complexidade das informações, incapacidade de processamento das informações ou mesmo excessivas mudanças no ambiente, os agentes econômicos não têm condições de tomar decisões ótimas. Tem-se, então, uma racionalidade limitada em que os atores, não podendo apreender completamente o mundo que os cerca, buscam através de sua própria visão subjetiva de mundo (ideologia) e interpretação tomar decisões de acordo com esta realidade da melhor maneira possível. Em outras palavras, *"na melhor das hipóteses, os agentes podem tentar aproximar sua visão de mundo da própria realidade objetiva"* (Gala, 2003 p. 94).

---

[1] **Conforme em http://www.cade.gov.br/ e http://www.seae.fazenda.gov.br/ (acesso em 02/09/2015).**

Nesse contexto, através da ideologia, surgem regras informais e formais, concretizadas em instituições, que surgem para diminuir estas incertezas – sem eliminá-las (e consequentemente os custos das transações gerados), por meio da estruturação das interações dos agentes econômicos.

Essas regras se manifestam de maneira formal, sendo que Azevedo (2000) considera que as regras formais representam a parte mais visível, tomando como exemplo a legislação de uma sociedade, as políticas públicas em termos da defesa da concorrência, as políticas agrícolas (como o crédito rural, políticas de preços mínimos etc.) e industrial etc. Tem-se que as regras institucionais formais influenciam ou delimitam o comportamento dos agentes econômicos. Uma ênfase especial é dada ao comportamento associado às decisões de investimentos, ressaltando-se que tão importante quanto o caráter indutor de investimentos de uma regra formal em si é ela ser percebida como estável pelos agentes para que eles realmente os realizem (Azevedo, 2000).

ESTUDO DE CASO – O CASO DE INDICADORES DE CONFIANÇA DO EMPRESARIADO NO BRASIL

Um exemplo desta questão no Brasil, quando acompanhamos as notícias veiculadas na imprensa sobre o nível de confiança do empresariado por meio de intenções de investimentos e medido por algumas organizações e entidades empresariais de classe, como a Confederação Nacional da Indústria (CNI) e Confederação Nacional do Comércio (CNC) – ou ainda as sondagens e índices de confiança para diversos setores (indústria, comércio, serviços, construção, de investimentos e do consumidor etc.) elaborados pela Fundação Getulio Vargas – FGV. Trata-se de sondagens baseadas em levantamentos estatísticos, mas com a utilização de questionários qualitativos, portanto baseados em percepção de futuro por parte dos agentes que os respondem, que registram indicações de tendência de investimento e consumo e que, por sua vez, dada a sua credibilidade e reputação construídas ao longo dos anos, se tornam elas mesmas balizadores de decisões de investimento e consumo por parte dos agentes. Por outro lado, a credibilidade (e, portanto, a previsibilidade) de uma regra pode ser abalada se, na percepção dos agentes, existirem grupos de interesse que se oponham a ela, com recursos suficientes para mudá-la. Nesse caso não haveria credibilidade e estabilidade de regras (com a geração de crescimento econômico) e sim a geração de uma incerteza no ambiente que produziria diminuição dos investimentos.

É importante frisar que tão importante quanto existências de normas são os mecanismos de fiscalização que garantam o seu cumprimento. North (1990) coloca três possibilidades de efetivação dessa fiscalização: conduta autoimposta, represálias da outra parte e ação do Estado.

Já as regras informais, relacionadas com normas de conduta e comportamento, são outras formas institucionais de condicionamento do comportamento humano. Apesar de não escritas, também são produto das escolhas dos membros de uma sociedade ao longo de sua evolução, não podendo ser facilmente manipuladas. Funcionam como redutoras de custos de coordenação. São as regras informais definidas como "valores, tabus, costumes, códigos de ética, religiões, laços étnicos e familiares" (Azevedo, 2000), que acabam por facilitar as transações ao restringir comportamentos oportunistas indesejados, conferindo coesão e coordenação às ações dos agentes (um exemplo seria a certeza da punição a traição existente em organizações criminosas).

Considerando esse modelo de ambiente institucional, as organizações, definidas como qualquer conjunto de pessoas que executam atividades visando um determinado objetivo, se relacionam com as instituições na medida em que estas são as regras de um jogo jogado pelas organizações. As organizações (cabendo aqui nesta definição, além de empresas, partidos, escolas, entidades de classe, sindicatos etc.) são condicionadas e incentivadas a tomar suas decisões e realizar suas ações, pelo contexto ou matriz institucional que vai, em última análise, delimitar as oportunidades a serem aproveitadas e definir a sobrevivência dessas organizações em ambientes competitivos. Por outro lado, além de se adequarem, as organizações também exercem sua influência via processo político. Um bom exemplo é o direcionamento de investimentos do Estado na área de transporte rodoviário no Brasil desde os anos 50 do século XX, diante das especialidades escolhidas pelos governos desde tal década até hoje, numa direção sempre traçada pela matriz institucional da economia nacional.

ESTUDO DE CASO – O CASO DE INVESTIMENTOS ESPECÍFICOS DO ESTADO BRASILEIRO PARA O TRANSPORTE RODOVIÁRIO

Como exemplo desse direcionamento, temos o caso emblemático da opção de malha de transportes intermunicipal e interestadual brasileira pelo veículo automotor rodando em rodovias, em detrimento das ferrovias. Diferentemente de outros países, como os EUA, países da Europa, Índia, Japão etc., todos os investimentos estatais, influenciados pela indústria automobilística, se direcionaram pela opção de transporte, de passageiros e de carga, por meio de veículos automotores, deixando minguar uma malha ferroviária importante e que apenas recentemente, e restrita à modalidade de carga, tem sido lentamente recuperada, conforme mostra a matéria publicada em 2007.[2]

[2] http://www12.senado.leg.br/noticias/materias/2007/03/30/ferrovias-versus-rodovias (acesso em 02/9/15).

Estabelecendo uma relação entre as estruturas de governança e o conceito de ambiente institucional, um fator de transformação que gerará uma mudança institucional na estrutura de governança (e, portanto, nos custos de transação relacionados com as especificidades do negócio) se dá pelo ambiente de regras e normas, que estabelecem a base para a produção, a troca e a distribuição de bens. São distúrbios no ambiente institucional que irão alterar o equilíbrio entre as transações. Uma alteração de um negócio em mercado spot por um negócio sob um contrato surgirá em decorrência de uma mudança nos parâmetros do ambiente institucional e estes parâmetros seriam de quatro ordens: direitos de propriedade (usufruto, apropriação de retornos e alteração de ativos), leis contratuais (delimitação de comportamentos), efeitos da reputação (redutores de custos de transação pela diminuição da possibilidade de comportamento oportunista) e incerteza (relacionada com a possibilidade de turbulências ambientais).

Quanto à estrutura institucional, que gera as regras formais, o desejável é que se tenha uma estrutura tal que sejam geradas oportunidades relacionadas com incentivo a competitividade e descentralização de decisões, que, por sua vez, proporcionem as organizações adequadas para um bom desempenho econômico. Segundo North (1990), um arcabouço institucional eficiente e flexível seria aquele que proporcionasse mercados descentralizados e direitos de propriedade bem definidos e protegidos. Seria preciso então, primeiramente, conhecer as estruturas dos custos de transação e produção de uma sociedade e as instituições por trás desses custos, sendo que esse processo estaria sujeito aos modelos mentais dos agentes.

Já os modelos mentais têm a sua gênese na matriz cultural, na experiência vivida e no aprendizado adquirido refletindo-se esses modelos em ideologias definidoras de políticas governamentais, bem como de valores morais.

As organizações interagem entre si empregando recursos econômicos, que, junto com a tecnologia, definem os custos de transformação (tradicionais da teoria econômica) e interagem com a própria matriz institucional – que define os custos de transação – e são, portanto, responsáveis pela evolução institucional e pelo desempenho econômico das sociedades ao longo do tempo.

4.3.2. Estruturas de governança

As estruturas de governança estão intimamente relacionadas com a coordenação entre os participantes de uma transação. A questão da eficiência na coordenação entre os participantes de uma transação é ressaltada por Azevedo (2000) como tão vital quanto a eficiência produtiva de cada agente. A coordenação eficiente e eficaz contribui para uma melhor capacidade de adaptação às contingências e resolução de conflitos. Para construir essa coordenação eficiente, os agentes criam estruturas de regulação das transações denominadas por Williamson (1985) estruturas de governança, como o mercado *spot* (transações de curto prazo realizadas via mercado de compra e venda) ou contratos de mais longo prazo (uma forma híbrida entre o mercado e hierarquia) e, por fim, a integração vertical (com as relações/transações de desenvolvendo com base na hierarquia interna das empresas). O critério de eficiência na coordenação seria a adequação de uma determinada estrutura às características ou aos atributos de uma transação, ou seja, para que uma determinada transação seja coordenada de modo eficiente, é preciso que a estrutura que governa essa transação (estrutura de governança via mercado, hierarquia ou híbrida entre mercado e hierarquia) seja eficiente ou esteja de acordo com as características de uma transação.

Antes de detalhar melhor as estruturas de governança de transações e seus atributos, cumpre reafirmar os fatores determinantes dos custos de transação entre os agentes como função de dois pressupostos comportamentais: a **racionalidade limitada** e o **oportunismo** dos agentes.

A **racionalidade limitada** se constitui na ausência de plenas condições de controle de uma transação, causada pela complexidade e incerteza das operações e da incapacidade cognitiva dos agentes em tratar todas as informações disponíveis afeitas a essas operações. Existe uma incapacidade inerente ao ser humano na obtenção e processamento de todas as informações necessárias e na resolução de problemas complexos, o que implica decisões apenas satisfatórias e não ótimas, tornando incompletos os contratos que regulam as transações, por sua vez gerando a necessidade de renegociações posteriores e salvaguardas contratuais cada vez maiores. (Farina et al. ,1997; Azevedo, 2000).

> *... a racionalidade limitada significa que agentes humanos são, nas palavras de Simon (1957), "intencionalmente racionais, mas o são apenas limitadamente". Agentes procuram antecipar e proteger-se de problemas potenciais, mas, por causa da racionalidade limitada, elas não são incapazes de fazê-lo por completo, porque falham em entender completamente os estados presentes do mundo e antecipar perfeitamente os estados futuros.* (Hennart, 2014, p. 308).

Conforme já mencionado, além de serem limitados em sua capacidade cognitiva, os agentes têm capacidades cognitivas diversas, de acordo com suas características individuais (histórico, formação, experiências vividas), e também com a sua posição individual em face de uma determinada transação (vendedores × compradores de carros). Esta última situação enseja uma disparidade de informações inevitável entre as duas partes de qualquer transação, que recebe o nome de **assimetria de informações**.

ESTUDO DE CASO – O CASO DE ASSIMETRIA DE INFORMAÇÕES NO MERCADO BRASILEIRO DE CAPITAIS

Em matéria publicada no jornal valor econômico – edição de 18/05/2015,[3] há um exemplo de racionalidade limitada e de assimetria de informações no mercado de capitais brasileiro. Considerando o cenário da bolsa de valores de São Paulo (BMF /Bovespa), a matéria faz menção a um estudo realizado por pesquisadores do Bacen e IBMEC sobre os momentos nos quais, sem aparentemente nenhum fato ou embasamento técnico que o justifique, surge um acirramento em ordens de compra e venda que foge a qualquer racionalidade. Nesse momento, grande quantidade de investidores faz um mesmo movimento (compra ou venda de uma determinada ação), criando um evento chamado "efeito manada" no mercado de ações. Aparentemente, uma ou algumas ordens de compra e venda acabam por influenciar outras ordens em um crescente exponencial, gerando-se com isso expressivas flutuações de preço e quantidade negociada de ações de uma determinada empresa. Isto é, um determinado investidor abandona suas análises e informações sobre um determinado papel (e assim abandona a racionalidade), para se tornar um simples seguidor irracional de outro investidor. Ele compra ou vende uma ação simplesmente porque outro assim o fez antes dele. Uma possível explicação para esse efeito seria justamente a racionalidade limitada e a assimetria de informações por ela gerada no âmbito do mercado de capitais. Assim "um investidor decide imitar a decisão de investimento por supor que um agente está mais bem informado em vez de acreditar em suas próprias conclusões". Em sendo uma transação dependente da transação que a antecede, a hipótese ortodoxa e tradicional de eficiência dos mercados, baseada na premissa de que os agentes, nesse caso investidores em ações, baseiam suas decisões na maximização do retorno projetado passa a ser questionada. Na verdade, o que governa esse mercado seria a informação imperfeita (assimetria de informações) e a racionalidade limitada).

Já o **oportunismo** decorre, em certa medida, da racionalidade limitada. Como foi dito, o ator não pode esperar que o outro cumpra as promessas feitas e que isso deve variar conforme a força de controle legal e social do ambiente. Os atores incorrem no que seria definido como o comportamento fortemente autointeressado e egoísta implícito em qualquer transação, seja antes da transação (a seleção adversa do *ex-ante*), seja depois (o risco moral do *ex-post*).

Surge, assim, a necessidade de se criarem mecanismos custosos de salvaguardas contratuais, coletas de informações e eventual utilização da justiça. Em outras palavras, os indivíduos estariam sempre propensos a desonestidades e ao não

---

[3] http://www.valor.com.br/financas/4053198/efeito-manada-em-bolsa-e-dificil-de-ser-comprovado

cumprimento da promessa, aproveitando-se da racionalidade limitada e da assimetria de informações entre os agentes (gerada nesse contexto).

Isso gera custos de transação relacionados com a prevenção e o controle sobre esse comportamento quando dois agentes iniciam uma determinada transação. A racionalidade limitada e o oportunismo, juntamente, aumentam os custos de transação.

> *Se os agentes não estivessem sujeitos à racionalidade limitada, eles seriam capazes de distinguir antecipadamente os negociantes honestos dos desonestos e poderiam separar as instituições que antecipam completamente todas as possíveis consequências. Os agentes também saberiam os termos específicos que maximizam seus ganhos conjuntos. Estando ausente o oportunismo, a racionalidade limitada não seria um problema, desde que as partes voluntariamente se abstivessem de tirar vantagem da inaptidão de seus parceiros de negócios para se proteger e antecipar todas as contingências. Sem o oportunismo, as promessas seriam honradas sem a necessidade de garantias* (Hennart, 2014, p. 308).

ESTUDO DE CASO – O CASO DA EMPRESA BRITÂNICA RIO TINTO PCL

Em 2014, foi noticiado pelo jornal Valor Econômico,[4] um exemplo de comportamento oportunista e as consequências que isso acarreta para as transações. Em julho de 2014 o conselho de administração da empresa britânica Rio Tinto PCL, grande empresa da área de mineração (a segunda maior produtora de minério de ferro, logo atrás da brasileira Vale do Rio Doce S.A.), havia recusado uma oferta de fusão com sua concorrente, a suíça Glencore PLC – também uma empresa de grande porte e com atuação em escala mundial. De uma fusão entre essas duas grandes mineradoras, surgiria uma empresa de grande porte e de escala mundial, inclusive superior ao da BHP Billington, considerada na época a maior mineradora de capital aberto do mundo. Haveria, inclusive, uma série de complementaridades vantajosas que uniriam as operações diversificadas da Glencore PLC – com presença consolidada em quase todas as commodities minerais e agrícolas (cobre, zinco, petróleo, grãos, algodão etc.), exceto em minério de ferro, justamente o ponto forte da Rio Tinto. Em sua manifestação a respeito dessa recusa de negociação, representantes da direção da Rio Tinto fizeram referência à preocupação com o oportunismo da oferta da Glencore, aproveitando-se da fragilidade da Rio Tinto ocasionada pela queda dos preços do minério de ferro, que fez com que as ações da empresa estivessem em queda nessa época, tornando, portanto, mais

[4] http://www.valor.com.br/impresso/wall-street-journal-americas/rio-tinto-recusa-oferta-de-fusao-da-glencore, acesso em 03/08/15.

barata e vantajosa a negociação para a Glencore. Outro elemento dessa recusa foi a avaliação por parte dos executivos da Rio Tinto de existir menos vantagem para a Rio Tinto nessa fusão do que para a própria Glencore. Pode-se notar, nesse exemplo, a dificuldade em se lidar com a iminência de oportunismo e imaginar os custos envolvidos nas avaliações que foram necessárias para que da Cia Rio Tinto (p. A7).

Os mecanismos de coordenação idealizados pelos agentes para reduzir os custos de transação recebem, então, o nome de estruturas de governança e se constituem em várias formas de relacionamento, desde a mais pura relação de mercado (spot ou livre) até a integração vertical, passando por formas intermediárias denominadas híbridas ou contratuais, como as variadas formas de subcontratação e contratos de fornecimento de longo prazo.

As eficiências desses mecanismos híbridos de governança estariam relacionadas com suas adaptações às características da transação à qual eles se relacionam. Ou seja: ... *Trata-se de alinhar as estruturas de governança aos atributos da transação* (Azevedo, 2000 p. 36), seja com a mensuração *ex ante* de informações inerentes aos bens, seja relativa à adaptação do contrato entre as partes na medida em que avança a relação (mensuração *ex post*).

A partir dos pressupostos comportamentais da racionalidade limitada e do oportunismo dos agentes, a NEI ressalta duas formas pelas quais os custos de transação são gerados: os problemas de mensuração (*ex-ante*) e de adaptação (*ex-post*). Para Williamson (2008), esses dois pressupostos comportamentais são suficientes para gerar os custos de transação do ator econômico, pois a neutralidade de risco (quando os agentes tendem a ter maior aversão ao risco que os gestores – um importante pressuposto da Teoria da Agência) não é assumida por Williamson (2008).

ESTUDO DE CASO – COMPORTAMENTOS OPORTUNISTAS E ESTABILIDADES DAS GOVERNANÇAS NAS NEGOCIAÇÕES DE COMBUSTÍVEIS NO ESTADO DE SÃO PAULO

Soares, Paulillo e Candolo (2013)* avaliaram os fatores que influenciam o comportamento oportunista verificado no setor de distribuição de combustíveis automotivos (etanol e gasolina) no estado de São Paulo e de que forma a existência deste comportamento tem influenciado na estabilidade das transações entre distribuidores e postos revendedores varejistas. Adotando metodologia de regressão logística, os autores mostraram, entre os principais resultados encontrados, que os contratos obtiveram resultados expressivos no objetivo das distribuidoras de redução de oportunismo por adulteração de combustível (-68,6%) e o enforcement desses mesmos distribuidores sobre os postos varejistas se mostrou eficiente em coibir oportunismos por infidelidade ao arranjo do negócio (transações de combustível, manutenção de procedimentos considerados essenciais pela marca de combustível no mercado, etc). O tempo do varejista de combustível no mercado se revelou fator indutor de comportamentos oportunistas, enquanto que a realização de preços mais altos se mostrou fator desestimulante ao oportunismo.

*SOARES, S. S.; PAULILLO, L. F.; CANDOLO, C. Opportunistic behavior and stability on governances in automotive fuel negotiations in the state of São Paulo. Journal of Economic Issues, v. 47, p. 983-1002, 2013.

Barzel (1982) tratou dos problemas de mensuração (*ex-ante*), formulando o princípio segundo o qual só haverá transação se as pessoas envolvidas puderem perceber, de alguma forma, que o que elas estão obtendo é tão ou mais valioso do que elas deram ou vão dar na realização da transação. Tomando como partida a relação entre vendedores e compradores, para que as percepções positivas possam se formar e as transações acontecerem, faz-se necessário que os atributos dos itens comercializados pelos vendedores possam ser medidos pelos compradores. Alguns desses atributos, como o peso, a cor ou o tamanho, podem ser facilmente aferidos pelos consumidores antes de se concretizar a transação, porém, outros atributos como o gosto só serão medidos posteriormente. Especialmente com relação a esses últimos atributos (medição e aferição posterior) e para que se concretize a troca, são necessárias salvaguardas que garantam a inexistência de quaisquer manipulações oportunistas por parte do vendedor. Essas salvaguardas sinalizam uma garantia de que o atributo esperado será efetivamente e verdadeiramente entregue, mas a sua implantação implica custos de transação que recebem de Barzel (1982) a denominação de custos de mensuração.

Como resultado da competição entre vendedores, estes visam oferecer mercadorias (bens e serviços) que não provoquem no consumidor o desejo de selecionar/comparar com outras opções existentes no mercado. Nesse contexto, uma questão importante que se coloca para os vendedores é a de proporcionar a menor variabilidade possível nos atributos dos seus bens/serviços, dissuadindo assim os compradores de buscar alternativas. Esse desafio se revela especialmente difícil de ser concretizado, pois, por mais que se esforce, é quase impossível para um vendedor evitar a ocorrência de alguma variabilidade nos atributos de seus bens/serviços. Sempre haverá circunstâncias operacionais e de mercado inesperadas que poderão gerar alguma alteração (mesmo que pequena) na qualidade, peso, gosto, preço ou qualquer outro atributo sob o qual se apoia a estratégia de vendas de um determinado bem ou serviço. Uma forma de conservar os compradores fiéis a um vendedor, mesmo com a variabilidade nos atributos dos bens e serviços por ele produzidos e vendidos, seria, segundo Barzel (1982), a construção de uma sólida **reputação** junto aos compradores. Essa reputação gera no consumidor a segurança de que ele não precisará de recursos adicionais para medir os atributos da mercadoria, o que gera, portanto, fidelidade.

Segundo Barzel (1982), os incentivos gerados por um vendedor à "não seleção" de outro vendedor por parte dos consumidores de um determinado bem ou serviço geram, em contrapartida, custos de mensuração repassados para a transação (para o preço do bem ou serviço) e se manifestam através de vários arranjos: as garantias (em que o consumidor mede o produto quando este for consumido, como as garantias adicionais contra problemas técnicos, normalmente em termos de tempo, oferecidas por determinadas empresas aos consumidores de seus produtos), os contratos de participação, que são observados, por exemplo, entre autores e editoras quando estas definem adiantamentos aos seus autores, e o desenvolvimento de marcas (tornando confiável a informação sobre o produto). Nesse contexto, pode-se considerar a própria integração vertical como uma opção adotada quando a mensuração se torna tão complexa que inviabiliza transações entre partes interdependentes.

Percebe-se uma relação entre os problemas de mensuração e o já mencionado conceito de seleção adversa quando Azevedo (2000) acrescenta que esses custos de mensuração estariam relacionados com a impossibilidade dos agentes em avaliar de forma totalmente acurada todas as especificidades de um determinado produto numa relação de troca. Surge daí a necessidade de uma sinalização institucional sob a forma da ação de inspeção e fiscalização estatal no âmbito macro e em garantias de produto, ou construção de marca, no âmbito micro. Não havendo possibilidade de aplicação do conceito de marca por causa da homogeneidade de produto (típica na agricultura, por exemplo, em que não é possível construir marcas para laranja ou cana de açúcar), os problemas de mensuração podem ser equacionados através de um relacionamento baseado na reputação, o que dispensaria os participantes de incorrer em custos de mensuração. Nesse caso, a importância da reputação para a manutenção da relação e os prejuízos ligados a uma interrupção da mesma desempenham um papel importante.

ESTUDO DE CASO – O CASO DO BANCO SUÍÇO UBS

Um caso exemplar e mais recente de reputação prejudicada é o ocorrido com o banco suíço UBS, com forte atuação na área de investimentos e subsidiárias espalhadas pelas principais praças financeiras do mundo. Dono de uma história centenária, o UBS era conhecido por ser um banco extremamente competente em gerar segurança e lucros aos seus clientes. Em 2011, vieram à tona relatos de uma série de negócios irregulares e irresponsáveis realizados por um operador do banco desde 2008 e que geraram prejuízos da ordem de U$ 2,3 bilhões, além de baixas contábeis de ativos mal avaliados de U$ 50 bilhões. Uma reputação antes irretocável e que foi bastante prejudicada com a divulgação desse escândalo e a constatação de que os sistemas internos de controle do UBS não eram tão acurados como se pensava. O agravante dessa história é que o UBS, bem como outros grandes bancos internacionais, já vinha finalizando um penoso processo de reconstrução de uma reputação abalada pela grande crise financeira mundial de 2008, denominada de "crise do subprime bancário", em que foi revelado que vários bancos internacionais – entre os quais o UBS – investiram enormes somas de clientes em investimentos de grande risco, sem alertar corretamente seus clientes sobre estes riscos.[5]

Existem casos mais complexos, nos quais as informações só podem ser medidas por um acompanhamento cotidiano do processo de produção, o que é inviável em termos operacionais e econômico-financeiros (como se dá com os produtos orgânicos). A solução para isso passa a ser a certificação independente do produto/serviço, isto é, o vendedor se submete e dá publicidade a inspeção de um certificador de qualidade independente.

ESTUDO DE CASO – O CASO DE CERTIFICAÇÃO NO SETOR DE CARNES

No campo da certificação, podemos exemplificar tomando o exemplo da evolução do setor do agronegócio dedicado à pecuária de corte. Os setores produtores de carne – notadamente as fazendas e frigoríficos e com suas transações envolvendo o produto final (carne embalada) – passaram por uma evolução importante nos últimos anos, resultando em diversos programas de certificação da carne produzida em determinadas unidades e a correspondente emissão de selos de qualidade certificada e, portanto, garantida – reduzindo por consequência os custos de transação *ex-ante*, relativos à mensuração. No caso do Brasil, por exemplo, o agente certificador independente para esse setor está no segmento de associações de produtores, fragmentado em diversos tipos de carne bovina. Dessa forma, os atributos como maciez, sabor, higiene e outros, passaram a ser garantidos por essa certificação ao consumidor final ou seus intermediários de varejo (redes supermercadistas, por exemplo). Por outro lado, os custos relacionados a essa certificação geram na ponta produtora uma série de despesas, necessariamente repassadas aos preços, configurando-se a existência de custos de transação *ex-ante* – conforme notícia relacionada a esta questão, publicada no site uol .[6]

[5] http://www.valor.com.br/financas/1010114/escandalo-no-ubs-reflete-combinacao-de-falhas, e acesso em 23/04/15

[6] http://ruralcentro.uol.com.br/noticias/carne-certificada-hereford-sera-lancada-durante-a-feicorte-2013-70491#y=778 – acesso em 24/8

Quanto aos problemas de adaptação (*ex-post*), estes se referem aos custos que ocorrem durante o andamento dos contratos, logo após a sua celebração. A partir da contribuição fundamental de Coase, Azevedo (2000) e Farina et al. (1997) fazem referência ao trabalho de Williamson (1985), que pressupõe diversas formas organizacionais se relacionando com o ambiente institucional, sendo que a transação é a principal variável de análise. As estruturas de governança já definidas aqui como arranjos destinados a regular as transações entre duas partes constituem-se, na terminologia de Azevedo (2000), verdadeiras "microinstituições" criadas pelas partes de uma transação para diminuir os riscos e consequências que envolvem esta transação. Esse autor chama a atenção para importância da coordenação como condição de eficiência para um determinado sistema produtivo e considera que tal coordenação passa a ser construída pelos agentes econômicos integrantes desse sistema, no intuito de reduzir os custos das transações realizadas entre eles. Em termos gerais, seriam os custos de: elaboração e negociação de contratos, mensuração e fiscalização de direitos de propriedade, monitoramento de desempenho, organização de atividades e gerir problemas de adaptação.

Como preconizam os pressupostos econômicos ortodoxos, a atividade econômica, além de estar apoiada no funcionamento dos mercados e de seus mecanismos, realiza-se em firmas tradicionalmente consideradas como uma função tecnológica de produção em que *inputs* se transformam em *outputs*. Williamson (1991), porém, passa a sustentar que as firmas também são sistemas hierarquizados ou instrumentos contratuais que se constituem em continuações das relações de mercado por outros caminhos. São definidas as estruturas de governança (compreendendo a firma, o mercado e as formas híbridas), como um arranjo entre duas unidades econômicas (dual) que determinam a forma pela qual cada uma delas poderá interagir. Essas estruturas são aplicadas de acordo com determinados atributos transacionais.

Nessa formulação, cada estrutura de governança apresenta uma espécie de lei contratual. A da hierarquia, por exemplo, seria a submissão à autoridade inerente a esse arranjo. Na organização por meio de mercados (spot), compradores e vendedores fazem contratos de curto prazo nos quais coexistem acordos formais e informais (papel secundário e marginal para estes últimos), não havendo, portanto, o estabelecimento de nenhuma relação de dependência, com cada um podendo assim trocar de parceiro sem custos derivados dessa troca. A terceira modalidade seria uma situação de manutenção da identidade própria de cada participante, mas com certa interdependência atinente à relação e que requer um contrato de mais longo prazo, que, apesar de incompleto e com a presença de uma quantidade limitada de mecanismos de adaptação, visa fazer frente às contingências. Alguns exemplos dessa última modalidade podem ser encontrados em mercados com mecanismos de regulação (agências reguladoras), franquias, contratos de fornecimento de médio e longo prazo etc.

No exemplo da franquia, há uma gama relevante de mecanismos de governança complementares ao contrato que podem reduzir consideravelmente os custos de transação entre franqueador e franqueado. A teoria da economia institucional vem chamando esses atributos de mecanismos complementares ao contrato, especialmente a partir do trabalho de Menard (2004). Nessa direção, a rede é uma forma complementar importante para os contratos nas reduções dos custos de transação entre as partes, assim como a reputação, os esquemas de liderança e os mecanismos de quase integração (de instituições *ad. hoc.*), conforme é discutido amplamente no item 4 deste Capítulo. Esses complementos são facilmente perceptíveis quando se observam determinadas considerações ou classificações feitas pelos próprios atores econômico, conforme mostra o box a seguir para o caso de consultorias para governanças de redes de franquias.

ESTUDO DE CASO – O CASO DE CLASSIFICAÇÃO DE FRANQUIAS E SUA CONSEQUÊNCIA PARA OS CUSTOS DE TRANSAÇÃO

A franquia é uma forma de concessão dos direitos de uso de uma marca associada à concessão dos direitos de venda de produtos ou serviços e, tradicionalmente, tem o contrato como principal instrumento de governança ou coordenação. Não obstante, existem formas de coordenação que evoluem complementarmente ao contrato e também importam para o bom relacionamento entre franqueador e franqueado. Assim, o setor de franchising classifica uma franquia conforme o nível de uniformização de padrões de qualidade relacionados à operação, administração e comercialização, até atingir a sofisticação da franquia de negócios completamente formatados. Assim, existem as gerações ou estágios diferentes de desenvolvimento e profissionalismo de cada franquia. Uma classificação interessante é a de cinco gerações, conforme a consultoria Netplan apresenta no seu site,[7] e que está sintetizada no Quadro 4.1 a seguir. Ao destacar a liberdade de ação do franqueado e o tipo de assistência e consultoria que a franqueadora oferece, essa classificação sinaliza que a relação entre franqueador e franqueado não será pautada unicamente pelas salvaguardas e demais condições impostas no contrato, mas por uma gama de complementaridades contratuais que podem envolver reputação entre as partes, graus de centralidade e de intermediação entre as partes na rede – como a existência e poder de um conselho de franqueados, procedimentos de ajustes de interesses sob a liderança de algum franqueado *master* etc. Enfim, a classificação da consultoria Netplan dá mostras de que existem elementos explicativos e de gestão das relações entre franqueador e franqueado que não cabem no contrato, mas são complementares a ele.

---

[7] http://www.netplanconsultoria.com.br/principal/home/?sistema=conteudos%7Cconteudo&id_conteudo=11

QUADRO 4.1 Características básicas de gerações de franquias

1º	**1) Tipo de concessão:** produto/serviço e marca. **2) Nível de profissionalização:** baixo. **3) Tendência de mercado:** tende a desaparecer. **4) Grau de risco:** oferece muitos riscos de ambas as partes. **5) Liberdade de ação para o franqueado:** grande; **6) Contrato:** é raro um contrato entre as partes, mas com o advento da Lei Magalhães Teixeira (Lei 8955/94) tornou-se proibitivo o um mero contrato verbal. Os produtos ou serviços podem ser encontrados, geralmente com a mesma marca, em outros pontos de venda, inclusive lojas ou unidades multimarca, que nada têm a ver com a rede de franquias desse franqueador; **7) Investimentos do franqueador e do franqueado:** baixos (baixo custo de entrada neste negócio). **8) Tipos de assistência/consultoria:** pouca assistência na operação do negócio e na tecnologia de rede.
2º	**1) Tipo de concessão:** produto/serviço e marca. Revenda ou distribuição exclusiva. **2) Nível de profissionalização:** baixo/médio. **3) Tendência de mercado:** pouca duração. **4) Grau de risco:** riscos para ambas as partes. **5) Liberdade de ação para o franqueado:** média/grande. **6) Contrato:** é eventualmente firmado um contrato entre as partes. **7) Investimentos do franqueador:** mais elevados do que no caso anterior. **8) Tipos de assistência/consultoria:** pouca assistência na operação do negócio e na tecnologia de rede.
3º	**1) Tipo de concessão:** produto/serviço e marca. Revenda ou distribuição exclusiva. Operação Comercial do Negócio. **2) Nível de profissionalização:** médio. **3) Tendência de mercado:** tende a permanecer a médio prazo. **4) Grau de risco:** oferece grau médio de riscos de ambas as partes. **5) Liberdade de ação para o franqueado:** menor liberdade ao franqueado. Maior controle pelo franqueador. **6) Contrato:** é normal um contrato entre as partes. **7) Investimentos do franqueador:** médios. **8) Tipos de assistência/consultoria:** avanço na assistência na operação do negócio e na tecnologia de rede. **9) Experiência piloto:** pode oferecer planejamento e experiência de várias unidades piloto. Busca maior controle de gestão das unidades franqueadas
4º	**1) Tipo de concessão:** produto/serviço e marca. Revenda ou distribuição exclusiva. Operação Comercial do Negócio. **2) Nível de profissionalização:** alto. **3) Tendência de mercado:** em alta. **4) Grau de risco:** oferece pouco risco de ambas as partes. **5) Liberdade de ação para o franqueado:** pequena. **6) Contrato:** há sempre um contrato entre as partes. **7) Investimentos do franqueador:** muito investimento em qualidade da rede. **8) Tipos de assistência/consultoria:** grande assistência na operação do negócio e na tecnologia de rede. Muita assistência em planos estratégicos de marketing, com terceirização de serviços especializados em franquias. **9) Experiência piloto**: oferece grande know-how e inúmeras experiências piloto de comercialização.

(continua)

QUADRO 4.1 (continuação)

5º	**1) Tipo de concessão:** produto/serviço e marca. Revenda ou distribuição exclusiva. Operação Comercial do Negócio. É o melhor tipo de franquia. **2) Nível de profissionalização:** altíssimo **3) Tendência de mercado:** em alta, principalmente no exterior. **4) Grau de risco:** mínimos riscos de ambas as partes. **5) Liberdade de ação para o franqueado:** mínimo. **6) Contrato:** exige contrato entre as partes. **7) Investimentos do franqueador:** grande investimento com altíssima tecnologia. **8) Tipos de assistência/consultoria:** grande assistência na operação do negócio e na tecnologia de rede, com excelente nível. Muita assistência em planos estratégicos de marketing, com terceirização de serviços especializados em franquias. **9) Experiência piloto:** muitas unidades próprias para experiência piloto, além das demais unidades franqueadas.
Fonte:http://www.netplanconsultoria.com.br/principal/home/?sistema=conteudos%7Cconteudo&id_conteudo=11.	

As franquias são exemplos de formas híbridas de governança que vêm ganhando complexidade na medida em que novas experiências entre franqueadores e franqueados vêm acontecendo. Novas formas de complementaridade ao contrato vêm surgindo e colaborando para maior entendimento da relação entre franqueador e franqueado, em que o contrato é um objeto relevante, mas não o único, para entender e melhor operar nesse tipo de governança híbrida. Como aponta o box anterior, há uma gama de complementaridades contratuais que podem envolver a reputação de um ator em relação a outro e isso pode ser causado pelos graus de centralidade e de intermediação que esse ator conquistou na rede – como presidir um conselho de franqueados e, portanto, ter alto grau de centralidade, liderar ajustes funcionais ou estruturais da rede por ser um franqueado *máster*, estar próximo dos franqueados mais eficientes etc.

Estudos de casos de franquias com foco nas complementaridades podem avançar a agenda de conhecimento da economia institucional sobre os papéis de determinadas características da rede na redução do custo de transação. A influência em rede, sem dúvida, é uma característica organizacional que pode melhorar ou piorar uma relação entre franqueador e franqueado. Um bom conselho de franqueados pode reduzir os custos de transação, por meio das decisões que toma, na relação do franqueador com o franqueado e vice-versa.

Esse aspecto é discutido no item 4 do presente capítulo e representa, na atualidade, um dos pontos de fronteira do conhecimento sobre complementaridades contratuais nas interações econômicas, conforme apontam trabalhos que seguem a agenda de Menard (2004).

A definição da forma contratual de relacionamento, com complementos organizacionais ou não, prende-se à questão da intensidade das consequências de distúrbios possíveis. Se as consequências são mínimas, a forma se dará pelo mercado *spot*, sendo que possíveis conflitos ficariam a cargo da lei e dos tribunais (forma contratual clássica). Uma consequência de média intensidade gera, por sua vez, a necessidade de uma forma contratual (a governança híbrida de Williamson, 1985), com contratos de longo prazo e a instituição da arbitragem que surge para resolver possíveis conflitos (aproximando-se aqui da forma contratual neoclássica) ou da instituição de reputação ou influências de redes (como formas alternativas mais complexas, conforme Menard, 2004).

Nas estruturas contratuais, mecanismos que desestimulem o comportamento oportunista devem existir, como o desenvolvimento de reputação. Caso as consequências sejam de alta intensidade, o custo de confecção de um contrato nessas condições se torna proibitivo e a solução se constitui na integração da atividade ou na hierarquia.

Com base nesse raciocínio, sendo a firma definida como um nexo de contratos, uma ênfase é dada naqueles contratos existentes entre empregador e empregado ou, como no exemplo anterior, entre franqueador e franqueado, principalmente por causa das especificidades envolvidas na relação econômica, na frequência estabelecida nessa relação e também nos problemas de selecionar e monitorar a outra parte envolvida – seja pela informação oculta, seja pela ação que venha ocultar – conforme Williamson (1985, 1991, 2008). Na estrutura hierárquica, as disputas seriam resolvidas pela própria aplicação do conceito de hierarquia, no qual os tribunais cedem espaço para as relações empresariais de autoridade.

Considerando a transação como unidade de análise, Williamson (1991) apresenta uma relevante contribuição ao definir os atributos diferenciadores de cada transação e que possibilita inferências sobre a magnitude ou um dimensionar mais objetivo dos custos de transação. Os atributos são os seguintes: a) **especificidade de ativos** envolvidos no fornecimento de bens e serviços em uma determinada transação; b) a **frequência** com a qual se dão as transações; e c) a **incerteza** na qual a transação e seus resultados estão sujeitos. Segundo Farina et al. (1997), a importância de Williamson e outros autores na sequência das proposições de Coase (1937) foi, a partir dos conceitos originais que relacionam custos de transação e arranjos institucionais, desenvolver as dimensões das transações e suas estruturas de governança de forma mais descritiva, o que possibilita uma base de comparação e de observação de seus custos.

Segundo Farina et al. (1997) e Azevedo (2000), o **segundo atributo** está relacionado com a regularidade da transação, isto é, a **frequência** com que é processada uma determinada transação. À medida que aumenta a frequência de uma transação, poderá ocorrer a diluição dos seus custos, principalmente aqueles relacionados com ... *a coleta de informações e à elaboração de um contrato complexo que imponha restrições ao comportamento oportunista* (Azevedo, 2000, p. 38). Cria-se um ambiente favorável à redução do custo de transação associado ao efeito da **reputação** desenvolvida entre as partes. A reputação pode redundar na construção de uma marca ou no fortalecimento da cooperação entre as partes interessadas. Além disso, conforme apontado em Farina et al. (1997), a frequência produz "compromisso confiável" por meio da "elevação do custo associado ao comportamento oportunista" (Farina et al., 1997), ou seja, a possibilidade de perda de ganhos futuros com o rompimento da relação gerado pelo comportamento do agente oportunista induz este a não efetivar este comportamento (desde que os ganhos com a manutenção dessa relação sejam superiores aos ganhos da ação oportunista). Assim, a frequência de uma transação poderá reduzir os custos envolvidos entre as partes caso a reputação cresça entre eles. Caso ocorra o contrário e a reputação não cresça entre as partes (empresas) ou até diminua, a frequência de uma transação poderá elevar os custos da negociação.

ESTUDO DE CASO – UM CASO IMAGINADO DE TRANSAÇÃO ENTRE O CLIENTE E UM SUPERMERCADO

Para ilustrar melhor a dimensão redutora dos custos de transação gerada pela maior frequência nas transações, imaginemos uma situação simples (mas que não deixa de ser contratual) entre um cliente e o supermercado no qual passa a fazer compras semanais, não para si, mas para um parente ou amigo impossibilitado por alguma limitação de fazer ele mesmo essa compra. Por essa razão, e também por questões mais práticas de tempo, o cliente decide-se por mandar que as compras sejam entregues por funcionários do supermercado na residência da pessoa em vez de entregá-las pessoalmente. O pagamento é feito com cheque predatado vinculado a uma conta conjunta entre o cliente e o beneficiado pela boa ação. Nas primeiras compras (primeiras transações), são criados diversos mecanismos institucionais de prevenção de oportunismo e geradores de custos de transação: o cliente deve informar ao caixa, antes que ele comece a registrar as mercadorias, que será uma entrega. Após essa informação, o caixa então deve preencher um papel com o endereço do destinatário, telefone, nome e avisar ao funcionário encarregado do empacotamento que se trata de entrega, o que faz com que o funcionário substitua as sacolas por caixas, recurso mais apropriado para a entrega. No preenchimento do cheque, o cliente apenas o entrega em branco para o caixa preenchê-lo com a máquina, após o preenchimento o caixa mostra ao cliente o cheque preenchido, para que ele, caso o valor esteja correto, finalmente assine o cheque. Antes disso, ainda na fase de preenchimento do cheque pelo caixa, é feita uma consulta ao cheque emitido, para que se saiba se existe alguma restrição comercial relacionada com o emitente do cheque (essa consulta é feita em um local mais afastado do caixa, por parte de um funcionário). Todos esses procedimentos, preenchimento do endereço e consulta ao cheque, geram custos de transação sob a forma de tempo de funcionários e recursos como tinta, papel etc. Com o passar do tempo, à medida que o cliente vai repetindo a mesma compra no mesmo estabelecimento, e os cheques vão sendo compensados normalmente, a ação redutora de custos de transação representada pela reputação/confiança vai se fazendo sentir. De certo momento em diante, perde-se a necessidade de preenchimento do endereço, pois os funcionários (caixa e entregadores) passam a ficar familiarizados com o "onde" e o "para quem". Também o cliente mais confiante (pois o cheque é sempre preenchido com seu valor correto) passa a entregar o cheque assinado, apenas checando rapidamente no final – o que gera um ganho de tempo e mais redução de custos de transação. A checagem de restrição também começa a relaxar após vários cheques compensados sem nenhum problema. Ambas as partes ganham incentivo a manter ou reforçar o comportamento redutor de custos de transação, sabendo que qualquer comportamento oportunista gerará interrupção do relacionamento e problemas para ambas as partes (o cliente perde a comodidade e/ou o supermercado perde o cliente).

O **terceiro atributo** diz respeito à **incerteza** como a dúvida sobre o resultado de acontecimentos futuros que está refletida na questão da confecção de contratos atinentes a cada transação ou, restringindo um pouco mais, na assimetria de informações sobre um contrato. De acordo com Azevedo (2000), a incerteza aumenta a possibilidade de conflito e renegociação de contratos e, com isso, aumentam as possibilidades de perdas por comportamento oportunista. Portanto, quanto mais incompleto for um contrato (e consequentemente incerto quanto aos resultados), maior será o risco e maior a possibilidade de ação oportunista que traz, portanto, maiores custos de transação.

ESTUDO DE CASO – O CASO DAS TRANSAÇÕES DA PETROBRAS COM ALGUNS FORNECEDORES

Um exemplo da relevância dos efeitos da incerteza sobre a definição de estruturas de governança refere-se a um caso recente noticiado em 2014 nas agências internacionais e relacionado com a empresa Petrobras e três de seus muitos fornecedores. A partir de 2003 (primeiro mandato do governo Lula), as empresas multinacionais fabricantes de equipamentos para o setor de petróleo – como a Dresser-Rand, a General Eletric e a Rolls-Royce – passaram a construir fábricas no Brasil visando um posicionamento mais favorável para a obtenção de contratos com a Petrobras S. A. Na época a Petrobras S. A., em linha com uma estratégia previamente traçada pelo governo brasileiro, seu sócio majoritário, vinha sinalizando aos seus fornecedores que privilegiaria a aquisição de equipamentos de conteúdo nacional (produzidos em território brasileiro). A intenção do governo brasileiro por trás da política de conteúdo nacional era induzir e incentivar indústrias estrangeiras a internalizar sua produção no Brasil, gerando assim mais emprego e renda locais reduzindo, portanto, importações e dependência externa produtiva e tecnológica – especialmente acentuadas no setor petrolífero. Assim, mesmo na ausência de uma formalização legal, o conteúdo nacional no fornecimento de máquinas e equipamentos passou a ser exigido nos contratos de aquisição abertos pela Petrobras à filial da Dresser-Rand que, uma vez instalada no Brasil, passou a receber encomendas da Petrobras que, até agosto de 2014, chegavam a R$ 700 milhões de dólares. Contudo, a partir de 2011 as perspectivas se tornaram mais incertas, pois a Petrobras passou a fechar contratos de fornecimento de equipamentos e serviços com empresas sem filiais no Brasil e, portanto, sem conteúdo nacional, contrariando a sua própria política e mudando abruptamente as regras do jogo. Em vez de ser produzida no Brasil, uma quantidade expressiva e crescente de plataformas flutuantes passou a ser alugada (numa operação chamada de afretamento) de outras empresas sem base produtiva no Brasil. Os motivos seriam o excessivo endividamento da Petrobras (porque, ao contrário da construção local, o aluguel ou afretamento de plataformas e sondas não é registrado no balanço da companhia como dívida ou obrigação e sim como despesa) e a necessidade de acelerar a extração e a produção de petróleo. As plataformas de petróleo flutuantes, grandes embarcações adaptadas para a prospecção e exploração de petróleo, são grandes equipamentos complexos dedicados a exploração de petróleo em alto mar e que dispõem de vários componentes, dentro os quais as turbomáquinas (geradores de turbinas a gás, compressores de turbinas a gás e moto compressores), que vinham sendo produzidos nas filiais brasileiras recém-inauguradas da Dresser-Rand, General Eletric e Rolls-Royce. As empresas receberam encomendas de turbo máquinas a serem integradas em plataformas que estavam sendo construídas no Brasil até 2018, mas, diante da intensificação do afretamento de plataformas prontas, o cenário pós-2018 se torna incerto para a continuidade das operações dessas empresas no Brasil, sem garantia de novas encomendas. Em reportagem da agência Reuters, as palavras de uma fonte da Dresser-Rand resumem o potencial da situação de incerteza para a governança das transações: “Quando as fábricas foram instaladas, havia perspectiva de crescimento da demanda com a Petrobras, e agora estão afretando".[8]

O **primeiro atributo**, considerado o mais importante, é o da **especificidade do ativo (negócio)**, uma "medida de dependência bilateral" (Williamson, 1991, 1994, 2008) ou a intensidade com que, em uma relação entre dois parceiros, um determinado ativo atinente a essa transação é vital para essa relação, ou ainda, conforme define Williamson (1991), o grau em que cada ativo pode ser utilizado em usos alternativos sem sacrifício do valor da produção, do serviço ou negócio. Em outras palavras, a especificidade de um ativo é definida em função da dependência do retorno associado a esse ativo de uma transação específica. Numa definição adicional interessante dada por Klein (2004), um ativo tem especificidade quando o custo de oportunidade em usos alternativos é muito alto ou ainda o custo de oportunidade do ativo específico é muito mais baixo do que seus usos alternativos.

Portanto, quanto mais específico for o ativo para uma determinada transação, maiores serão os custos desta transação, pois, nesse caso (alta especificidade), uma interrupção dos negócios implica perda do investimento comprometido neste ativo, uma vez que, por ser específico àquela transação, dificilmente poderá ser alocado em outra. Este tipo de comprometimento gera dependência entre as partes e maiores riscos de adaptação, portanto, maiores custos de transação.

São relacionados **seis tipos de especificidades**:

1) **de localização**, na qual a localização faz a diferença. Condições de proximidade são reveladas, significando retornos específicos à organização que realiza uma transação (como instalações de firmas de uma mesma cadeia produtiva situadas em locais, visando otimizar a estocagem e transporte, com os respectivos retornos desses arranjos específicos às firmas participantes – como exemplo: montadoras de veículos e seus fornecedores). Outras manifestações de especificidades de localização seriam a implantação de uma série de firmas com alguma complementaridade (empresas de base tecnológica no vale do silício) ou ainda com similaridades geradoras de sinergias e possibilidades de ações cooperativas (polos e clusters como o polo calçadista do sul do Brasil) ou ainda em locais próximos, visando otimizar a estocagem e transporte. Os respectivos retornos desses arranjos específicos gerados para as firmas participantes são acompanhados dos custos de transação associados aos riscos e problemas que

[8]http://economia.uol.com.br/noticias/reuters/2014/08/01/empresa-dos-eua-enfrenta-incerteza-apos-investir-para-atender-petrobras.htm, acesso em 26/8/15. http://economia.estadao.com.br/noticias/geral,petrobras-aluga-embarcacao-no-exterior-imp-,1009963, acesso em 04/11/15.

podem ser acarretados caso se interrompa a transação entre as partes (outro exemplo, uma hidrelétrica, como a de **Itaipu**, que serve a vários países).

2) **física**, em que toda forma física que proporciona retorno específico a uma transação (como peso, cor, tamanho, naturalidade etc.) – como ativos específicos para a produção de determinado componente; Temos como exemplo **máquinas/equipamentos feitos sob encomenda** e voltados, portanto, para um uso específico, novamente, para minimizar os riscos, aumentar os fatores geradores de custos de transação. Um exemplo interessante são os navios-tanque da indústria petrolífera, fabricados sob encomenda e destinados a um fim específico de transporte e armazenamento de petróleo, não podendo ser utilizados para fins alternativos – vide exemplo a seguir).

3) **humana,** na qual aparece com importância toda forma específica de capital humano para um negócio acontecer (como a mão de obra ofertada por meio de um aprendizado específico para uma firma). Em outras palavras, uma especificidade que se manifesta pela existência de mão de obra especializada, inclusive por meio de algum aprendizado específico em uma firma ao prestar serviços para outra firma, mais frequentemente encontrados em atividades típicas de tecnologia de informação (TI) e pesquisa e desenvolvimento (P&D) (nesse exemplo, o risco gerador de custos de transação pode ser o de perder o fornecimento do **serviço dessa mão de obra especializada** cara e de difícil reposição, cujas habilidades não podem ser facilmente adquiridas, desenvolvidas ou mesmo copiadas para um concorrente, ou que o fornecedor, apoiando-se em sua especificidade, comece a fazer exigências descabidas; nesse caso, fazem-se necessários mecanismos de salvaguarda geradores de custos de transação, tais como **contratos de exclusividade**)

4) **temporal**, com o valor e retorno da transação dependendo do tempo dentro do qual ela se processa (como o negócio de transporte de produtos perecíveis). No caso de determinados alimentos, o fornecimento depende de processamento e entrega em tempo sob pena de ver prejudicado a sua atribuição de valor e a própria eficiência de seu processo de produção.

5) **de marca**, que se refere ao capital (nem físico e nem humano) que se materializa na marca de uma empresa, isto é, uma especificidade associada ao capital intangível de especial importância para o negócio (como no segmento de franquias).

6) **dedicada**, relativa a um montante de investimento cujo retorno depende da transação com um agente particular (como investimentos gerais na planta produtiva para atendimento de necessidades específicas dos clientes, como um **aumento de demanda de sua cliente,** ficando portanto dependente

dessas condições específicas e sob o risco de ociosidade no caso da interrupção das encomendas da empresa que gerou esse investimento).

Caso uma parte do contrato realize um ou alguns desses tipos de investimentos específicos, geradores de renda, na ausência de salvaguardas contratuais, parte do valor investido pode ser expropriado pela outra parte após a transação.

Assim, a especificidade do ativo assume papel central, já que é através de sua predominância que se pode dimensionar o impacto da quebra contratual entre os participantes de uma transação.

> *... quem faz investimentos cuja realocação implique em perdas significativas do valor dos investimentos em ativos específicos deverá adotar mecanismos que visem reduzir os riscos de perda.* (Zylbersztajn, 2005, p. 399).

Na concepção de Williamson (1991), todas as formas de especificidades ensejam relações bilaterais, nas quais os riscos contratuais e, portanto, os custos de transação sobem com o aumento dessas especificidades em todas as formas de governança. Essas formas de governança serão interessantes apenas se os seus custos de transação forem suplantados pelos ganhos em termos de receitas ou economias de custos de produção. Azevedo (2000) realça esse pressuposto ao estabelecer, a exemplo das outras dimensões, uma relação entre a especificidade do ativo (negócio) e os custos de transação, em que "*quanto maior a especificidade de ativos, maior a perda associada ao comportamento oportunista*" (Azevedo 2000, p. 39), o que, consequentemente, aumenta os custos de transação. Para reforçar esse argumento é utilizado o exemplo de um fornecedor de uma rede de fast food (como McDonalds, Burguer King etc.) que tenha uma relação de exclusividade de fornecimento de produtos segundo especificações do seu cliente – pressupondo, portanto, ativos específicos a essa relação –, gerando com isso a necessidade de salvaguardas contratuais que protejam este fornecedor de renegociações oportunistas e desfavoráveis ditadas pelo seu cliente.

Complementando, Farina et al. (1997), coloca que, dada a racionalidade limitada e o oportunismo, existem custos de transação que variam de magnitude conforme as dimensões dos atributos de especificidades do ativo, frequência e incerteza (risco *ex ante* e *ex post*) das transações – conforme explicitado anteriormente, existindo ainda outros atributos associados a estes, como duração/intensidade da transação (associado à frequência), complexidade e dificuldade de mensuração de desempenho (associado à incerteza) e inter-relacionamento e coordenação com outras transações (associado às especificidades do ativo).

A partir daqui, pode-se afirmar que os elementos institucionais são importantes para reduzir custos de transação. No nível micro das **estruturas de governança,** tendo em vista a frequência, a incerteza (riscos pré e pós-negociação) e as especificidades das transações, as instituições (ou regras do jogo) são salvaguardas contratuais que geram penalidades para ações não previstas em contrato e preservam retornos sobre investimento mesmo com o rompimento da transação. Elas restringem a ação oportunista, o que reduz os custos de transação.

Já no âmbito do **ambiente institucional**, as regras, normas e outras instituições se alinham com a garantia de direitos de propriedade, disponibilidade de informações, códigos de ética, legislação etc., e desempenham o mesmo papel. Aqui se tem a ideia de instituição eficiente ou "*aquela que mais intensamente reduz os custos de transação*" (Azevedo, 2000, p. 39).

Sobre a questão relativa aos contratos incompletos, vale registrar também as proposições de Klein (2004), quando observa que, de uma maneira mais ampla e tanto no aspecto interno quanto no externo, existem custos derivados de contratos incompletos. Sejam formais ou informais, internos ou externos, são incompletos porque a informação não está totalmente disponível para todos, na mesma medida e, nem mesmo essa informação incompleta é processada plenamente por agente envolvido. Isso limita a racionalidade e enseja o oportunismo. Contratos incompletos não preveem todas as possíveis contingências, o que expõe este contrato ao risco de, diante de contingências não contempladas, inviabilizar a governança originalmente acordada, gerando assim custos de transação relacionados com a adaptação às novas contingências. O maior exemplo de custos ligados a essa adaptação refere-se às relações baseadas em ativos específicos (dependência bilateral). Para evitar isso, os atores econômicos procuram escolher uma estrutura de governança das suas transações mais adequada às suas características.

Associando elementos da Economia Institucional com o Direito e a Análise Organizacional, Williamson escreveu um artigo em 1991 em que são retomadas as bases do conceito desenvolvido por Simon (1978) – denominado Análise Estrutural Discreta, primeiramente reiterando as formas genéricas de organização (mercado, hierarquia, acrescentadas de uma terceira possibilidade, a forma híbrida ou contratual). Essas formas se diferenciam em termos de mecanismos de coordenação e controle, habilidades de adaptação a alterações ambientais e a forma jurídica de seus contratos.

Considerando que as transações devem ser governadas por um determinado arranjo institucional ou estrutura de governança (mercado, hierarquia ou formas híbridas), busca-se um modelo que compare a eficiência das diversas estruturas, tendo como variável-chave a especificidade do negócio (ativo), sendo que, quanto maior a especificidade, maior a necessidade de abandonar a opção de negociar no mercado *spot*. Na verdade, o fundamental para Williamson (1991) não é saber o quanto de um produto um comprador estaria disposto a comprar, mas quais as condições estruturais (institucionais) que fazem com que a compra externa de produto se torne mais interessante do que produzi-lo internamente, ou, em outras palavras, quando os agentes se organizarão sob um contrato de trabalho em vez de contrato de compra e venda, ou vice-versa.

Entre os três atributos já citados, as especificidades dos ativos se destacam para a tomada de decisão do empresário numa negociação e Williamson (1991) passa a relacionar os custos de cada estrutura de governança principalmente com as especificidades de ativos e outras variáveis exógenas. No caso da especificidade de ativos, à medida que esta aumenta, aumenta a interdependência entre duas partes (relação bilateral). Quando aumentam os custos de reutilização de determinados ativos, a coordenação entre compradores e vendedores passa a ser mais relevante. Em outras palavras, com uma alta especificidade e tendo à frente uma mudança possível de circunstâncias, os agentes tenderão a se apoderar cada qual das rendas geradas pelo ativo. No limite, a hierarquização poderá eliminar essa situação desconfortável.

Utilizando a Análise Estrutural Discreta desenvolvida por Simon, Williamson (1991) constrói um gráfico relacionando os custos de governança (eixo Y) e a especificidade de ativos (eixo X) contendo três funções que representam três formas organizacionais – Mercado (M), Híbrido(X) e Hierarquia (H). Com ausência de especificidades (nível zero do eixo horizontal do gráfico, que aponta as especificidades do negócio), a forma Mercado (M) é preferível por ser mais bem desenhada para a adaptação externa do empresário ou da firma, já que seu custo burocrático é menor

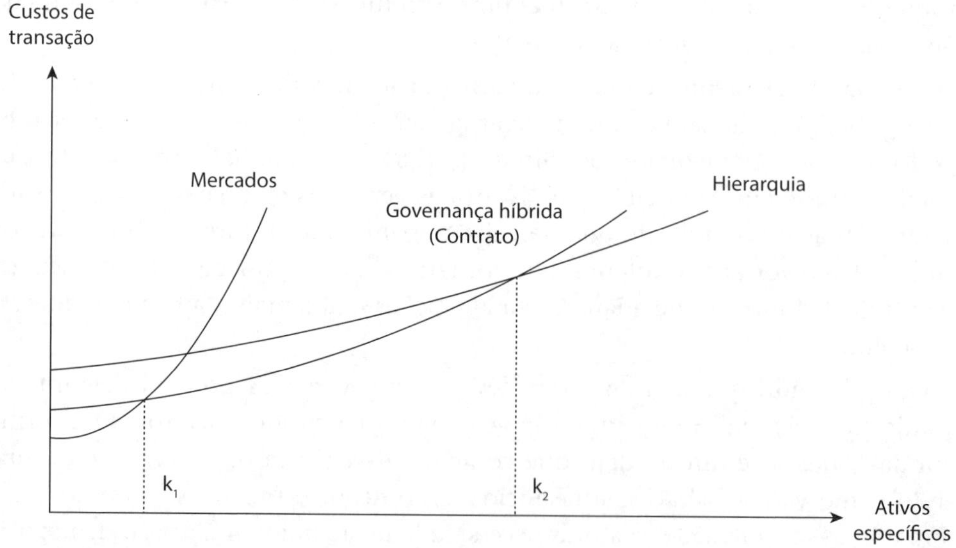

FIGURA 4.3 Formas Organizacionais

Fonte: WILLIAMSON (1996, p. 108)

(por isso, o intercepto desta função – especificidade zero – no eixo y é o mais baixo). Em verdade, os custos de transação dessa modalidade são desprezíveis, e, portanto, não haveria necessidade de maior controle sobre as transações (Azevedo, 2000).

Segue-se graficamente a forma híbrida ou contratual (X) e, por fim, a hierarquia ou integração vertical do ativo (H). À medida que a especificidade vai aumentando, e aumentando a necessidade de coordenação entre as partes e controle sobre a transação, a forma M deixa de ser interessante e a forma X passa a tomar o seu lugar, seguindo-se a forma H se a especificidade aumentar mais ainda. A forma híbrida pressupõe as transações para as quais os requisitos de adaptação a mudanças não serão nem autônomos nem bilaterais (como ocorre em franquias). Por fim, a forma hierárquica (H) requer mecanismos de adaptação com forte componente de coordenação. Assim, pode se dizer que o tipo de adaptação depende do grau de especificidade ou, como observa Azevedo (2000), cada forma organizacional ou estrutura de governança terá sua eficiência ligada aos (ou governada pelos) diferentes níveis de especificidades de ativos.

Na distinção entre hierarquia e mercado, um ponto importante ressaltado em Farina et al. (1997) e Azevedo (2000) refere-se ao *trade-off*[9] entre hierarquia e mercado. Nesse sentido, as firmas que adotam a governança pela hierarquia, ou integração vertical, têm maior controle sobre as transações, mas menos motivação ou possibilidade de resposta a incentivos externos. Já em termos de adaptação ao ambiente como medida de eficiência de uma organização, o mercado se relaciona com a adaptação autônoma (adaptação rápida) e a hierarquia se sintoniza com a adaptação cooperativa (existência de interdependências).

Na interpretação de Klein (2004), o mecanismo de mercado traz os custos de obter informações de preço, negociação e cumprimento dos contratos. A hierarquia reduz esses custos através da coordenação interna dessas tarefas, mas a organização interna das atividades também traz seus custos, tais como problemas de fluxo de informação, incentivos ao lucro, monitoramento e avaliação de *performance*. As fronteiras das firmas passam a ser definidas então pelo trade-off entre os custos relativos de transação interna e externa.

Em resumo, tendo em vista os contratos incompletos (dados pela racionalidade limitada) e o oportunismo, os agentes enfrentam os problemas de mensuração e de adaptação geradores de custos de transação por meio da criação das estruturas de governança. De forma mais abrangente, os agentes concebem as instituições e formas organizacionais (já aqui definidas como estruturas de governança) que vão

[9]*Trade-off* é uma expressão em inglês que expressa um conceito originário das ciências econômicas relacionado com a questão das escolhas tomadas pelos atores econômicos. Em linhas gerais, *trade-off* significa que, diante de duas decisões mutuamente a serem tomadas, o caminho excluído implica algum tipo de custo ou sacrifício relacionado ao caminho não escolhido.

visar uma maneira satisfatória para fazer frente aos custos de transação e suas dimensões, relacionados com a racionalidade limitada e comportamento oportunista.

ESTUDO DE CASO – O CASO DE ALINHAMENTO ENTRE OS ATRIBUTOS DAS TRANSAÇÕES E AS FORMAS DE GOVERNANÇA EMPREGADAS PELO PRODUTORES DE LARANJA DA MACRORREGIÃO DE RIBERÃO PRETO – SP.

Mello & Paulillo (2009)* mostram que as formas de governança empregadas pelos produtores de laranja da macrorregião de Ribeirão Preto (SP) para coordenar as transações com os diversos canais de distribuição estão alinhadas aos principais atributos propostos por Williamson (1985). Os autores indicam que esses atributos são elementos-chave para concluir um aspecto - que não há inabilidade por parte dos citricultores e membros dos canais de distribuição da laranja para mensurar as dimensões das transações e para identificar a solução mais eficiente em termos de governança. O custo monetário que o citricultor tem para negociar os termos da transação (preço, qualidade, quantidade, condições de transporte e termos de pagamento) é o gasto mais relevante nas transações citrícola, sendo o contrato a governança que apresenta valor mais elevado, confirmando o que diz a ECT.

Além da elaboração de salvaguardas contratuais justificarem os custos de negociação mais elevados, o problema de seleção adversa também contribui para explicar esse fato. Ou seja, num ambiente caracterizado pela incerteza e assimetria informacional, onde as agroindústrias detêm informações privadas importantes antes da negociação de compra e venda da laranja (como o volume dos estoques de suco, seu preço no mercado internacional e a quantidade de laranja produzida em pomares próprios), o contrato protege o produtor de ações oportunistas e garante o retorno sobre os investimentos específicos realizados, porém aumenta os custos ex ante. Já nas vendas para os agentes que destinam a fruta para o consumo in natura, como na maior parte dos casos não há elaboração de contrato, o produtor tem baixos custos de negociação, ou seja, incorre em custos ex ante menores. Nas vendas para o mercado institucional e para muitos barracões, por exemplo, os custos de negociação foram nulos em 2003, conseqüência da continuidade da relação e da confiança estabelecida entre as partes durante os anos, justificando a inexistência de contratos formalizados nessas transações.

Já os gastos para fazer cumprir o contrato (ex post) são maiores na governança de mercado, o que era esperado em função da falta de controle que esse tipo de mecanismo promove sob as condições ex post às transações, em troca de incentivo (melhor preço). Esses custos elevados resultam da forma como os mecanismos de enforcement são realizados, ou seja, entrando várias vezes em contato para o comprador efetuar o pagamento. Nos arranjos contratuais esse problema ocorre com menor freqüência, em função do próprio controle que o contrato exerce através das cláusulas punitivas.

Tanto o custo de oportunidade do tempo para negociar e fazer cumprir o acordo quanto o custo de oportunidade do dinheiro, são pequenos para os produtores que vendem sob todas as formas de governança, sendo pouco representativos se comparados ao preço da caixa de laranja recebido pelo citricultor (menos de 1%). Outro ponto importante verificado na pesquisa foi que o custo de transação ex ante é maior em três situações: 1) quando é negociada a espécie de laranja preferida pelo comprador (a Pêra Rio); 2) quando o produtor está localizado mais distante do comprador e, 3) quando o produtor conhece o comprador há pouco tempo. Estes aspectos comprovam a argumentação de North (1990) de que os custos de transação dependem dos atributos físicos dos bens e serviços transacionados (tamanho, cor, localização, qualidade), e, também, do desempenho dos agentes, dos direitos de propriedade incluídos na troca (direito de uso, de derivar renda e de excluir outros) e do tamanho do mercado (que determina se a troca é pessoal ou impessoal). Portanto, a mensuração dos custos de transação para as diferentes estruturas de governança empregadas pelo citricultor também contribui para concluir pelo alinhamento aos seus atributos, sendo, então, a estrutura mais eficiente dentre todas as disponíveis para o produtor.

*MELLO, Fabiana O. T.; PAULILLO, L. F. Análise do alinhamento entre os atributos das transações e as formas de governança empregadas na citricultura.. Gestão & Produção (UFSCAR. Impresso), v. 16, p. 507-523, 2009.

De acordo com Klein (2004), a ECT se configura, portanto, em uma estrutura teórica focada em arranjos institucionais que, além de explicar a existência da firma, explica também o seu tamanho e direcionamento. Nesse sentido, a hierarquização via integração vertical seria uma forma de preservar relações fundamentadas em especificidades de ativos, minimizando conflitos inerentes a contratos inevitavelmente incompletos A decisão de comprar ou fazer (*make or buy decision*) é definida conforme a racionalidade dos custos da transação, sendo que as fronteiras da firma não dependem apenas da tecnologia produtiva, mas também dos custos de transação dos negócios efetuados por elas.

ESTUDO DE CASO – O CASO DA INDÚSTRIA DE SUCO DE LARANJA NA CADEIA AGROINDUSTRIAL CITRÍCOLA BRASILEIRA

Um caso interessante de integração vertical, com causas e consequências que fogem um pouco à racionalidade exposta (integração ocorre se o custo de fazer pelo mercado for superior ao custo de hierarquizar/integrar verticalmente), deu-se a partir dos anos 90/2000 do século XX com indústria de suco concentrado de laranja no Brasil, amplamente divulgado e noticiado por diversos órgãos de imprensa. Esse setor estruturava-se na época com base em um oligopólio, que respondia por mais de 90% da produção brasileira de suco concentrado de laranja e era composto por cinco empresas líderes (Cutrale, Coimbra, Citrovita, Cargill, Citrosuco). Essas empresas, a partir de meados dos anos 90 do século XX, modificaram seu padrão de relacionamento com os seus principais fornecedores de matéria-prima, os milhares de citricultores (produtores rurais de laranja) concentrados principalmente no estado de S. Paulo. Movidas por uma motivação estratégica de barrar a entrada de novos competidores, as cinco empresas iniciaram um processo de integração vertical, adquirindo propriedades rurais e passando a produzir seu próprio fornecimento de matéria-prima (laranja *in natura*), o que prejudicou as pequenas processadoras, que perderam mais ainda sua competitividade perante o aumento da escala das grandes e os citricultores independentes que passaram enfrentar uma sobra em sua produção, substituída pela produção própria de laranja das grandes indústrias. Essa situação gerou uma disputa entre produtores independentes e processadoras de sucos, que resultou em ação de arbitramento junto ao Cade (Conselho Administrativo de Desenvolvimento Econômico, exposto no box 1), órgão antitruste brasileiro, encarregado da atuação de defesa da concorrência, contra práticas abusivas de integração vertical e horizontal que prejudiquem as regras competitivas de funcionamento de mercado. Percebe-se que a ação de integração vertical das processadoras, que aparentemente teve fundamento estratégico – barrar a entrada de novos concorrentes ou o fortalecimento dos poucos existentes de menor porte, em que a racionalidade dessa integração também se moveu na direção de uma hierarquização, com menores custos de transação em vez da solução vigente de mercado.[10]

Finalmente, ainda com relação às estruturas de governança, cabe ressaltar algumas posições alternativas, entre as quais se destaca a de Menard (2004) que, dentro da perspectiva de ECT, identifica as estruturas híbridas de maneira diversa da convencional. Apoiadas em fatores de coordenação complementares aos contratos, como o desenvolvimento da reputação ou das influências em rede, essas estruturas teriam um caráter próprio, configurando-se em instituições com acordos multilaterais e não meramente estruturas intermediárias entre hierarquia e mercado, definidas como acordos feitos entre unidades autônomas que fazem negócios juntas e/ou entre si, com ajustes mútuos fora do mercado, compartilhando e trocando tecnologia, capital, produtos, serviços, segredos, entre outros, e mantendo a interdependência em termos da propriedade de cada negócio.

[10]Fonte: http://www1.folha.uol.com.br/fsp/opiniao/fz1101200010.htm

Nessa categoria podem ser classificados vários arranjos, tais como as franquias, *joint ventures*, consórcios, cooperativas, redes de pequenos negócios varejistas etc. Um exemplo relevante dado por Menard (2004) dentro dessa concepção seria o de canais de distribuição em parceria coordenada, a exemplo das redes de pequenos negócios supermercadistas do estado de São Paulo (Garcia, 2012), visando minimizar custos de transação e criar valor, capturando e/ou desenvolvendo mercados através de oferta de serviços. Em termos de governança, Menard (2004) registra algumas regularidades empíricas, como formas de governança híbridas e complementares ao contrato que foram classificadas por ele em três tipos: a) associação/cooperação; b) contratos e c) formas competitivas.

4.4. Redes de custos de transação: a complementaridade entre contrato, reputação, centralidades e coesão das relações

Na agenda da economia institucional, a rede está definida como uma forma organizacional que pode complementar o contrato na transação da firma (Menard, 2004, 2006). Ou seja, a governança de rede complementa o contrato (a governança híbrida de Williamson). Assim, se a empresa é um nexo de transações que podem ser governadas por contratos, como modo alternativo às instituições tradicionais de mercado e de integração vertical, a rede composta por um conjunto de transações não necessariamente e não totalmente pertencentes à firma em questão pode reduzir os custos de negócio desta firma.

Zylbersztajn (2004) chama atenção para duas concepções teóricas quando menciona o processo de desenvolvimento da cooperação em redes de empresas. A primeira, oriunda da Teoria das Organizações (TO), considera as redes como um conjunto de contratos complexos que são desenhados e governados para a obtenção da cooperação. Na segunda perspectiva, alinhada com a Nova Economia Institucional (NEI), tem-se uma visão das redes como um conjunto de atores econômicos que celebram acordos cooperativos entre si. As regras de alocação de decisões e direitos são fundamentais nestes acordos de cooperação. As regras que regem esses contratos seriam feitas para ser cumpridas (*enforcement*) pelo Estado e seu arcabouço legal, ou ainda por mecanismos sociais, entre os quais a reputação – que emerge como um dos mais importantes garantidores de diretos de propriedade.

Com relação às formas de governança de redes, Zylbersztajn (2004) coloca duas perspectivas de análise, que são: a) a transacional e b) a manutenção/estabilidade da rede.

A perspectiva transacional, caracterizada pelos estudos das relações econômicas entre os atores dentro da rede, mantém o caráter analítico dual (um ator diante de outro ator) da Economia dos Custos de Transação (ECT). Nela, é possível que uma transação influencie a outra, desde que essas transações sejam realizadas simultaneamente. Separáveis são aquelas transações que não influenciam e não são influenciadas por outras transações em momentos *ex-ante* e *ex-post*. Nessa concepção, cada ator coopera de acordo com um padrão complexo de características de operação em rede, bem como as regras de divisão de benefícios obtidos pela cooperação. A qualidade da operação depende da qualidade e intensidade da cooperação entre os membros. O valor criado por essa operação deve ser compartilhado de acordo com alguma regra que possibilite a continuidade do arranjo.

Assim, a rede pode ter características relacionais em sua estrutura que ajudarão uma empresa sua em outras negociações – mesmo que seja com empresas que ainda estejam fora de tal rede. Os graus de centralização, formalização e cooperação foram as primeiras características das redes tratadas como pontos de atração de negócios e com possíveis funções redutoras dos custos de transação de uma empresa em rede (Van Waarden, 1992; Dowding, 1995). A reputação e as centralidades (de grau, de proximidade ou de intermediação) de um ator econômico na rede são características importantes que, por transitividade, podem influenciar uma transação desse ator com outra parte e, portanto, ter a função redutora de custos de uma transação da empresa em rede (Wasserman & Faust, 1994). Isso pode ocorrer caso a outra firma valorize e queira usufruir da qualidade da coesão relacional que a firma da rede já tem e usufrui das negociações (Wasserman & Faust, 1994).

A Figura 4.4 mostra um esquema explicativo do fenômeno da transitividade (t) de características de rede entre uma transação e outra, já que um mesmo ator econômico (ator A) participa de transações distintas (com os atores B e C). Assim, o ator A é um elo para duas transações distintas e simultâneas. Sabe-se que cada transação apresenta suas especificidades (o principal atributo dos custos de transação, segundo Williamson, 1991), porém, quando o ator está embebido (*embeddedeness*) em uma rede, as características no ambiente da rede para o ator dessa rede podem transitar da transação em rede para outra transação – na própria rede ou até fora dela (Wasserman & Faust, 1994). No exemplo, a reputação do ator A é importante ou determinante para os custos da transação com o ator C e, por transitividade, pode influenciar os custos da transação do ator A com o ator B. Isso porque, para uma rede existir, são necessários ao menos três atores (A, B e C). Sabe-se que uma transação é um negócio individual e, mesmo com transitividade, o caminho é único e não múltiplo. No entanto, quando há dois atores pertencentes a uma rede (que, no exemplo da figura, são os atores A e C), a transitividade da reputação conquistada por A na rede (ou na transação com C) e até mesmo os efeitos de sua centralidade em rede (que podem ser de grau, de intermediação ou de proximidade) podem influenciar a transação do ator A com o ator B.

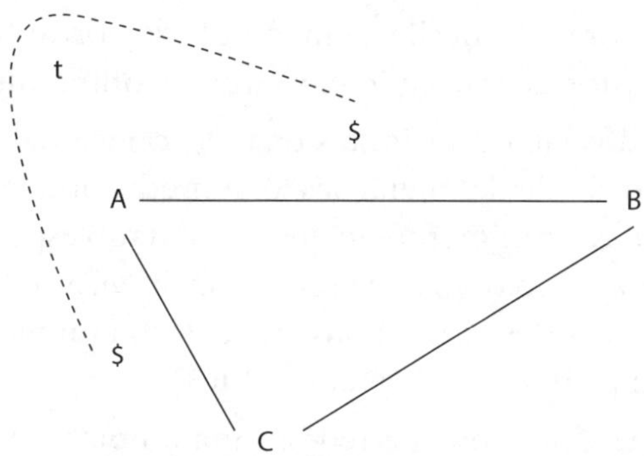

FIGURA 4.4 **Influência da rede na transação: transitividade das características de rede (reputação, centralidades etc.) entre duas transações por meio do ator A.**

Fonte: elaboração dos autores, a partir de Wasserman & Faust (1994).

Há possibilidades, portanto, de transitividade da reputação de um ator em rede para outra transação – mesmo que fora dela. Os efeitos de um elevado grau de centralidade, de capacidade de intermediação ou de proximidade também podem ser transitivos para outra transação – no exemplo, a transação entre A e B recebe essa transitividade de alguma característica em rede (Wasserman & Faust, 1994). Outras características de redes, tomadas sob a perspectiva das redes políticas (Van Waarden, 1992; Dowding, 1995) – e que ampliam a perspectiva de análise em redes para além dos graus de centralização e formalização –, podem servir de influência de uma transação para outra por meio da transitividade descrita anteriormente.

Outras características transitivas de uma transação para a outra podem ser as seguintes: a) ter entre as duas transações um tipo de ator envolvido com características muito específicas na rede (como ser um ator coletivo ou um representante de interesses setoriais, pontuais, especiais etc.); b) o ator funcionar como um canal de acesso aos processos de decisões coletivas da rede; c) o ator mobilizar mais recursos (tecnológicos, de informação, financeiros, políticos, simbólicos etc.) na rede; d) o ator ter a delegação de *status* público na rede (recebeu autoridade pública para articulações); e) o ator ter agilidade em articulações de rede; f) o ator ser reconhecido pelo outro interessado como altamente cooperativo ou intenso em contatos e informações através da rede etc.

A rede, como um bicho vivo e autocriativo (Franco, 2013), segue um padrão que oferece múltiplos caminhos, diferentemente do padrão piramidal da firma e a sua reprodução das mesmas coisas (produtos, processos, serviços etc.) – baseado na escassez de caminhos e desenho para ensejar o comando ou o controle (Franco, 2013). Em rede, ao deixar a interação fluir e estar aberto à interação mais fortuita e fraca com o outro, a empresa (múltipla e autocriativa) pode realizar uma transação esperada (com outro ator já conhecido) em virtude da boa influência ou expectativa de transitividade de custos de transação eficientes de outra interação.

Assim, em função dos laços funcionais da rede, caracterizados por temperatura, pressão, volume e velocidade de interações, o ator econômico pode almejar a transitividade com base no conhecimento de que o resultado esperado (o custo da transação) seja eficiente por meio do uso de seus instrumentos relacionados à medição dentro de certos limites às descrições aproximadas do ambiente de rede (do ponto de vista de sua abertura à interação) (Franco, 2013).

A Figura 4.5 mostra dois tipos de redes: uma amplamente difusa e com poucas distinções entre os integrantes em termos de centralidade de grau e outra com alguns atores com elevado grau de centralidade, comparativamente à maioria dos integrantes. Os atores mais centrais interagem com outros atores (de elevada e de baixa centralidade de grau) e esse grau pode reduzir os custos dessas transações, já que o outro ator (principalmente os de baixa centralidade de grau) pretende usufruir – por transitividade – da capacidade centralizadora – que também pode ser intermediadora e de proximidade de outras transações e até do ambiente da rede.

O fenômeno da transitividade como redutor de custos de transação fica mais nítido no primeiro tipo de rede (a descentralizada, que conta com a(s) presença(s)

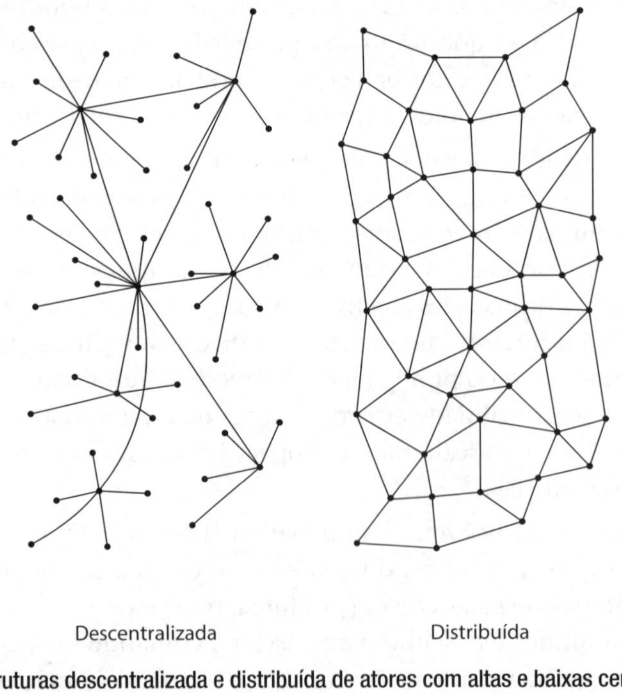

FIGURA 4.5 Estruturas descentralizada e distribuída de atores com altas e baixas centralidades de grau.

Fonte: Franco (2013, p.16), a partir de Baran (1964).

de algum(ns) ator(es) com maiores centralidades de grau, de intermediação e de proximidade) que na segunda (a distribuída, em que não há uma centralidade de grau de algum ator muito destacada perante os demais). Isso não significa que está anulada a transitividade no segundo tipo de rede (distribuída ou mais difusa), pois a reputação e as centralidades de proximidade e de intermediação – e as características de redes políticas citadas anteriormente – podem influenciar os custos de transação entre dois atores por causa dessas características de influência de rede que apenas um dos dois atores já apresenta.

Assim, a cooperação cresce como objetivo da empresa para o negócio por causa da rede coesa qualificada de que a outra empresa participa, o que aumenta as chances de a transação ser efetivada. Enfim, a cooperação pode superar o conflito em algumas transações por causa do perfil da coesão relacional em rede, o que pode causar reduções dos custos de uma transação.

A forma de cooperação do potencial participante da rede poderá fluir através do estabelecimento de contratos complexos, que podem ser formais ou informais. À natureza contratual das transações, e em linha com o pensamento de Coase (1937), é importante acrescentar que as instituições informais (como tradições, crenças, rotinas, mitos etc.) também importam na lógica empresarial de minimização de custos de transação que há no arranjo em rede.

As formas de centralidade (de grau, de intermediação e de proximidade) de um ator em rede podem, como foi dito, estimular transações por meio de garantias de direitos de propriedade. Uma franqueadora pode atrair um franqueado experiente e eficiente de outra franquia por causa das centralidades eficientes que ela apresenta em rede – sendo que os franqueados reconhecem que isso é importante para o bom andamento do negócio da marca (franquia). Um exemplo é o alto grau de centralidade de grandes franqueadoras de cosméticos que transmitem a potenciais franqueados uma boa garantia dos direitos de propriedade de uso da marca em determinado local. Não se trata apenas de garantir a exclusividade ou a especificidade de marca no local varejista em que o novo franqueado se estabelece, mas garantir que as operações de suprimento sejam eficientes porque a franqueadora tem elevada centralidade de grau em sua rede. Esse mesmo efeito pode ocorrer caso as centralidades de intermediação ou de proximidade da franqueadora sejam elevadas. Elas também servirão de estímulos para que novas transações aconteçam, ampliando o alcance de operação da marca.

Zylbersztajn (2004) menciona uma segunda perspectiva no tratamento de formas de governança econômica de redes. Trata-se de privilegiar na análise o processo de manutenção e de estabilidade de uma rede. Após a formação da rede, a sua longevidade é considerada; nesse caso, devem ser avaliados e definidos os mecanismos de resolução e de prevenção de conflitos. Também aqui surgem duas possibilidades: uma proveniente da teoria dos contratos, que estabelece que todos os participantes se submetam a uma decisão que se dê a partir de um membro(s) – uma manifestação disso seria o estatuto da rede, por exemplo. A outra possibilidade, relacionada com a teoria da ação coletiva, considera o custo da ação de um determinado ator, medido pelo impacto causado por esta ação no valor do produto ou no resultado final. Nesse caso, são observados os mecanismos de *enforcement* que agem sobre elementos que violam, por exemplo, os contratos de exclusividade de fornecimento celebrados em rede.

Nessa perspectiva, a reputação prossegue como um dos fatores em rede que podem causar reduções de custos de transação de um ator (da rede) em relação a outro (não necessariamente da rede). É a reputação, e não a confiança, conforme coloca a agenda de Williamson (1975, 1985, 1993), o fator que justifica a influência da rede no custo de uma transação – considerando a possibilidade de que as centralidades (de grau, de intermediação e de proximidade) e a qualidade da coesão relacional também influenciam. Williamson (1993, p. 463) pressupõe que a confiança é insignificante nos relacionamentos de negócios porque considera que a ação empresarial é resultado de um cálculo intencional – e confiança calculista é um termo contraditório. Zylberstajn (2004) entende que a confiança não é imprescindível às redes. As redes podem existir mesmo sem confiança, desde que existam os mecanismos de governança que induzam os participantes ao comportamento cooperativo.

A rede, como forma complementar contratual da governança econômica híbrida, apresenta mecanismos de coordenação que podem ser definidos em termos de: a) regras de repartição de direitos (de ganhos e decisão); b) comportamento estratégico resultante da definição de diretos comuns de propriedade; c) estruturas de governança relacionadas com mecanismos de exclusão/inclusão, controle e coordenação (Zylbersztajn, 2004).

Em todas essas modalidades de arranjos híbridos, o principal desafio parece ser conciliar a autonomia e a interdependência. Na verdade, cada associado da rede investe de alguma forma na criação de dependência mútua, mas existe o aspecto da preservação da manutenção dos direitos de propriedade e autonomia das decisões.

A interdependência se dá através da implantação de duas estratégias básicas: o desenvolvimento de complementaridades e o desenvolvimento de compartilhamentos. Entretanto, a interdependência cria uma situação típica de especificidade do ativo cujo oportunismo potencial deve ser controlado por contratos que prevejam possibilidades de sanção, esquemas de monitoramento, processos criteriosos de seleção de parceiros e resolução de conflitos. Além disso, instala-se uma situação de incerteza quanto a resultados futuros que precisam ser monitorados, impondo a necessidade de coordenação das transações.

A centralização e a formalização da coordenação em monitoramento de rede teriam, segundo Menard (2004, 2006), uma relação direta com a magnitude da interdependência desenvolvida entre seus associados em termos de especificidade de ativos e incerteza. Assim, quanto maior a interdependência (com especificidades de ativos e incertezas maiores), maior a necessidade de centralização e formalização, com o estabelecimento de salvaguardas, seleção rigorosa de parceiros e regras de *enforcement* ("o fazer cumprir"). Os riscos contratuais do oportunismo, a falta de coordenação (incerteza), e a indefinição quanto à proteção/distribuição de ganhos, além de serem condicionados pela interdependência (especificidade), podem também ser gerados por situações ligadas a problemas de mensuração, mudanças ambientais, falhas no ambiente institucional e em direitos de propriedade mal definidos.

Todos esses fatores vão se relacionar com a coordenação de uma forma híbrida. Em verdade, os contratos, sendo incompletos nos arranjos híbridos, devem ter como complemento outros mecanismos mais informais. Com base nesse raciocínio, Menard (2004) constrói uma tipologia relevante de governança híbrida, cujo condicionante maior ainda seria a especificidade do ativo, e que se diferencia de acordo com a centralização e a formalização da coordenação. Nessa classificação, em que as estruturas híbridas estão entre o mercado e a hierarquia (integração vertical da firma), há basicamente quatro tipos de arranjo, que são: a) a reputação; b) a influência de redes; c) a liderança e d) a instituição *ad. hoc.*

O primeiro é um modelo mais próximo ao modelo de mercado, em que existe pouca centralização e coordenação, sendo as relações coordenadas pela reputação e reciprocidade.

O segundo é um modelo denominado influência ou, ainda, de rede relacional, adquirindo as características das relações maior relevância. Nessse modelo, há uma maior centralização da coordenação, sendo que, além da reputação, surgem mecanismos de coordenação com alguma formalidade e também mecanismos ligados em normas e convenções, histórias vividas, convivência social, compartilhamento de informações, conhecimento e experiências. Nesse segundo tipo de Menard (2004) está a influência da rede para reduzir custos de transação, por meio da reputação que se desenvolve entre as partes envolvidas em determinada transação, mas também por meio de centralidades (de grau, de intermediação e de proximidade) e da qualidade da coesão relacional que um ator possua em rede.

A influência em rede é vista como uma coordenação mais estreita que a reputação por si só, pois há regras formais e convenções que enquadram as transações e que restringem o risco de oportunismo. Na rede, a coordenação funciona como em um clube, no qual o controle sobre os parceiros é baseado na história do arranjo, na complementaridade do conhecimento e na conivência social (Powell, Koput e Slith-Doerr, 1996).

Cada vez mais aumentando o grau centralização da coordenação, o terceiro modelo está baseado na liderança de um dos associados do negócio (transação) ou até mesmo do arranjo, em que há o empreendimento da autoridade e monitoramento em complementaridade ao contrato na negociação com a outra parte. Em suma, na liderança ocorre um monitoramento mais efetivo que na rede de relações.

A quarta forma complementar está mais próxima da hierarquia (integração vertical), na qual os participantes ainda conservam sua identidade autônoma, mas se sujeitam à coordenação centralizada de uma agente com relativa independência.

A Figura 4.6 mostra o modo como Menard (2004) avança no modelo de Williamson (1991), oferecendo uma ferramenta para integrar e ordenar as diferentes formas de relações híbridas que relaciona os modos de governança híbridos com as características da transação.

A Figura 4.6 mostra que Menard (2004, p. 369) tem proposições congruentes com as de Williamson, mostrando o efeito da especificidade do ativo na escolha do arranjo. Aparecem diversos tipos de arranjos híbridos ou governanças complementares ao contrato nas transações realizadas com especificidades do negócio em nível mediano.

Essas formas complementares da governança contratual podem ser conceituadas como uma estrutura institucional na qual os contratos são iniciados, negociados, monitorados, adaptados, executados e finalizados. Apesar do papel dos mercados e hierarquias, um crescente corpo da literatura substancia a ideia de que arranjos

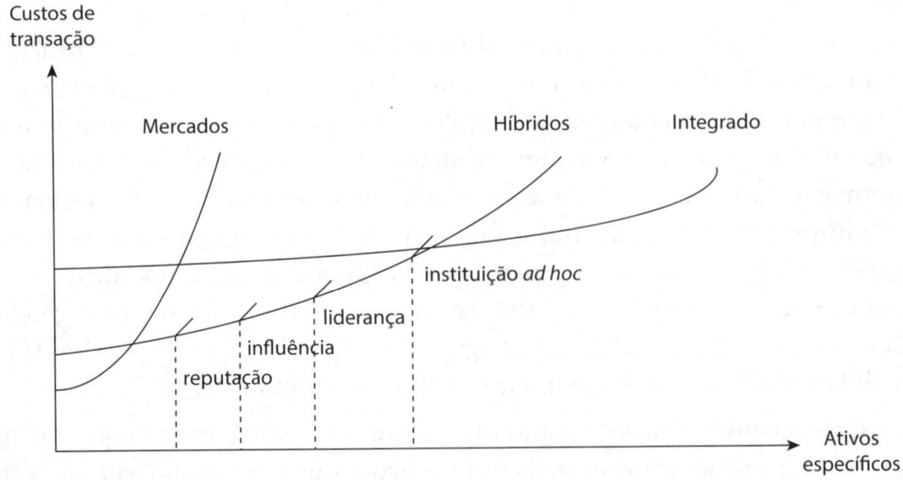

FIGURA 4.6 Tipologia das governanças Híbridas.

Fonte: Menard (2004, p. 369).

específicos combinando contratos e entidades administrativas se desenvolvem para melhor coordenar as partes que podem ganhar da mútua dependência, mas necessitam controlar os riscos do oportunismo (Soares, 2012; Pinotti, 2014).

A rede, e sua influência por meio de características relacionais interorganizacionais, é um tipo importante nessa análise. Menard (2004) sustenta que quanto mais específico o ativo, maiores serão os mecanismos necessários de proteção para garantir que não ocorra perda de valor econômico na transação. Quanto menor a especificidade dos ativos, menor a necessidade de salvaguardas.

As relações coordenadas com base em reputação se aproximam das relações via mercado, apresentando decisões descentralizadas, de forma que a recorrência das transações poderá gerar reciprocidade os atores. Do outro, a governança contratual híbrida é monitorada por uma forma estrutural que se aproxima da hierarquia denominada "Instituição ad hoc", em que os casos de quase-integração vertical são bons exemplos. Nesse caso, as decisões são coordenadas de maneira próxima à integração vertical.

Há, entre essas duas formas complementares de governança contratual, as coordenações por meio da influência (redes) e da liderança. O arranjo coordenado por um líder difere da influência em rede, considerando a existência de um monitoramento mais efetivo. A liderança se estabelece quando uma firma exerce sua autoridade sobre os seus parceiros.

As vantagens determinadas pela liderança também podem se estabelecer entre os agentes ao longo do tempo, como resultado da recursividade – bem como o papel de instituições *ad. hoc.* – presentes no ambiente institucional (Maze e Menard, 2010).

Menard (2004) destaca os incentivos extracontratuais para a consolidação da cooperação nas formas híbridas, tais quais definição de número de parceiros, duração do relacionamento (maior cooperação), especificidades contratuais em termos de qualidade e quantidade e salvaguardas complementares formais (garantias financeiras) e informais (relacionamento e reputação), sendo que a reputação é considerada uma característica influenciável por ações em rede que podem assegurar o funcionamento das transações quando os contratos são incompletos (Soares, 2013; Feltre, 2013).

Como foi dito, há outras características de rede que influenciam o custo de uma transação (por meio da transitividade), que podem ser a operação em tal transação de um representante de interesses setoriais ou especiais da rede, o ator funcionar como um canal de acesso aos processos de decisões coletivas da rede, o ator mobilizar recursos (tecnológicos, de informação, políticos etc.) na rede, o ator ter a delegação de *status* público na rede (recebeu autoridade pública para articulações) ou até ser reconhecido pelo outro interessado como altamente cooperativo para contatos e informações através da rede.

O Quadro 4.2 a seguir sintetiza um conjunto de características de redes, muitas advindas da literatura de redes políticas, que podem influenciar a transação entre dois atores.

QUADRO 4.2 Características de redes que podem influenciar a transação
Características de redes para a transitividade entre transações econômicas
1. Reputação; 2. Centralidade de grau; 3. Centralidade de intermediação; 4. Centralidade de proximidade; 5. Ator coletivo com elevada representatividade ou mobilização; 6. Capacidade de acessar processos de decisões coletivas da rede; 7. Capacidade de consultar atores reguladores do negócio (governo, agências etc.); 8. Capacidade de mobilizar e envolver mais recursos (tecnológicos, de informação, financeiros, políticos, simbólicos etc.); 9. Delegação de *status* público na rede (autoridade pública para articulações); 10. Agilidade em articulações de rede; 11. Cooperação reconhecida e intensidade em contatos e informações através da rede.
Fonte: elaboração dos autores, a partir de Van Waarden (1992), Dowding (1995) e Wasserman & Faust (1994).

Menard (2004) considera que as redes podem ganhar representatividade quando a influência exercida por alguns atores sobre os demais produz resultados redutores de custos de transação. Isso começa pela reputação. Tanto que Menard (2004) coloca a reputação, ao lado da experiência passada e de arranjos híbridos prévios, como um dos três critérios relevantes para uma firma selecionar parceiros. As centralidades (de grau, de intermediação e de proximidade) podem compor os arranjos híbridos prévios e a experiência passada apontadas por Menard (2004, 2006).

A centralidade de grau refere-se ao número de relações que um ator possui na rede em relação ao total possível de relações. Conforme mostra o capítulo 3, o grau de centralidade consiste no número de ligações ou laços com os outros atores (Lazzarini, 2008). Assim, esse ator tem acesso a recursos, poder e informações etc. Membros de conselhos de franqueados são exemplos de atores com elevada centralidade de grau.

A centralidade de intermediação é medida pelo potencial de os atores intermediarem relações com outros atores, conforme consta no capítulo 3 deste livro. Esse tipo de centralidade avalia o grau em que determinado ator interliga outros atores da rede (Lazzarini, 2008), podendo facilitar os fluxos de informações e recursos. Assim, o fato de ser mais central na rede pode não ser mais vantajoso do que ser um intermediário de vários outros atores e grupos de atores. Os intermediários podem acessar outros grupos e subgrupos da rede de formas mais eficiente do que aquele mais central.

A centralidade de proximidade é determinada quando um ator é tão mais central quanto menor for o caminho (número de laços) a ser percorrido para alcançar os outros atores da rede (Mizruchi, 2006), conforme apresentado no capítulo 3. A proximidade mede a distância que um ator está de outros. Atores mais próximos de outros na rede podem desfrutar dos mesmos benefícios do grau de centralidade como acesso a recursos, poder, informações etc.

ESTUDO DE CASO – O CASO DO PEQUENO VAREJO SUPERMERCADISTA NO ESTADO DE SÃO PAULO

No segmento varejista supermercadista brasileiro, apesar da crescente concentração, ainda subsistem supermercados de pequeno porte, em sua maioria localizada em regiões periféricas das cidades e voltada para o atendimento de populações de mais baixa renda. Esses pequenos negócios independentes têm procurado enfrentar o maior poder econômico dos grandes grupos mediante ações cooperativas sobre a forma das chamadas centrais de negócio. Inicialmente voltadas para o aumento do poder de barganha junto a fornecedores através da compra conjunta, as centrais de negócio passam a gerar outras vantagens para seus associados como troca de informações e experiências, além de sinergias geradas por compartilhamentos em outras áreas de negócios tais como seleção, treinamento e administração de recursos humanos, contabilidade, ações de marketing etc. De acordo com a perspectiva teórica representada pelo novo institucionalismo, especialmente na sua vertente sociológica, e na análise de redes, especificamente quanto aos temas de governança de redes e análise relacional de redes, as centrais de negócio de pequenos supermercadistas podem ser definidas como redes cooperativas interorganizacionais horizontais, cuja eficácia estaria associada ao funcionamento de seus mecanismos formais e informais de coordenação e a coesão relacional entre seus associados. Em pesquisa e tese de doutorado defendida por um dos autores desse livro em 2011 junto ao Programa de Pós-Graduação do Departamento de Engenharia de Produção da Universidade Federal de São Carlos, que visou estudar e analisar três dessas redes localizadas no interior do estado de São Paulo (2011), foram mostrados e comparados os mecanismos através dos quais são coordenadas as atividades dos pequenos supermercadistas integrantes das centrais e as características das relações entre os associados. Constatou-se que, para as centrais estudadas, quanto ao aspecto estrutural formal de seu funcionamento e seu processo de formação e consolidação, existem indícios de semelhanças entre essas centrais, configurando-se em um processo isomórfico e uma convivência entre formalidade e informalidade; por outro lado, persistem algumas diferenças em termos de coordenação e coesão que estariam associadas ao tempo de vida das centrais e ao porte da rede em termos de número de associados e seu porte médio em termos de vendas. No caso da coesão relacional entre os parceiros da central de negócios procurou-se aferir a intensidade e extensão das relações, um fator importante seria a reputação, definida como decorrente do histórico de um agente em situações de conflito de interesses entre o benefício individual e o benefício comunitário. Relações confiáveis requerem histórico de credibilidade e reciprocidade, o que gera reputação. Outro fator importante mais relacionado com os mecanismos formais e informais de coordenação da central seriam os sistemas de seleção de parceiros. Com relação a reputação e seleção de novos parceiros, registre-se o depoimento de um integrante de uma das redes estudadas no quer tange à origem da rede. Inicialmente formada pela união de dois supermercadistas com relações de amizade, na segunda fase de formação, caracterizada por um processo de obtenção de novos parceiros, foram utilizadas informações dos próprios fornecedores acerca da reputação e credibilidade de potenciais associados em termos de idoneidade, pontualidade de pagamentos, bom nome na praça, experiência no ramo. "*... o primeiro ponto nosso foi procurar pela idoneidade*" (Garcia, 2011. p. 170).

Casos de franquias são bons exemplos de complementaridades contratuais por meio de características desenvolvidas em rede. Geralmente, em redes de *franchising*, a franqueadora transfere direitos de uso e usufruto de um ativo intangível – a marca ou conceito do negócio – ao franqueado que, em troca, paga diversas taxas (royalties, taxas de publicidade, de promoção etc.) ou contribui com ativos complementares (Sztajn, Zylbersztjn & Azevedo, 2005, p. 113). A contribuição com ativos complementares por parte de franqueados brasileiros vem mostrando, em casos brasileiros, como a influência da rede pode facilitar o relacionamento entre franqueado e franqueador e, em diversas situações, reduzir alguns dos custos da transação. Características como centralidades de grau, intermediação ou proximidade, coesão no trato comercial, aumento da troca de informações etc. provocam, em muitos casos, o interesse de um potencial parceiro em negociar com tal ator (neste exemplo, o franqueado) que opera em tal rede. Em muitos casos, esses fatores em rede podem reduzir os custos de transação de um franqueado e até mesmo provocar a entrada de novos atores (franqueados) na rede da marca.

Menard (2006) menciona as franquias entre as formas intermediárias de governança (como subcontratações, cooperativas, alianças etc.) para mostrar três características regulares partilhadas pelos arranjos híbridos, que são os recursos compartilhados (*pooled resources*), os contratos relacionais (*relational contracting*) e a competição (*competing*). São aspectos relevantes da análise da complementaridade de Menard (2004, 2006) que merecem definições sucintas porque são contribuintes do entendimento da complementaridade contratual, principalmente quanto às redes nessa função. As definições sucintas são as seguintes:

a) Recursos compartilhados: empresas partilham os mesmos recursos e coordenam as mesmas decisões para gerar receitas são motivações para formar rede (ou outra forma híbrida de governança). Mas isso também pode ser uma fonte de conflitos, já que a distribuição dessas receitas representa escolhas criteriosas que podem facilmente desestabilizar um arranjo. Recursos compartilhados exigem continuidade da relação e cooperação, logo as decisões de investimento devem ser feitas conjuntamente. As organizações envolvidas devem aceitar perder parte da autonomia que os mercados forneceriam sem se beneficiar da capacidade de controle característica das hierarquias. Há aqui o problema de assegurar a cooperação sem perder as vantagens das decisões descentralizadas (Soares, 2012).
b) Contratos relacionais: regularidade criada para as relações por meio de reciprocidade. Geralmente ocorrem algumas vantagens, como o aumento das parcelas de mercado, a transferência de competências e o acesso a recursos escassos. Os riscos também estão presentes, pois os parceiros coordenam apenas uma parte das decisões e os contratos são incompletos e sujeitos a revisões imprevisíveis. Daí advém a importância das relações em rede (e a transitividade que pode se manifestar entre uma transação e outra no interior da rede) e a necessidade de uma governança que preencha brechas deixadas em um contrato, monitore os parceiros e resolva conflitos sem necessidade de renegociação repetida (Soares, 2012, Menard, 2006).
c) Competição: os parceiros permanecem independentes, com ampla capacidade de tomar decisões autonomamente. Assim, são parceiros que competem uns contra os outros, apesar de cooperarem em algumas questões e competem com outros arranjos e também entre si (Menard, 2006). Se os investimentos são moderadamente específicos, os parceiros podem ser "tentados" a trocar de arranjos, tornando-os altamente instáveis (Soares, 2012).

As características citadas também estão presentes em mercados e hierarquias, mas o que distingue o arranjo híbrido é que essas características regulares estão enraizadas em um mix de competição e cooperação que subordina o papel-chave desempenhado pelos preços em mercados e pelo comando em hierarquias. Assim, a operacionalidade do arranjo depende de mecanismos específicos capazes de conciliar autonomia legal e interdependência, o que é consistente, segundo Menard (2004), com a definição proposta por Williamson (1991) de que as formas híbridas não são nem mercados nem hierarquias – elas têm características que as tornam melhor ajustadas aos atributos das transações que elas pretendem organizar (Soares, 2012; Feltre, 2013; Pinotti, 2014).

Diante dessas características, torna-se crucial a adaptação empresarial (e não a eleição, conforme define a teoria neoclássica da firma) para as formas organizacionais complementares ao contrato. Os mecanismos de governança devem ser desenhados de forma que se alinhem às características das transações envolvidas na negociação, cubram brechas deixadas em contratos, monitorem o arranjo e resolvam problemas sem a necessidade da constante renegociação. Assim, a rede, para Menard, nas das brechas e as dificuldades de coordenação que a adaptação empresarial procurará superar.

Powell (1990) não enxerga a rede e outras formas complementares assinaladas por Menard (2000, 2006) do mesmo modo. As redes podem ser definidas como um conjunto de organizações que atuam de maneira articulada e coordenada e cujos processos decisórios estariam primordialmente ligados à existência da própria rede. As redes não nascem necessariamente sob algum contrato, pois estes até mesmo podem dificultar a troca de vantagens competitivas. Aqui importa mais a convergência de interesses, a interdependência dos agentes, o engajamento mútuo, durabilidade das relações, a fidelidade e a cooperação.

A forma de atuação em rede torna-se importante nesse contexto, pois consegue adicionar competitividade a um conjunto de empresas em termos de agilidade, identificação e exploração de oportunidades em ações conjuntas, distribuição de ganhos, diminuição de custos e riscos, maior qualidade em investimentos e melhor administração de fluxo de caixa. Ao reunir um conjunto de empresas complementares, cada uma delas concentrada em sua especialidade (*core business*) e, buscando em parceiros outras competências não tão desenvolvidas, a rede de cooperação proporciona vantagens competitivas sobre a concorrência por meio de produtividade e competitividade coletivas

Exemplos potenciais de redes colocados por Bacic & Souza (1994) seriam as redes de fornecedores e empresa-mãe e os acordos entre empresas de setores diferenciados (ou concorrentes) para desenvolvimento tecnológico, exploração de novos mercados e defesa contra entrantes substitutos. É valorizado o trabalho em conjunto, a divisão de responsabilidades e execução em um sistema de cooperação no qual a questão da coordenação torna-se crucial e a sinergia estratégica, um resultante importante. As redes valem-se da difusão eletrônica de informações e do ambiente da internet para diminuir os custos de uma coordenação externa e aumentar sua presença e relevância no mundo globalizado. Para vencer a concorrência acirrada, fatores como cooperação local, conhecimento e aprendizagem são requisitos necessários na criação de vantagens competitivas. Atuar em rede e de forma coletiva significa aumento de competitividade através da maior agilidade e adaptação inerentes a esse sistema e do menor custo através do compartilhamento de equipamentos, conhecimentos e riscos.

Em contribuições mais recentes, na definição de Britto (2002), as redes de empresas seriam *"arranjos interorganizacionais baseados em vínculos sistemáticos – muitas vezes de caráter cooperativo – entre empresas formalmente independentes, que dão origem a uma forma particular de coordenação das atividades econômicas"* (Britto 2002, p. 347). Em complemento a essa definição tem-se a formulada por Zylberztajn (2004), em que as redes seriam padrões complexos de cooperação desenvolvidos para atingir eficiência em produção e distribuição de produtos.

Aqui se faz uma nova pergunta: quanto da rede se reveste de uma resposta estratégica e quanto seria o resultado de mecanismos evolucionários ou ainda enraizamento na cultura e em outras características "não reproduzíveis"?

Tentando responder a essa questão o autor focaliza o processo de nascimento das redes, definindo duas linhas de raciocínio: a primeira, baseada na economia evolucionária propõe o surgimento das redes como uma evolução orgânica com os agentes desenvolvendo ligações, formatando rotinas e regras de alocação e proteção de direitos de propriedade, numa dinâmica de tentativa e erro com dependência de trajetória (*path dependence*), com as estruturas mais eficientes se firmando e as menos eficientes sendo descartadas. Já a segunda explicação assume a existência da estratégia e coordenação; assim, em vez da tentativa e erro, existe um processo de escolha estratégica no qual liderança, poder e hierarquia desempenham um papel central e o elemento-chave se constitui na alocação de direitos (decisórios e de ganhos). Neste caso, a emergência da rede passa a ocorrer de acordo com uma perspectiva de coordenação e com os seguintes passos:

- comunicação entre agentes semelhantes
- desenho de um contrato/arranjo que permita a união de esforços
- definição de um agente com o papel de monitoramento, detendo com isso direitos decisórios e até mesmo poder de exclusão
- mecanismos de exclusão que, baseados em regras prévias, sinalizam perdas para comportamentos oportunistas ("caronas")
- mecanismos de retroalimentação, nos quais um agente especializado compartilha informações relevantes com os demais participantes da rede especialmente aquelas relacionadas com as vantagens geradas para cada integrante proporcionados sua participação na rede
- condições de difusão de uma arquitetura específica de rede, partindo do princípio de que, quanto maior a formalização das relações, maior a sua capacidade de reprodução. Isso por sua vez resulta de transações e relacionamentos institucionalizados

ESTUDO DE CASO – O CASO DA REDE ORION DE PEQUENOS NEGÓCIOS SUPERMERCADISTAS

O caso da rede supermercadista Orion, uma das redes de compras de pequenos supermercados no estado de São Paulo e estudada por Garcia (2011, p 293), mostra alguns aspectos que servem de exemplo. A rede Orion teve sua origem no início de 2004 (os seis supermercadistas entrevistados serão denominados por letras, A, B, C, D, E e F), através da iniciativa de dois pequenos supermercadistas que tinham uma relação prévia de amizade na cidade, visando inicialmente obter melhores condições de operação de seu negócio e enfrentamento da concorrência crescente mediante a realização de compras conjuntas junto aos fornecedores. Segundo um supermercadista A: "Eles perceberam que juntos poderiam comprar melhor". As atividades se davam inicialmente sem formalização, com reuniões realizadas na residência de um dos participantes. Numa segunda fase, quanto ao processo de obtenção de novos parceiros, foram utilizadas informações dos próprios fornecedores acerca da reputação e credibilidade de empresários em termos de idoneidade, pontualidade de pagamentos, bom nome na praça, experiência no ramo. ".. o primeiro ponto nosso foi procurar pela idoneidade" (supermercadista A). Aqueles supermercadistas que finalmente se enquadraram no perfil desejado e aceitaram o convite foram se integrando ao sistema, sendo que, inicialmente, foram feitos alguns testes através de compras piloto de alguns itens. "comprar alguma coisa em sociedade para ir vendo se a coisa ia dar certo...". (Supermercadista A). Esse processo preliminar durou aproximadamente um ano. A seguir iniciou-se uma fase de formalização propriamente dita com a criação de um estatuto registrado em cartório e um regimento interno que regulavam as atividades dos membros da rede, inclusive com regras relacionadas com a ética.Na medida em que a rede cresceu, chegando a contar com 12 associados, as reuniões passaram a ser feitas em um salão alugado, sendo também contratado um comprador. Além de compras atualmente feitas mediante um processo de pregão eletrônico administrado por um comprador contratado pela rede, foi desenvolvido o compartilhamento de marketing com um jornal promocional da rede distribuído pelas ruas e serviços de publicidade através de uma agência contratada pela rede, bem como serviços de contabilidade e armazenamento com um salão comum para estoque de mercadorias, eventual treinamento de pessoal e reunião dos associados. Observou-se a existência de mecanismos de *enforcement* previstos em estatuto e agindo sobre elementos que violam, por exemplo, os contratos de exclusividade de fornecimento celebrados pela rede e que todos os membros devem seguir sob pena de serem, no limite, expulsos da rede. Esses mecanismos foram, mesmo que indiretamente (alguns dizem que os que saíram o fizeram por conta própria), os responsáveis pela exclusão de alguns elementos da rede. Mas por outro lado, mais em linha com a visão crítica de Powell (1990), no grupo remanescente são observados elementos informais de amizade, reciprocidade, confiança e coesão relacional, com os participantes da rede Orion realizando atividades sociais entre eles fora da rotina de trabalho, tais como festas e eventos sociais. Evidencia-se mais uma vez a intensidade emocional, confiança e reciprocidade fatores constitutivos de coesão relacional.

A visão mais crítica de Powell (1990) em relação ao arcabouço estabelecido pela NEI, que se relaciona com as principais opções de governança polarizadas principalmente entre o mercado e a hierarquia, destaca desde os anos 90 do século XX que vários arranjos organizacionais podem ser caracterizados como redes.

Dois pontos merecem destaque: a) o primeiro se relaciona com o entendimento sobre a economia como um sistema inserido num contexto sociocultural, sendo o mercado uma construção social (resultado de uma combinação composta de localização, etnia e cultura) que dá margem a desigualdades entre grupos, com benefícios para uns e desvantagens para outros; b) o segundo se concentra na existência, dentro das hierarquias, de todo um mercado interno em termos de preços de transferência e sistemas de recompensa baseados em desempenho.

Powell (1990) destaca uma alternativa que vai além dos modelos híbridos, caracterizados por contratos de longo prazo e que são considerados pela ECT dentro do *continuum* mercado – hierarquia. Na visão da ECT, as formas híbridas poderiam ser identificadas como formas como subcontratação (com características mais ligadas ao relacionamento através de mercado) ou ainda formas organizacionais como franquias, *joint ventures*, unidades de negócios descentralizadas e estruturas matriciais (mais próximas da hierarquia). Para Powell (1990), essa alternativa se apresenta sob a forma de ações de cooperação (com base em reciprocidade, reputação e confiança) entre as firmas através de suas fronteiras, como uma alternativa de governança que deve ser considerada.

Partindo do pressuposto de que as trocas econômicas estão enraizadas em um contexto socialmente estruturado, é apresentada uma forma especial de coordenação da atividade econômica, caracterizada pela sua dependência de relacionamentos, reputação e interesses mútuos. Não se constitui essa forma em uma estrutura de governança de mercado nem em uma estrutura hierárquica, e nem mesmo híbrida, mas sim uma rede colaborativa de empresas, que difere dessas estruturas quanto ao tipo e padrão de interação entre os agentes econômicos, com as seguintes características:

- especificações dos itens trocados, dificilmente mensuráveis.
- relações, cujo prazo de duração e recorrência, torna difícil a total separação entre as partes.

- relações de obrigação e reputação que criam interdependências sem perda de autonomia

As relações de mercado, nas quais impera o autointeresse não cooperativo, se, por um lado, oferecem oportunidades, possibilidades e opções de escolha e flexibilidade, fazem, por outro lado, com que o sistema de preços não reproduza fielmente todas as informações necessárias, o que é prejudicial do ponto de vista do aprendizado e da transferência de tecnologia. Num outro extremo, a evolução para a hierarquia como resposta ao aumento dos custos de condução e monitoramento de contratos – os custos de transação – pode ser adequada para a produção em massa, porque este arranjo produz confiabilidade e documentação, mas, em condições de instabilidade do ambiente, a hierarquia se revela rígida demais.

Surgem então as redes, funcionando com base em valores de cooperação baseados em confiança (este o grande aspecto diferenciado entre Powell e o modelo de Williamson), reciprocidade e apoio mútuo, havendo interdependência entre os associados sem que estes percam sua autonomia e poder de participação nas decisões, numa estrutura de compartilhamento de custos e benefícios. Nesses arranjos, os fatores de sucesso estão baseados em complementaridades e acomodação entre os integrantes em relações nas quais as palavras-chave são: reciprocidade, confiança, amizade, altruísmo e interdependência. O Quadro 4.3 resume algumas das diferenças entre mercado, redes e hierarquia:

QUADRO 4.3 Características das formas de governança

Características	Mercado	Hierarquia	Rede
Coordenação	Contrato – Direito de Propriedade	Comando – Integração Vertical	Complementaridade de forças, informalidade.
Meios de Comunicação	Preço	Rotina	Contatos formais e informais
Método de Solução de Conflitos	Ações Legais	Normas Administrativas, Supervisão	Normas de reciprocidade, reputação, legitimidade.
Grau de Flexibilidade	Alto	Baixo	Médio
Grau de confiança entre as partes	Baixo	Médio para Alto	Médio para Alto
Estado da relação	Suspeitoso	Definido, Formalizado	Interesses mútuos
Preferência dos atores	Independente	Dependente	Interdependente

Fonte: Powell (1990, p. 300)

Ainda segundo Powell (1990), as redes estão aptas para as necessidades de informação eficiente e confiável, advindas de agentes que já se reconhecem e se relacionam com base na sua reputação. A informação flui através da rede de modo mais livre do que na hierarquia e em maior quantidade do que no mercado, sendo especialmente adequada quando envolve a produção de bens cuja mensuração do valor é mais difícil (*know-how*, capacidade tecnológica, abordagens ou estilos particulares de produção, inovações etc.).

A questão da reciprocidade é central na discussão sobre as formas de organização em rede. São várias as visões sobre esse conceito. Algumas, mais sintonizadas com o conceito de autointeresse individual, entendem a reciprocidade no sentido de equivalência e cálculo estratégico (encontradas, por exemplo, na teoria dos jogos), na equivalência de benefícios e na equivalência de retribuições. Faz-se referência também às abordagens sociológicas e antropológicas, focadas mais nos aspectos normativos para a cooperação, encarando a cooperação como uma questão de compromisso no sentido da importância da retribuição de favores para o equilíbrio das relações ou ainda uma questão de obrigação de dar, receber e retribuir, relacionada com aspectos culturais, responsáveis pela preservação da ligação entre os associados de uma rede.

Na interpretação sociológica, a reciprocidade é colocada dentro de uma perspectiva de longo prazo. As necessidades de segurança e estabilidade encorajam a busca de novas execuções de tarefas, promoção de aprendizado e troca de informações. Surge então a cooperação entre os agentes, que emerge desses interesses coletivos, mútuos e não individuais. É gerada assim a confiança, que reduz as complexidades e incertezas das transações (neste sentido, pode ser encarada como redutora de custos de transação), lubrificadas de modo mais efetivo do que a previsão proporcionada pelo mercado, ou a autoridade dada pela hierarquia ou ainda a barganha/negociação relacionada às formas híbridas.

Por outro, lado Powell (1990) chama a atenção para os aspectos de conflito e poder existentes nas redes. As relações de reciprocidade ou cooperação não estão isentas das ações de dominação. Existe também uma dependência da rede, conservando-se seus participantes nesse arranjo mesmo em condições não inteiramente satisfatórias, com restrições a acessos e caminhos alternativos, dificuldades impostas aos novos entrantes, possibilidade da perda para os associados da rede da habilidade de ditar o próprio futuro e uma dependência das atividades dos outros participantes.

Concretamente, apesar de a atuação em rede ser condicionada por uma série de fatores, tais como especificidades de ativos em rede, externalidades proporcionadas pela rede, mecanismos de resolução de conflitos e dinâmicas contratuais, essas mesmas redes seriam estruturadas de acordo com o seu enraizamento social, sendo que a fonte de sua força estaria localizada em valores comuns de cooperação e relações de confiança.

Williamson (1975, 1991, 1993, 1996), conforme observado anteriormente, é muito reticente ao papel da confiança na redução dos custos de uma transação entre dois atores econômicos. Ele afirma que a confiança não traz grandes contribuições para uma perspectiva de análise como a ECT, cuja base está na ação calculada intencionalmente pelo empresário para reduzir os custos do oportunismo e da racionalidade limitada na transação. Para ele, a confiança na transação é calculada e isso é contraditório ao ponto de concluir que a confiança não faz diferença no estabelecimento do custo da transação. Seria impossível julgar de forma confiável os limites possíveis do oportunismo e, portanto, a confiança não produz uma proteção confiável (Nooteboom, 2008). Se a confiança for além do interesse próprio calculista, será uma confiança cega e incondicional, que não irá sobreviver no mercado (Williamson, 1993, apud Nooteboom, 2008).

Para Menard (2004), é a reputação e não a confiança a primeira característica que destaca as formas de governança complementares aos contratos. Menard (2004) enfatiza que a rede é uma forma híbrida que corresponde a uma coordenação mais rigorosa do que, segundo ele, uma simples confiança, com regras formais e convenções moldando os relacionamentos entre agentes e restringindo o risco de oportunismo. Estabelece-se aqui uma contraposição clara entre a agenda da economia institucional de Williamson (1975, 1991, 1993, 1996) para o que seria a rede e a governança. Na tradição de Williamson, a governança surge como um mecanismo de controle do oportunismo e a rede, como forma complementar ao contrato (uma terceira instituição econômica, que se estabelece entre o mercado e a firma a partir da presença de custos de transação). Nessa agenda, a confiança não é um elemento relevante para o resultado da negociação. Em outra perspectiva, tratada nas ciências sociais (Nooteboom, 2008) e que considera a confiança viável, sem necessariamente se tornar cega ou incondicional, a rede incorpora um conjunto amplo de elementos de benevolência, como valores morais de conduta adequada, normas sociais, senso de dever, laços de parentesco, empatia, amizade etc., conforme Nooteboom (1999), Powell (1990), Macneil (1978), Bradach e Eccles (1989), McAliister (1995), Bromiley e Cummings (1992), Rohlen (1992), Gambetta (1988).

Essa contraposição entre as duas agendas científicas citadas sobre o papel da confiança nas relações econômicas em redes ganha destaque também no debate da literatura de economia institucional sobre o rigor da coordenação dos custos de transação.

Hennart (2008), ao tratar da importância do custo de transação no âmbito dos métodos de organização de sistemas de preços e hierarquia, rebaixando o papel do contrato como mais um método alternativo da firma (e não como uma terceira instituição), enfatiza as evoluções dos custos de trapaça (sujeitos a um grau muito elevado em transações de mercado *spot* e zero em integrações verticais – porque executados por empregados que se ajustam ao dever ou obediência e não aos resultados quando nas firmas) diante das evoluções dos custos de displicência (que representam zero ou nenhum peso para transações de mercado spot - porque há o incentivo total para conquistas de resultados executados por autônomos que se ajustam à busca do ganho máximo - e muito elevados para integrações verticais). A soma de ambos (custos de trapaça e de displicência) resulta no custo do fortalecimento do negócio (ativo) num *continuum* entre as organizações por mercado e por integração vertical (hierarquia) - conforme a Figura 4.7 a seguir.

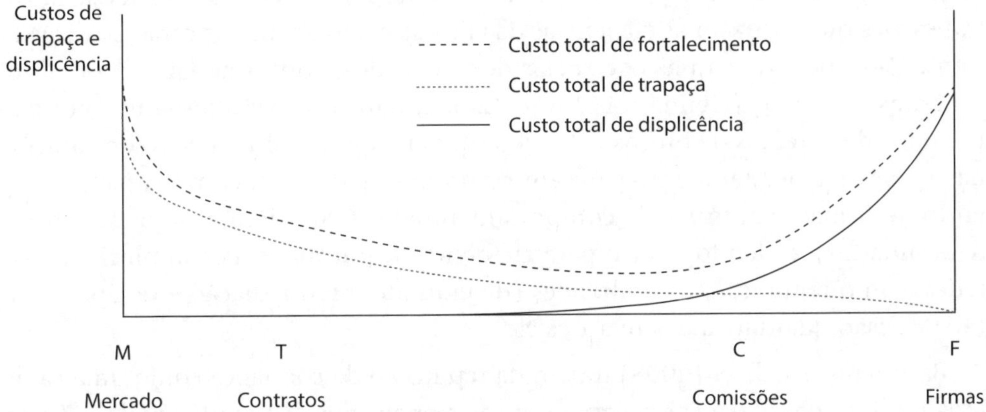

FIGURA 4.7 **Métodos de organização, instituições e custos de fortalecimento, trapaça e displicência.**

Fonte: Hennart (2014, p. 312).

A questão relevante de Hennart (2014, 1993) é que a comissão (como fator determinante de comportamentos) ganha a mesma importância que o contrato para o processo de decisão do empresário sobre a definição do custo da transação porque, nesta decisão, pesa o custo de fortalecimento do negócio. O custo do fortalecimento do negócio envolve o tamanho da determinação do comportamento de cada parte envolvida (que a decisão pelo mercado estimula enormemente a trapaça e a decisão pela integração vertical estimula grandemente a displicência). Se a trapaça não ocorrer é porque o estímulo do mercado pelo resultado aconteceu intensamente - e, mesmo em situações excepcionais de busca pelo resultado, ocorrerá algum custo de trapaça porque a racionalidade limitada do ator se manifestará.

Assim, no *continuum* estabelecido por Hennart (2014) entre mercado, contrato, comissão e integração vertical, aparecem três aspectos importantes que não estão presentes no arcabouço de análise de Williamson (1975, 1985, 1991, 2006), apesar das manutenções dos pressupostos comportamentais da racionalidade limitada e do oportunismo na transação, que são os seguintes: a) a questão fundamental é examinar os métodos de organização de sistemas de preços (pelo mercado) e hierarquia (pela firma) e as questões de controle de resultados e de comportamento – em que ambos podem apresentar falhas, sendo que contratos e comissões são apenas alternativas encontradas pelos métodos de sistema de preços (na organização do mercado) e de hierarquia (na organização da firma). Assim, o contrato formal não representa uma instituição nova – conforme colocam Coase (1937); Williamson (1975, 1985, 1996), mas um tipo de transação de mercado com um estímulo relativamente pesado de determinação de comportamento (Hennart, 2014, p. 315); b) é importante mencionar as características de transações que reduzem as eficiências das firmas e não apenas as características de transações que reduzem as eficiências dos mercados, conforme faz o modelo de Williamson (1999) (Hennart, 2014, p. 321); c) para as ações alternativas entre os métodos de sistemas de preços e de hierarquia há um amplo espectro de soluções nas quais as redes também aparecem como alternativas ou como características tanto de firmas (controles de comportamentos) quanto de mercados (controles de resultados), cedendo espaço para elementos explicativos da complexidade em redes, como reputação, centralidades (de grau, de intermediação e de aproximação), coesão qualitativa das relações etc.

Bachmann e Zaheer (2008) tratam da reputação de confiança como uma característica importante para as governanças relacionais que, distintamente de Williamson (1976, 1991, 1993, 1996), consideram a confiança um princípio organizacional com função similar ao sistema de preços e hierarquia ao limitar o comportamento oportunista. Organizações confiáveis são aquelas que constroem reputação de confiança na transação e, por isso, podem obter vantagens competitivas (Barney e Harsen, 1994; Bachmann e Zaheer, 2008). Com a reputação de confiança e uma governança relacional distinta do modelo de Williamson, a firma pode encontrar na rede um elemento estratégico para coordenar os custos de transação.

> *Uma rede pode servir para estabelecer uma reputação de confiança para uma organização em um ambiente de incerteza, criando um recurso valioso que pode levar à vantagem competitiva (...) muitas vantagens de eficiência advêm de altos níveis de qualidade relacional (...) investir no desenvolvimento de reputação e de confiança somente faz sentido se os produtos e serviços trocados não são básicos ou simples, fáceis de comprar e vender em uma única transação* (Bachmann e Zaheer, 2014, p. 490-491).

Além de Bachmann e Zaheer (2014), Powell (1990), Macneil (1978) e Wasserman & Faust (1994) enfatizam o papel da confiança na análise da transação econômica, conforme sintetiza o Quadro 4.4 a seguir. Os pontos do quadro sobre determinantes e tipos de confiança devem abastecer por algum tempo muitos debates na agenda científica da Nova Economia Institucional, ao contrapor a agenda de economia institucional proposta por Williamson com outras propostas das ciências sociais que consideram a confiança uma característica organizacional relevante para as governanças dos custos de transação. Por princípios relacionais e governanças marcadas também pela confiança desenvolvida entre as partes de um negócio, a rede ganha destaque como alternativa relevante para a administração de custos de trapaça versus os custos de displicência (ou estímulo para resultados ou para obediência, respectivamente) – isto é, o custo de fortalecimento do negócio no modelo de Hennart (2014).

QUADRO 4.4 **Confiança: determinantes, tipos e relação com a ECT**

Determinantes e componentes da confiança	Tipos de confiança	Confiança e dimensões da análise da ECT
• Troca de informação e abertura de comunicação • Coordenação de tarefas • Acordos informais • Monitoramento • Diferenças de desempenho econômico • Credibilidade profissional • Cultura corporativa • Distância cultural entre as partes • Incerteza de mercado • Recursos interdependentes • Comensuração de risco • Compromisso recíproco • Propriedade da unidade de negócios em % • Duração do contrato • Tempo de venda do produto para a linha de produto • Continuidade do fornecimento • Tipo de informação repassada entre as partes • Assistência técnica • Tempo de substituição de fornecedores • Complexidade técnica • Tempo de relacionamento	**A que propicia vantagem competitiva:** • Fraca: relacionada com a produção de bens de baixo custo e com pouca ou nenhuma especificidade de ativos; • Semiforte: presente em circunstâncias nas quais se utilizariam mecanismos de governança intermediária; • Forte: presente em situações nas quais existe cultura organizacional compartilhada, socialmente complexa e difícil de ser imitada e maior sinergia e troca de conhecimento tácito e explícito;	Ausência de confiança e presença de oportunismo: empresas optam por ativos genéricos e não específicos.
	• Confiança calculista: baseia-se na garantia de que as partes agirão conforme o combinado, pois a punição por violar é maior que os possíveis ganhos; • Confiança cognitiva: é baseada na previsibilidade do outro; • Confiança normativa: depende do compartilhamento de valores comuns entre as pessoas.	Se existe confiança, a racionalidade limitada e a incerteza diminuem.

Fonte: Pinotti (2014).

CAPÍTULO 5

Governanças políticas de redes

5.1. Introdução

Durante muito tempo, entre meados do século XIX e o final dos anos 80 do século XX, a construção da política pública foi estudada a respeito de um processo que enfrentava, necessariamente, as etapas de emergência de um problema, introdução na agenda, formulações das soluções, decisão e início da implantação. Com os mais recentes movimentos articulados por meio da fragmentação do Estado em todos os continentes, das crises fiscais e políticas dos governos de lugares distintos, da tendência à diferenciação funcional dos programas de ação pública, das multiplicações dos atores intervenientes nas políticas públicas, dos aumentos dos alvos de intervenção pública, da maior complexidade da sociedade civil e do avanço do capital financeiro sobre as mais variadas atividades econômicas, políticas e sociais, cresceu a importância das instituições formais (como regras, normas, contratos etc.) e informais (como crenças, rotinas, reciprocidades, sentimentos de pertencimento etc.) para a construção da política pública.

Governos de todo o mundo estão em busca de novas formas de organizar a etapa mais crítica do processo de construção da política pública, que é o de formação e implementação. Os governos estão estudando e tentando desenvolver mecanismos de governança para lidar com ambientes institucionais heterogêneos e com o caráter de cada arranjo político construído para formar e implementar políticas públicas.

As governanças políticas importam e são justificadas com a crescente interdependência entre os atores e as relações horizontais que avançaram com a tecnologia da informação, das crises fiscais e políticas dos Estados e da maior interpenetração de capitais nas mais diversas parcerias do aparelho público com os setores privados da sociedade (Klijn, 2014; Marsh & Rhodes, 1992; Romano, 1998).

As governanças políticas de redes surgem com as especificidades das articulações entre os atores públicos e privados e também porque não há um conjunto de valores definitivos para julgar propostas e produtos de políticas (Klijn, 2014; Castells, 2000; Marsh & Rhodes, 1992). Na tensão mais evidente entre o governo e o indivíduo, diante do também crescente individualismo na sociedade, há o surgimento de movimentos adicionais de cidadãos que visam conectar grupos de interesses e outros atores sociais e econômicos com a política pública, trazendo, como consequência, as diminuições das conexões entre os cidadãos e as organizações tradicionais da política – como partidos políticos, organizações representativas de classes sociais, instâncias corporativistas de resolução da política pública, governos autoritários ou hierárquicos com estruturas de ações mais verticais etc.

O rompimento com a sequência clássica da construção da política pública representa também um grande desafio para essas organizações tradicionais – principalmente partidos políticos e organizações representativas de interesses de classe social. As maiores dificuldades estão nas tentativas de se conectarem com os cidadãos e entenderem o que vem se desenvolvendo em torno da crescente importância das relações horizontais e da maior interdependência entre os atores que vão influir na formação e implementação da política pública (Klijn, 2014).

As redes de políticas se opõem às estruturas corporativistas e também às estruturas plurais clássicas, no sentido mais liberal do que esse termo significa desde a vida do século XIX. Por meio de características explicativas mais amplas e flexíveis para relacionamentos e também para comportamentos dos indivíduos, as redes podem melhor explicar as políticas públicas atuais, em que a construção ocorre muito mais de baixo para cima na sociedade e com um envolvimento mais amplo e complexo de atores heterogêneos. A rede está dotada de maior complexidade de interesses nos relacionamentos e também nas estruturas de poder – que podem variar entre governanças de muito a pouco institucionalizadas e redes de mais a menos fechadas (para participações dos atores) e de muito a pouco horizontalizadas (em interações e interdependências). Isso vem ocorrendo em estruturas de poder e arranjos políticos mais complexos e flexíveis daqueles arquitetados pelos autores do corporativismo e da liberdade unívoca do pluralismo clássico (Rhodes & Marsh, 1992; Van Wardeen, 1992; Romano, 1998).

Assim, não é o governo como instituição preponderante do processo de formação e implementação da política pública, mas a governança. Surgiram, nas ciências sociais aplicadas, novas questões sobre os limites e possibilidades das políticas públicas para variados setores, como a diversidade de arranjos institucionais e os diferentes domínios, as aberturas das agendas de construção, o número de participantes envolvidos na política, as concessões de *status* público concedido pelo Estado etc. (Klijn & Skelcher, 2007; Van Wardeen, 1992). Há, nos variados lugares, uma parte importante de iniciativas e esforços dos governos para encontrar novas maneiras de lidar com as mudanças das características dos meios de formação e de implementação da política pública.

As mudanças ocorridas no Estado têm limitado sua capacidade de definir e implementar políticas públicas. Também aconteceu uma multiplicação de atores implicados nas políticas, que colocou o desafio de estudar as organizações e os métodos da política e interpretar a ação pública em termos de ação coletiva – não apenas por meio de organizações de interesses de classe social, mas principalmente pela fragmentação da representação em outros tipos de organizações (das associações de interesses de categorias econômicas, políticas e culturais aos grupos representativos muito pontuais), como grupos de interesse por produto, por setor, região, aglomeração econômica etc. Enfim, ações que jamais poderiam ocorrer em arranjos corporativistas e que se tornaram frequentes em variados lugares.

O presente capítulo trata dessa nova complexidade da organização da política pública em sua fase mais aguda (na formação e na implementação da política pública). As emergências das relações horizontais em um grau nunca visto antes e a complexidade da interdependência entre atores que se estabelece clamam para estudos dos fenômenos da governança, conforme destaca a abordagem teórica do neoinstitucionalismo político, seguindo a definição de Hall e Taylor (1992).

A governança política da rede apresenta um conjunto de conceitos e elementos explicativos que podem ajudar na compreensão do processo mais recente de construção da política pública – tanto para estudiosos e acadêmicos como para atores políticos e econômicos.

Este capítulo trata das governanças das redes políticas tendo como base teórica o neoinstitucionalismo histórico e político. Isso significa fazer uso de um arcabouço dentro da tradição da ciência política que foca atores que participam em decisões nas redes de políticas e também que procura responder quais atores possuem poder e acesso a tomadas de decisão. Assim, a base de conhecimento está nas discussões sobre poder que ocorrem desde os anos 60 do século XX entre corporativistas e pluralistas e que avançou com as pesquisas britânicas sobre redes e comunidades políticas nas décadas de 80 e 90 do século XX – a comunidade considerada como uma estrutura de rede mais fechada e mais institucionalizada. Não se trata, neste capítulo, de envolver a tradição da teoria das organizações e o seu enfoque na coordenação interorganizacional e na política sob o resultado de entrega de serviços eficientes ou da política integrada aos serviços para o cidadão, sob a preocupação única da efetividade ou de quais mecanismos podem ser eficazes na política pública em termos de parcerias, contratos, cooperações etc. Enfim, não se trata de redes de entrega de serviços pela efetividade da política pública.

Também não se trata de buscar na tradição da administração pública as respostas para resoluções de problemas sociais, de gestão da conexão da rede para instituições tradicionais e dos processos de deliberações.

Este capítulo trata do processo de tomada de decisão e dos efeitos das relações de poder (das mais fechadas às mais abertas e das mais institucionalizadas às menos) sobre as ações e os estabelecimentos de planos para formar as políticas públicas sob a tradição da ciência política ou, mais especificamente, do pluralismo reformado – conforme Rhodes & Marsh (1992), Dowding (1995), Van Waarden (1992), Marin e Mayntz (1991), Marsh (1998), Klijn (1984), Laumann e Knoke (1987) etc. O foco está nas influências dos grupos de interesse nas tomadas de decisão, nos planejamentos e nas entradas dos atores nos processos de governança (Klijn, 2014, p. 113).

Sob a teoria do neoinstitucionalismo político, as questões-chave deste capítulo estão em quais atores estão envolvidos na tomada de decisão da política pública, quais são as relações de poder e quais os efeitos delas sobre cada processo de construção da política. Trata-se, portanto, de responder mais às inquietações referentes às relações de poder em redes e aos efeitos das tomadas de decisão para governos e sociedade civil.

O Quadro 5.1 mostra uma síntese importante sobre as diferenças fundamentais entre as abordagens de rede política (ou rede de poder, seguindo a tradição da ciência política e o debate entre pluralistas clássicos, corporativistas e pluralistas reformados – esses últimos mais recentemente), de rede de entrega de serviços da política pública (que segue a tradição do campo da teoria das organizações) e de redes de administração pública (que segue o campo das teorias da administração pública). O quadro serve também para esclarecer em definitivo qual o caminho teórico e analítico do presente capítulo, conforme a primeira coluna ou o primeiro tipo de rede (a de rede política) apresentada quanto à origem principal da abordagem (na ciência política), ao foco (relações de poder influenciando ações e estabelecimentos de planos), ao campo principal e questões de pesquisa (atores envolvidos nas relações de poder e quais efeitos importantes nas tomadas de decisão) e a história (início com as pesquisas do pluralismo reformado na ciência política nos anos 80 do século XX e as novas contribuições por meio de estudos de casos de redes políticas).

Recentemente, os estudos de redes políticas se voltaram também para os problemas mais abrangentes de políticas, que perpassam setores, segmentos ou lugares muito delimitados, e isso trouxe a agenda da primeira abordagem apresentada no quadro (rede política) para mais perto da tradição da rede de administração pública (terceira coluna). Assim, há uma ampla agenda de complementaridades

QUADRO 5.1 Tipos de redes em pesquisa empírica sobre políticas públicas e suas características

Tipos de Redes e Características	Redes políticas (de poder)	Redes de entrega de serviços e implantação	Redes de administração pública
Origem principal	Ciência política	Teoria das organizações	Administração pública
Foco	Tomada de decisão e efeitos Relações fechadas e de poder influenciando ações e estabelecimento de planos	Coordenação interorganizacional Política / entrega de serviços eficientes Política integrada / serviços	Resolução de problemas sociais Gerenciamento de redes de governança a instituições tradicionais Processos de deliberação
Campo principal e questões de pesquisa	Quais atores estão envolvidos na tomada de decisão? Quais são as relações de poder? Quais os efeitos sobre a tomada de decisão?	Como podem ser coordenados serviços integrados complexos? Quais mecanismos são eficazes e eficientes (contratos, parcerias etc.)?	Como gerenciar redes de administração pública? Como organizá-las e conectá-las a instituições tradicionais? Como melhorar a variedade de conteúdo e combinar vários julgamentos de valores?
História	Inicia com a pesquisa de ciência política pluralista dos anos 1980 (pluralismo reformado) e continua a fim de pesquisar sobre subsistemas, redes de poder e comunidades de políticas.	Inicia com os primeiros teóricos interorganizacionais, focando a coordenação entre organizações e continua a fim de pesquisar sobre entregas de serviços (também sobre contratos) e implementação.	Inicia em meados dos anos 70 (Hanf e Scharpf, 1978) e continua com a análise de novas formas de governança e seus efeitos e requisitos de gestão.

Fonte: Klijn (2014, p. 112).

que ainda está para ser descoberta entre a primeira (rede política) e a terceira (rede de administração pública) das abordagens mostradas resumidamente no quadro anterior.

O item 2 deste capítulo trata do movimento de queda explicativa do fenômeno de construção da política pública das abordagens institucionais tradicionais do pluralismo clássico e do corporativismo. Nesse item há uma apresentação do primeiro movimento dessa queda explicativa, quando do aparecimento da abordagem neocorporativista. O item 3 apresenta as grandes contribuições realizadas pelos autores do pluralismo reformado e a utilização da abordagem de rede política para explicar as relações **de poder e os movimentos dos tomadores** de decisões para as construções das políticas públicas.

5.2. O primeiro movimento: das abordagens tradicionais do pluralismo clássico e do corporativismo político ao neocorporativismo

A organização, mobilização e representação de interesses devem ser tratadas sob uma perspectiva mais ampla e flexível daquelas oferecidas pelas abordagens corporativistas e pluralistas (os dogmas que dominaram o debate de cientistas políticos sobre o desenvolvimento da política pública ao longo de boa parte do século XIX e os setenta primeiros anos do século XX).

As mudanças mais recentes ocorridas a partir da década de 80 do século XX justificam esse movimento. Um conjunto relevante de características sociais, econômicas e políticas pressionou uma mudança que estava em curso. As principais características foram as seguintes:

a) Multiplicação de atores organizados na vida política e social;
b) Tendência à diferenciação funcional dos programas de ação pública;
c) Multiplicação de atores intervenientes nas políticas públicas;
d) Aumentos dos alvos de intervenção pública;
e) Descentralização e fragmentação do Estado;
f) Erosão das fronteiras entre o público e privado;
g) Crescente papel dos atores privados nas ações públicas;
h) Transnacionalização das políticas públicas;
i) Papel crescente da matriz de informações, pela interdependência e complexidade dos assuntos políticos e sociais.

No plano teórico, começaram a surgir contribuições relevantes do campo de conhecimento do neoinstitucionalismo para os estudos das construções das políticas públicas. A partir de Simon (1957), os institucionalistas puderam enfatizar o caráter limitado do governante na tomada de decisão da política pública e de muitas infelicidades sobre o processo de inclusão de um problema na agenda da política. Simon (1957) tratou da racionalidade limitada do agente público na decisão (*policy makers*), sendo que essa limitação poderia até ser reduzida a um ponto satisfatório pela criação de instituições que enquadrem os comportamentos dos atores na direção de resultados desejados. Em segundo lugar, com Lindblom (1979), há a incorporação das relações de poder e as integrações entre as diferentes fases do processo decisório (o que não teria um fim ou um princípio). Assim, era necessário incorporar outros elementos à formulação e análise da política pública, tais como o papel da burocracia, dos partidos, grupos ou associações de interesses, *lobbies*, organizações não governamentais etc. (Romano, 1998).

Ao mesmo tempo que cresceu a importância das instituições formais e informais para explicar a construção da política pública, houve o rompimento da **sequência clássica** de construção da política pública (a. emergência de um problema; b. introdução na agenda; c. formulações de soluções; d. decisão e início da implementação), porque o destaque é para o início da implementação da política, no qual as decisões são tomadas e os problemas reformulados (Marsh & Rhodes, 1992; Dowding, 1995; Van Waarden, 1992; Romano, 1998; Paulillo, 2001).

A abordagem neocorporativista foi uma primeira tentativa no campo de conhecimento da ciência política para que estudiosos dessa agenda dessem conta desse problema transformador da sociedade (com a fragmentação do Estado, a maior complexidade da sociedade civil, a aceleração da globalização financeira etc.) e, consequentemente, da política pública. A abordagem neocorporativista surgiu com o propósito de explicar as estruturas de relações entre o Estado e a sociedade no capitalismo moderno, ao tratar de um tipo específico de relacionamento entre as organizações de interesses e as agências do Estado – conforme Schmitter (1990), Cawson (1985), Perez-Yruela (1988) etc. A atenção prioritária estava na importância das formas de mediação social e a articulação entre os grupos de interesse, por categorias (por produto, grupos cujos interesses estavam mais segmentados) e não por classes sociais, e o Estado – contribuindo para desvendar uma dimensão fundamental dos setores da economia capitalista (a dimensão institucional política).

O neocorporativismo, abordagem criada como um enfoque relativo de entendimento das transformações da sociedade moderna – e por isso distante de qualquer tratamento a uma teoria geral de Estado, capaz de explicar as complexas transformações ocorridas no capitalismo –, surgiu com a possibilidade de ser expandido para explicar as organizações dos setores econômicos, cadeias produtivas etc. As representações de interesses através de associações privadas e as agências do Estado estabeleciam, então, o conjunto de relações verticais que caracterizavam um setor econômico, uma cadeia de negócios, regiões produtivas etc. (Paulillo, 2001).

As articulações de interesses entre os agentes e suas organizações representativas (por produto, ramos de produtos, ou grupos de interesses pontuais) significavam que o poder, acima de qualquer realização de contrato e de relação de mercado spot, seria a explicação para as dinâmicas dos setores do capitalismo moderno. O poder representando estruturas de governança entre os segmentos ou uma governança setorial possibilitada pela representação econômica e política através das associações de interesses – não mais por classes sociais, mas por categorias diversas.

Em vez de caracterizar a organização dos sistemas de produção como estruturas eficientes de coordenação, o que se pretendeu foi caracterizar a organização de setores produtivos como estruturas complexas de coordenação – em contraposição à fronteira de eficiência da firma. Tal organização estaria associada às características das representações de interesses entre as associações setoriais por produto e o ambiente institucional em que as articulações ocorriam.

Assim, a dimensão política e o processo histórico foram colocados como fundamentais para explicar setores e organizações de domínio econômico, como setores produtivos, consórcios produtivos, distritos industriais, aglomerações de serviços etc. Como uma orquestração consciente de interesses, os arranjos institucionais políticos seriam resultados de processos históricos específicos com um duplo movimento: externo, pela ação do Estado através das políticas públicas e de suas agências e, interno, pelas atuações das instituições e organizações de interesses de seus membros (Silva, 1991).

Desse modo, surgiu entre os cientistas políticos a utilização do *approach* neocorporativista. Schmitter (1989, p.61), em contraposição aos neoinstitucionalistas econômicos, observa que:

> *... o institucionalismo rejeita a fascinante pressuposição corrente de que tudo pode ser reduzido metodologicamente ou empiricamente ao cálculo racional de indivíduos em competição. Todavia, ele é igualmente hostil à falácia inversa de que entidades holísticas (tribos, comunidades, classes, nações, sistemas etc.) podem explicar todos os resultados. Numa visão mais positiva, o institucionalismo sugere que em algum lugar entre mercados e Estado se concentra um grande número de padrões recorrentes de comportamento coletivo* (p. 61).
>
> Para Silva (1991), *esse lugar está nas instituições: ... entendidas como um setor não governamental e de não mercado que tem uma dinâmica própria que não reflete apenas a demanda por seus serviços. Elas representam, pois, uma posição intermediária entre dois conjuntos de atores expedidos e autonomamente constituídos: os indivíduos (o que pode incluir as famílias e as firmas) e as autoridades (algumas das quais podem ser privadas, assim como públicas). A análise neocorporativista argumenta que se um consenso efetivo emerge de conflito de classes, interesses setoriais e profissionais, as principais instituições e processos envolvidos necessariamente serão configurados de maneira a refleti-lo. Daí a atenção ter sido posta em dois conjuntos distintos: a) nas formas de organização dos interesses; b) nas formas pelas quais as decisões são tomadas e implementadas...* (p. 19).

Nessa perspectiva teórica, as tomadas de decisão e de implementação da política devem resultar de fóruns de negociação institucionais. As organizações de interesses específicos compõem, então, os distintos níveis de coordenação vertical. Estas podem ser organizações por produto ou interprofissionais (Moyano, 1988; Ortega,

1995). Entre elas, são realizadas articulações de interesses (econômico, político e social) que podem ocorrer em nível mesoeconômico. As instituições neocorporativistas (como fóruns de negociação) estabelecem o ambiente no qual as articulações ocorrem e podem interferir tanto nas definições dos objetivos das organizações quanto nas estruturas de relacionamentos adotadas.

Por sua própria natureza, as aplicações da abordagem neocorporativista exigem um conhecimento apurado das associações de interesses (por produto ou interprofissionais), da indústria e outras atividades econômicas. Assim, é impraticável uma análise genérica da organização de interesses institucionalizados, porque existe uma diversidade considerável entre as associações de representação, produtos etc. A generalização pode levar a interpretações errôneas e o estudo aplicado deve atingir o nível mesoanalítico. Assim, o estudo deve atingir o caso a caso, identificando as importâncias das particularidades de cada setor (produtivo, governamental, de serviços etc.).

A utilização da abordagem neocorporativista no tratamento analítico dos setores formadores e executores das políticas públicas se completa com o posicionamento de Cawson (1985). O autor diz respeito aos processos políticos em níveis intermediários (nível meso) e tem a pretensão de tratar as estruturas neocorporativistas como um princípio universal de associação, junto à comunidade, ao mercado e ao Estado.

Para Cawson (1985, p. 8) o neocorporativismo é considerado ... *um processo sócio -político específico no qual organizações que representando monopolisticamente interesses se engajam em trocas políticas com agências governamentais sobre resultados de políticas públicas nos quais envolvem tais organizações em atividades que combinam representação de interesses e a implementação das políticas através da delegação de autocumprimento".*

Desse modo, a abordagem neocorporativista enfatiza a dimensão política e amplia a perspectiva de análise. Porque ao partir de um setor, delimitado pelas organizações de atores por produtos ou por um grupo de produtos, nota-se que esse pode ser estabelecido por uma diversidade de motivos. Estes motivos podem ser dados pelos agentes produtivos – firmas, agricultores, cooperativas etc. – e suas associações representativas, ou então pelo próprio Estado, através de suas agências governamentais. Ou seja, de baixo ou de cima da estrutura econômica, como bem observou Schmitter (1990):

> *Os setores são artificiais. Seus membros e limites são escolhidos, não dados. Eles precisam ser criados como estruturas sociais construídas conjuntamente pelas percepções entrelaçadas e decisões dos atores. Além disso, eles podem ser estabelecidos por uma diversidade de motivos. De baixo, por assim dizer, firmas individuais podem criá-los para reduzir a incerteza nas suas atividades e/ou economizar nos seus custos de*

> *transação; de cima, agências estatais e outras autoridades podem designá-los como beneficiários específicos de políticas públicas ou como clientes da regulação pública. (...) a atenção ao nível meso dos setores (que em diferentes países pode ser também chamado por outros nomes como indústrias, grupos indústriais, ramos de produção, produtos, grupos de produtos etc. – complexos, acrescentaríamos) imediatamente nos torna sensíveis a algo que aparentemente tem escapado à atenção da maioria dos economistas: nem todos os setores (ou complexos, como preferimos denominá-los) são organizados como mercados. Ao contrário, quando se olha em volta em qualquer caminho concertado, se descobre uma espantosa variedade de 'mecanismos' ou arranjos, mais ou menos formalizados, para regular transações e trocas internamente e além das fronteiras de qualquer setor* (Schmitter, 1990, p. 13-5 apud Graziano da Silva, 1996, p. 100-101).

É relevante observar como os autores neocorporativistas utilizam os setores como unidade de análise, ao considerá-los arenas de decisão, delimitadas por um subconjunto de produtos realmente competitivos ou potencialmente substitutos. Ao nível setorial – o mesonível – estariam desde os agentes concorrenciais por produtos e serviços até os que gravitam em torno destes – fornecedores, trabalhadores, pesquisadores, comerciantes, agências governamentais etc.

Para Cawson (1985) é uma tendência de articulações (concertos estratégicos) cada vez mais frequentes a um nível intermediário entre os acordos macro e micro do neocorporativismo. Ortega (1996) justifica tal ênfase analítica pelo ... *protagonismo das concertações a um nível mesocorporativista como resultado da organização setorializada da sociedade, abrindo assim um amplo campo de pesquisa ao próprio enfoque teórico* (p. 10).

Segundo Silva (1996); ... *como definir o domínio de um setor e de que modo estabelecer os que serão convidados (e quem irá aceitar) para constituir um arranjo particular (...) são problemas de desenho institucional e de contingência política. (...) Na abordagem neocorporativista, a distinção macro/meso/micro diz respeito à abrangência das organizações de interesses, meso referindo-se àquelas organizações que operam entre o nível das cúpulas nacionais (macro) e das firmas individuais (micro). Já a distinção setorial/transetorial refere-se ao escopo da barganha política entre essas organizações e as agências governamentais. Como já enfatizamos, tomar o setor como equivalente a um ramo de produção industrial é apenas o ponto de partida da abordagem neocorporativista, segundo a qual são os próprios atores que identificam os interesses coletivos e se organizam para defendê-los e promovê-los"* (p. 99).

Nesse sentido, vale observar a definição do referido autor para os complexos agroindustriais brasileiros, como um resultado histórico de uma orquestração de interesses entre instituições públicas e privadas num determinado nível organizacional (por produtos, por setor, por complexo – o nível meso, como colocado por Cawson, 1990).

É interessante observar como a literatura política internacional e nacional – basicamente Schmitter (1989); Cawson (1990); Giner e Pérez-Yruela (1988); Silva (1996); Belik (1992); Ortega (1995) e Soto (1992) – tem procurado difundir um novo conceito como o instrumento de mudanças ocorridas nas relações entre o Estado e as organizações representativas de interesses particulares nos regimes políticos democráticos. A busca por um novo modelo de intercâmbio político nasceu da necessidade de compreender e explicar a complexidade dos movimentos sociais e econômicos que podem proporcionar uma reviravolta na interpretação dos fatos.

A definição de um modelo diferenciado de corporativismo – a doutrina das corporações – para a evolução política de muitos países da Europa ocidental e da América Latina ajusta-se pelos adjetivos societário, democrático, liberal, contratado e voluntarista. Nesse novo corporativismo ou neocorporativismo, a organização representativa de interesses particulares é livre para aceitar ou não suas relações com o Estado, contribuindo para defini-las, enquanto no corporativismo clássico é o próprio Estado que impõe e define essas relações.

Segundo Bobbio et al. (1993), *"os interesses gerados na sociedade civil são organizados em números limitados de associações (grupos de produtores, associações de agricultores, sindicatos de trabalhadores), cuja diferença está fundamentalmente nas funções por elas desenvolvidas, não competindo, portanto, entre si. (...) É o Estado que dá a estas associações o reconhecimento institucional e o monopólio na representação de interesses do grupo, assim como é o Estado que delega a elas um conjunto de funções públicas* (p. 818). Isso se dá diferentemente da interpretação de perfil pluralista, em que os interesses gerados na sociedade civil não são organizados em números limitados de associações. Dessa forma, o modelo pluralista admite a competição entre as associações representativas de interesses vinculadas ao mesmo tipo de produto.

Outra diferença significativa do padrão neocorporativista ao pluralista está no grau e na forma de pressão política. *No neocorporativismo as grandes organizações representativas de interesses não se limitam a exercer pressões externas (como no pluralismo), mas são envolvidas diretamente ou incorporadas no processo de formação e de gestão das decisões* (Bobbio, 1993, p. 819).

A explicação do *approach* neocorporativista está no dilema de as organizações de interesses terem poder de interferência na execução das políticas de forma negativa e, ao mesmo tempo, serem absolutamente indispensáveis à política pública, porque detêm uma grande capacidade de controlar seus membros. E o preço da cooperação, segundo Soto (1992), *é delegar parcelas do poder de elaboração da política àqueles que poderiam objetá-la; isso envolve muito mais que somente o direito de ser consultado sobre legislação, implica partilha da autoridade do Estado para fazer e forçar decisões conjuntas* (p. 30).

Assim, os grandes grupos organizados por produtos específicos ou por um grupo de produtos específicos, por setor, por complexo industrial, distritos etc., participam da formação política do Estado e, invariavelmente, da política econômica. Dessa forma, no caso da economia brasileira dos anos 90 e 2000 do século XX, as câmaras setoriais e os fóruns de negociação foram bons exemplos das transformações em curso no padrão político nacional. Utilizando as observações de Schmitter (1974), trata-se de casos de interação estratégica entre produtores – às vezes competitiva e às vezes cooperativa, ou então imperativa – num nível intermediário da economia que criaria e sustentaria a estrutura básica da economia (a ideia de que, entre macro e micro, estaria o mesonível). Esse movimento em direção à orquestração de interesses (Graziano da Silva, 1996) ou ao consenso da política econômica (Bobbio et al., 1993) é que marcaria o movimento de institucionalização e formalização das relações econômicas e políticas.

Os motivos para tal conclusão envolvem alguns caracteres já emancipados no presente texto. Por exemplo, já foi visto que no modelo neocorporativista as grandes organizações representativas de interesses não se limitam a exercer pressões externas (tipicamente do modelo pluralista), mas são envolvidas diretamente ou incorporadas no processo de formação e de gestão das decisões. Em segundo lugar, a interação estratégica entre os principais agentes produtivos (de forma competitiva, cooperativa ou imperativa) ao nível setorial (nível meso) cria e sustenta a sua base. Em terceiro lugar, há o reconhecimento institucional por parte do Estado na representação de interesses destas associações. Em quarto lugar, essas associações estão organizadas por produtos especificamente (agrícolas, agroindustriais etc.) pelos quais não estão unicamente organizadas pelo mercado, como também por arranjos institucionais de características não econômicas, que funcionam como verdadeiros mecanismos de governança setoriais.

Ou seja, pelas palavras de Schmitter (1990), por trocas econômicas, em que a maioria é socialmente construída num duplo sentido – pelos arranjos multifirmas e pela ação do Estado, que não impõe regras ou condições aos atores produtivos –, como no corporativismo clássico, mas articula e aceita a transmissão de interesses, numa espécie de consenso nas formalizações e implementações das políticas públicas.

Quanto às características e definições dos cientistas políticos sobre o modelo neocorporativista, pode-se notar a ausência de um aspecto organizacional que é básico. Como posto por Bobbio (1993), e já referenciado no presente trabalho, a diferença fundamental entre o número limitado de organizações representativas de interesses está nas funções por elas desenvolvidas, não competindo, portanto, entre si.

Em muitos setores econômicos (ou complexos e cadeias produtivas) do Brasil não se verifica o neocorporativismo pleno, porque as associações representativas de interesses dos agentes produtores desses setores e segmentos (como complexos e cadeias produtivas) têm adotado em muitas ocasiões uma postura de conflito. No entanto, embora não podemos caracterizar em muitos setores o modelo neocorporativista "pleno", vale notar que o cenário organizacional e político real estaria muito próximo de tal plenitude. Como bem conclui Bobbio (1993), a situação ideal jamais foi verificada em algum lugar do mundo, mas esse conceito pode, no mínimo, ser útil para analisar as tendências e as tentativas recorrentes nos mais variados países europeus – acrescentaríamos, latino-americanos. Esse foi um dos primeiros pontos para abrir críticas e suspeitas de que era necessário um conceito ou abordagem que desse conta desses movimentos mais complexos e que pudesse explicar os arranjos mais diversificados e que poderiam estar entre o mais e menos institucionalizado, mais ou menos abertos para participações de atores etc.

A utilidade do *approach* neocorporativista torna-se relevante para os estudos de formulação e implementação de políticas porque, ao procurar estruturar as relações entre o Estado e a sociedade, traz um tipo específico de relacionamento entre as organizações de interesses e as agências do Estado. Como bem observa Soto (1992), *"... mais do que o desenvolvimento da capacidade de interpretação do Estado moderno e suas diferenciações, o enfoque neocorporativista coloca sua atenção prioritária sobre a importância das formas de mediação social e a articulação entre grupos de interesse e o Estado contribuindo para desvendar uma dimensão fundamental da análise das políticas públicas e suas diferenciações"* (p. 26-27).

Nesse sentido, não interessa em primeira ordem o Estado como o agente regulador e executor das políticas públicas, mas o seu comprometimento com os interesses representados num intercâmbio político, entre ele e as diversas organizações de interesses por produto, grupo de produtos, setores – como afirma Schmitter (1974), vinculado à estrutura econômica e social que o reveste. O *locus* ou as arenas de decisão política e de formulação, o vetor de implementação (entre o horizontal ou o vertical) e o espaço de execução das políticas públicas (nacional, estadual, regional ou municipal) é que assumem papel preponderante de análise.

Os autores neocorporativistas evitaram qualquer tratamento a uma teoria do Estado, pois não pretenderam transformá-la em uma teoria geral capaz de explicar as complexas transformações ocorridas no capitalismo deste século. Para Giner e Pérez-Yruela (1988):

> *... a corporatização das sociedades modernas avançadas é somente uma faceta de uma realidade muito mais ampla, parte da qual escapa ao que se pode entender por neocorporativismo. A visão da sociedade contemporânea como 'sociedade corporativa'*

é mais que um enfoque relativo sem maiores pretensões que a de iluminar certos aspectos interessantes e característicos de um mundo que, em absoluto, fica coberto e completamente explicado por tal enfoque. A visão da sociedade moderna avançada como sociedade corporativa é, em nosso caso, somente uma perspectiva que ilumina aspectos cruciais da mesma, mas não todos (p. 22).

Os autores neocorporativistas admitem também que há interesses institucionais desde que não se confundam necessariamente com os interesses dos governos e de seus funcionários. Ou seja, a autonomia relativa do Estado é vista como uma necessidade estrutural, que se baseia nos seus interesses institucionais – diferentes dos interesses dos governos e de seus funcionários – identificados nos âmbitos das relações com outros Estados (soberania) e na capacidade de legislar (autoridade legítima).

Por trás de divergências teóricas, está a questão essencial se o Estado tem ou não interesses próprios e se ele pode desenhar os seus próprios instrumentos de intervenção. Isto é, se pode definir o conteúdo e as formas de sua interação com os grupos sociais; e se pode impor a esses grupos, uma concepção de interesses e uma forma de ação coletiva de sua preferência (Schmitter, 1985:49). Embora a ação do Estado seja necessária, ela não é suficiente para caracterizar a prática corporativista, a qual depende de um intercâmbio político para a sua realização. Ou seja, pressupõe-se algum grau de organização prévio e autônomo dos demais interesses envolvidos, até torná-los capazes de levar a cabo ações coletivas organizadas, embora incapazes no extremo de manipular unilateralmente os poderes públicos para impor os seus interesses. Nesse contexto de negociação obrigada aumenta tanto o espaço como a necessidade de intervenção do Estado" (Soto, 1992, p. 28).

A abordagem neocorporativista avançou em relação aos modelos pluralista e corporativista para melhor compreender o processo de formulação e de implementação de políticas públicas específicas. O cenário político – e não somente um modelo econômico – determina de forma prioritária qualquer possibilidade de implementação de políticas públicas. Isso porque o relacionamento entre os agentes econômicos não se resume à dimensão do mercado, mas está posta na dimensão econômica e também na dimensão política. Assim, o intercâmbio político entre os agentes produtivos, ou entre as entidades e as instituições que os representam, acabam moldando a forma de se fazer política. Dessa ordem, compreender e apresentar os aspectos de como e quando fazer política passa pela necessária compreensão da articulação ou do confronto de tais agentes e/ou suas instituições representativas. Nesse sentido, é o resultado de tal intercâmbio que determina e sustenta a formulação e a implementação das políticas públicas.

Nessa abordagem política enfática ao nível meso apareceu, pela primeira vez, a preocupação em compreender de como os interesses se articulam em nível meso e de como se conforma o monopólio de representação e de como se articulam verdadeiros "pacotes" de políticas públicas com uma lógica comum - a de coordenação entre políticas setoriais.

Segundo Schmitter (1985), *permite entender melhor o processo de elaboração e implementação de políticas públicas específicas.* A formulação e a implementação de políticas públicas se fazem por verdadeiros arranjos institucionais, proporcionados pelas organizações representativas de interesses privados específicos (por complexo) e pelo Estado. Este seria a base do processo de orquestração de interesses segundo Cawson (1985), citado por Soto (1992, p. 45), no qual *"... cada vez mais os acordos ou arranjos estabelecidos nas sociedades (entre grupos ou entre eles e o Estado), dependem da auto-regulação dos grupos de interesse, mais do que a regulação espontânea do mercado ou da regulação imposta de fora pelo Estado. Uma das razões para isso é o fato de que a coordenação hierárquica estatal têm sido sempre associada com dificuldades de legitimação, transformando a regulação comportamental num assunto de auto-interesse organizado dos grupos afetados. No entanto, a capacidade de auto-regulação está em proporção direta ao respaldo que o Estado proporciona a organizações intermediárias fortes que representam grupos sociais específicos".*

As várias formas pelo qual os setores são governados correspondem a diversas estruturas de poder social e político. Essa é a justificativa básica para o *approach* neocorporativista surgir para subsidiar análises sobre as possibilidades de formulação e implementação de políticas públicas. Estas são possibilitadas atualmente pela pressão e/ou ação de diferenciadas associações representativas de interesses e pelo movimento do Estado. O concerto ou a orquestração dos interesses motivam os arranjos institucionais que limitam ou expandem o significado das políticas públicas para a modernização ao nível setorial.[1]

Importa ressaltar essa tendência deslocante dos acordos neocorporatisvistas do nível nacional a níveis intermediários, motivada por características estruturais que influenciam a intermediação de interesses. Cawson (1985) enfatiza as seguintes características indutoras do deslocamento das intermediações para o nível meso: a natureza do produto (a); a proporção relativa de firmas multiprodutos (b); a presença crescente de empresas multinacionais nas diversas regiões (c); o grau de competitividade internacional (d); a maturidade tecnológica do setor (e) e o grau de concentração econômica - nunca antes visto neste nível nos mais variados setores e regiões (f).

---

[1] SCHMITTER (1988) identifica como uma tendência do capitalismo no longo prazo, o desenvolvimento de mecanismos cada vez mais complexos de não mercado para governar as transações entre firmas, entre firmas e trabalhadores, e entre firmas, trabalhadores e o Estado. Conclui que o capitalismo está sendo reorganizado, e que os setores estão proporcionando o marco ao redor do qual essa reestruturação está acontecendo.

A ênfase quanto às influências que tais caracteres têm no surgimento de formas diferenciadas de organização e de ação política permitu admitir que as análises de políticas públicas necessitavam de um referencial teórico quanto ao padrão político. Justificou-se sob outro ângulo a utilização da abordagem neocorporativista no entendimento da formulação e da implementação de políticas públicas.

Isso ocorreu porque, segundo Romano (1998), em *áreas, ramos ou setores de produtos há uma grande diversidade em função das relações existentes entre múltiplas lógicas de ação coletiva nas distintas áreas de intervenção pública. (...) É também importante considerar as políticas das quais se trata (Moyano, 1988, p. 202) (...) como, por exemplo, a política de regulação de mercados, que possibilitam isso, uma vez que a execução depende de um setor convenientemente articulado em associações representativas (...), uma ação mais de caráter econômico desenvolvida por associações por produtos, que pressionam por políticas também por produtos e cada vez menos por políticas de regulação mais amplas* (p. 56).

As governanças em níveis setoriais ou mais segmentados são um importante sugestivo de Moyano (1988). Uma nova forma de coordenação é encontrada num sugestivo estudo publicado pela Cepal, pelo qual Lechner (1997) exclama por uma coordenação posta sob um ângulo mais fragmentado e flexível, no qual se encontram os grupos sociais, as instituições específicas e as redes.

"Considerando a mudança de contexto que dos últimos anos, parece obviamente insuficiente uma coordenação centralizadora do Estado, como também inadequada uma coordenação entregue exclusivamente para as lei do mercado. Atualmente, um enfoque de coordenação social deve levarem contas as seguintes dimensões do problema (Messner, 1995: 165):

a) a complexidade crescente do processo (desde o reconhecimento do problema até a implementação da política e a evolução de seus efeitos);

b) a multiplicação dos atores intervenientes (estatais e privados);

c) a relevância da cooperação entre Estado, mercado e instituições sociais (associações civis, universidades etc.);

d) a existência e combinação de diferentes estruturas organizacionais (coordenação hierárquica estatal, pactos neocorporativistas, acordos empresariais etc.);

e) a diversidade de tarefas de coordenação (desde a busca de informações até a criação de consensos);

f) a diferenciação das funções estatais (desde a ordem jurídica até funções de arbitragem, andamentos, orientações e supervisões);

g) a diferenciação dos instrumentos (desde decretos administrativos e contratos de direito público até mecanismos suaves como incentivos financeiros, acordos formais e informais ou simples sinais mediante a distribuição de informação) (LECHNER, 1997, p. 13-14).

Em tal contexto é que Lechner (1997) insere a necessidade de governanças de redes – tecnológicas e produtivas, de informação, de articulação política etc. – que, "em termos gerais, *se entende como a coordenação horizontal entre diferentes atores interessados no mesmo assunto com a finalidade de negociar e acordar uma solução* (p.14).

A coordenação "meso" é necessária, segundo Hoolingsworth, Schmitter & Streeck (1994), porque a atividade econômica capitalista necessita ser coordenada (ou governada) por arranjos institucionais. O conjunto de instituições que garante essa coordenação é formado pelo mercado, pelas hierarquias, pelos Estados, redes e associações mais pontuais de interesses. Todas elas, segundo Hoolingsworth, Schmitter & Streeck (1994), representam distintos modos de governança e até o sistema governante em cada país. Todos podem estar presentes em vários graus e em qualquer setor econômico.

A coordenação das unidades de produção, das organizações e as estruturas internas de governança apontadas pode ser regulada pelas instituições que representam os interesses dos diferentes segmentos produtivos. As instituições, entendidas como condicionantes do funcionamento do sistema capitalista, apresentam-se em uma posição intermediária entre os níveis macro (Estado, autoridades) e micro (firmas e demais agentes produtivos) (Schmitter, 1990). A utilização do nível *meso* ou do setor como unidade de análise deve-se, para Schmitter (1990), por este ser o principal *locus*, o nível de análise por excelência, em que se identificam atores e se avaliam políticas, em que se realizam as relações "socialmente construídas" e em que surgem as estruturas que caracterizam as suas formas concorrenciais.

A consideração dos setores como um espaço no qual ocorrem as trocas de bens e serviços, além de outros fatores de características não econômicas, regulados por vários mecanismos, permite a formação de instituições que, segundo North (1990), determinam os objetivos e as formas de governança articuladas pelas distintas formas organizacionais.[2]

Mas as formas de governança necessitam considerar as transações que ocorrem no âmbito interno dos setores e além das fronteiras de seu espaço (nível meso), como bem destaca Schmitter (1990). *"Uma visão mais realista de como os produtores se relacionam entre si e às suas instituições deve incidir sobre um possível nível intermediário de estruturação. (...) Eu tenho a impressão de que as abordagens predominantes – com*

---

[2] Importa ressaltar que North (1990) vincula-se à escola institucionalista americana, prende-se à Teoria dos Custos de Transação. Os baixos custos de transação seriam a condição para economias eficientes. North lembra que as instituições são compostas por regras formais (leis constitucionais, leis civis, regulamentos), por constrangimentos informais (convenções, normas de comportamento e códigos de conduta autoimpostos) e pelas sanções vinculadas a ambos. As organizações, por sua vez, especificam os constrangimentos que estruturam a ação humana no interior da organização e são também grupos de ação (Santos, 1997, p. 11).

algumas exceções – praticamente ignoram este espaço entre o nível micro e nível macro da economia. (p.13).

A utilização analítica das formas de coordenação dos diferenciados arranjos em nível mesoeconômico, com relações de caráter competitivo e cooperativo, permite uma explicação de suas dinâmicas diferenciadas. Segundo Silva (1996), não seria somente isso:

> *(...) os processos de tomada de decisão e os mecanismos de ação coletiva dos grupos privados também passam a merecer lugar de destaque nessa nova agenda, assim como o papel das distintas organizações e instituições públicas e privadas. Ela nos permite também precisar (e acima de tudo qualificar) o verdadeiro papel do mercado hoje no sistema capitalista; (...) nos permite ainda recuperar a importância dos estudos de caso sem perder a dimensão maior da orquestração de interesses que a implementação de políticas públicas exige nas sociedades capitalistas modernas* (Silva, 1996, p. 105-6).

O primeiro enfoque que destacou esses aspectos foi o de autores neocorporativistas, que considerou a orquestração de interesses no processo de decisão dos agentes capitalistas, na qual a lógica do processo de decisão não é a do consenso (as comunidades decidem), mas também não é a das preferências individuais (os mercados decidem) e não é autoritária (o Estado decide por adjudicação autoritária).

Um sistema neocorporativista funciona a partir de uma sequência de ajustes que acaba ratificando o pacto final por um 'consenso concorrente ou 'concertação', algo que nada tem a ver com as regras claras e óbvias de decisão por unanimidade, maioria ou autoridade, característicos dos outros modelos de ordem social (Graziano da Silva, 1991, p. 20).

Com a intensificação das relações entre o Estado e os grupos de pressão, a construção da política pública ganhou complexidade e os neocorporativistas destacaram um processo em curso diferenciado até então dos enfoques corporativistas e pluralistas, já que muitas decisões da política pública eram excluídas da agenda governamental e não passavam pelo controle democrático. Assim, era necessária uma abordagem que destacasse que o consenso não seria necessariamente resultado de um acordo – conforme concluía a abordagem pluralista do início do século XX. Entre o consenso concorrente (cujo resultado da política pública sai da manipulação dos desejos dos homens, conforme Lindblom, 1977), a separação nas arenas da política em construção entre assuntos muito importantes e menos importantes, o acesso à agenda de decisões e a institucionalização de relações entre governo e grupos de pressão menos democráticas e transparentes, restaria algo diferente das estruturas políticas corporativistas e plurais clássicas.

5.3. Redes políticas: a contribuição da abordagem do pluralismo reformado

O enfoque neocorporativista foi um primeiro movimento na ciência política de reconhecer que mudanças profundas ocorriam nos processos de construções de políticas públicas. Isso ocorreu nos anos 80 do século XX. No entanto, as transformações em curso, ainda no final da década de 80, mostraram que novas questões sobre os limites e possibilidades das políticas públicas para variados setores estavam surgindo, como a diversidade de arranjos institucionais e os diferentes domínios, as aberturas das agendas de construção da política etc. (Klijn & Skelcher, 2007). Era o reconhecimento de uma parte importante de iniciativas e esforços dos governos para encontrar novas maneiras de lidar com as mudanças das características dos meios de formação e de implantação da política pública.

As mudanças ocorridas no Estado já vinham limitando a sua capacidade de definir e implantar políticas públicas. Também aconteceu uma multiplicação de atores implicados nas políticas que colocou o desafio de estudar as organizações e os métodos da política e interpretar a ação pública em termos de ação coletiva – não apenas por meio de organizações de interesses de classe social, mas principalmente pela fragmentação em outras representações, como organizações representativas de categorias políticas e sociais (como grupos de interesse por produto ou setor, por região e aglomeração econômica, interesses mais pontuais etc.). Enfim, ações que jamais poderiam ocorrer em arranjos corporativistas.

A identificação de estruturas de governança neocorporativistas em alguns setores – incluindo o Brasil, com os trabalhos de Graziano da Silva (1996), Ortega (1995), Soto (1992) e Belik (1992) sobre alguns complexos agroindustriais no país – foi um primeiro movimento de reconhecer, no país, que as contribuições teóricas dos autores do neoinstitucionalismo político vinham para ficar e colaborar na explicação da complexidade da que a construção da política pública tomava. Paulillo (2000) mostrou que outros modos de governança existiam no Brasil e que a abordagem de redes de poder dava conta dessa complexidade e heterogeneidade estrutural em setores produtivos ou complexos agroindustriais **já trabalhados por estudos neocorporativistas.**

No entanto, o neocorporativismo mostrava limites, como abordagem teórica, para explicar a complexidade, a amplitude e a flexibilidade que os processos de construção da política pública apresentavam.

As características explicativas das redes de poder ou de políticas (como tipos de interesses, número de participantes, frequências e continuidades das interações, distribuições dos recursos de poder etc.) mostraram-se mais amplas e permitiram maior compreensão sobre as complexidades das construções das políticas e suas formas de dominação específicas por produto, região, arranjos, alianças locais etc.

O problema do neocorporativismo foi fechar a caracterização com certos elementos difíceis de repetição em todas as situações de construção da política pública. Um bom exemplo, conforme será mostrado mais adiante com a tipologia de Van Wardeen (1992), é o de que em estruturas neocorporativistas a autonomia estatal sempre é alta na construção da política pública e também de que nunca ocorrerá neste tipo de arranjos político a dominação do Estado. Outra questão mal colocada é a existência do monopólio da representação por parte de uma associação de interesses, já que os atores podem estar conectados em mais de uma organização de representação (não necessariamente de classe social). Isso nem sempre ocorre e a explicação neocorporativista perdeu força explicativa diante dos autores do pluralismo reformado, que enfatizaram as formações de estruturas de poder mais flexíveis que dariam conta da complexidade institucional e organizacional envolvida na política pública atual.

Outras características muito engessadas nas estruturas neocorporativistas também encontram dificuldades de se repetir em variadas situações de governanças, como: a) canais de acesso e de consulta dos atores sempre aberto; b) a cooperação na complementação da política sempre ocorrer; c) estrutura sempre apresentando limites bem definidos e fechados; d) as relações sempre altamente ordenadas; e) nunca havendo centralidades baixas entre atores nos processos de decisão e de implementação da política pública; f) a natureza da relação nunca ser conflituosa; g) os contratos nunca informais, sendo recorrentemente formais etc.

Essas são algumas das características que mostram a dificuldade da abordagem neocorporativista em dar conta da complexidade e da flexibilidade de situações encontradas atualmente nas construções das políticas públicas.

A rede, contrariamente, prima pela flexibilização da caracterização dos arranjos de poder que podem ir de estruturas mais abertas às fechadas, mais a menos institucionalizadas, mais a menos restritas, mais a menos flexíveis. Por isso, essas estruturas são chamadas de redes políticas. Assim, a abordagem do neocoporativismo encontrou limites para dar conta dessa amplitude de características e flexibilidades de aspectos dos processos de formação e implementação da política pública.

As redes de poder na política pública ganharam ênfase a partir do final dos anos 80 do século XX. Primeiro, porque o capital tornou-se melhor compreendido como um conjunto de recursos ou poderes efetivamente utilizáveis, em que a distribuição desigual e dependente da capacidade de apropriação de diferentes grupos ou organizações ficou mais disseminada e aparente (Bourdieu, 1979 p. 128, apud Abramovay, 2001, p. 6-7). A concorrência entre as grandes empresas do capitalismo, por exemplo, não só impõe a presença do Estado nos negócios, mas envolve a disputa por sua capacidade reguladora e a luta pela captura de recursos fiscais. Isso significa que os mercados se intrometem na política (Belluzzo, 2002). Se for necessário definir o mercado, deve-se considerá-lo com base em suas relações de poder e do conjunto de regras e normas que o estabelece (Boyer, 1990; Mitnik, 1989).

Assim, a dinâmica de um mercado também é definida a partir de conexões complexas entre organizações distintas e dependentes de recursos de poder. Como uma das características marcantes no mundo da política foi o avanço do capital financeiro sobre os demais capitais diante da crise fiscal e política do Estado e a fragmentação nos aparelhos públicos, as redes avançaram como nova forma de construção da política pública.

Segundo, porque emerge uma sociedade com base em organizações coletivas (associações de representação de interesses, sindicatos, grupos de pressão, *lobbies* etc.). Terceiro, porque há um crescente processo de realização de políticas setoriais ou subsetoriais. Quarto, porque aumentam os alvos de intervenção pública e há uma crescente disputa de interesses no comando desses processos. Quinto, porque cresce a fragmentação e a descentralização do Estado, desequilibrando os limites entre o público e o privado. Sexto, porque há o fenômeno da transnacionalização das políticas públicas e, por fim, a matriz de informações assume uma relevância nunca vista anteriormente, por causa da interdependência e a complexidade dos assuntos econômicos, políticos e sociais (Kenis & Schneider, 1989, p. 6-14).

Assim, os processos de construção de políticas públicas (de substituições de importações, de estímulo às exportações, de distribuição de renda etc.) ganham novos contornos porque há uma redefinição dos limites das ações do Estado, de suas agências públicas e dos atores privados.

Atualmente, as reestruturações das redes de poder ocorrem em função da fragmentação do Estado, das crises fiscais e políticas dos governos, da complexidade crescente da sociedade civil e do avanço da globalização técnica e econômica.

As relações entre o Estado e os grupos de pressão se intensificaram e ganharam complexidade. Isso é muito relevante para as dinâmicas dos mercados porque, nos processos de concorrência e de efetivação de políticas públicas atuais, muitas decisões são excluídas da agenda governamental e não passam pelo controle democrático. Isso significa que, nas redes políticas, o consenso não é necessariamente resultado de um acordo (conforme ocorriam nas redes pluralistas do início do século XX). Há um consenso concorrente, resultado da manipulação dos desejos dos homens (Lindblom, 1977, p. 178). Assim, nas arenas de decisões há uma separação entre assuntos muito importantes (que afetam demais os interesses das grandes empresas ou grupos que concentram o poder de barganha e, na maioria das vezes, não entram na agenda política) e menos importantes (que pode envolver a participação dos demais grupos de pressão e, dessa forma, entrar na agenda). Enfim, o acesso à agenda de decisões não está sempre aberto, levando à constante exclusão de alguns grupos em benefício de outros, fazendo com que as redes de poder operem sob uma institucionalização das relações entre governo e grupos de pressão menos democráticas e transparentes. Isso é o que Romano (1999, p. 212-213) qualifica de pluralismo reformado, um modo organizacional mais concentrador e excludente quando comparado ao pluralismo tradicional ou *arcaizante*.

O pluralismo tradicional **é posto por Bobbio (1999) na tentativa de separar as formas passadas de pluralismo** (*arcaizante*) e as formas presentes (*modernizante*), respeitando uma base comum - que é a valorização dos grupos sociais que integram o indivíduo e desintegram o Estado. Nas formas arcaicas está o olhar para a pequena comunidade, a corporação dos artesãos, o núcleo familiar estreitamente agregado, enfim, o particularismo. Na forma moderna está a descoberta da força que brota de novas formações sociais produzidas pela sociedade industrial: ... *a vitalidade perene da sociedade civil que tende a absorver a sociedade política* (Bobbio, 1999, p. 20).

Quatro aspectos merecem destaque. Primeiro, o retorno ao Estado sob a ótica da não neutralidade e da participação de suas agências públicas (ministérios, secretarias, comissões etc.) como atores concretos, que disputam recursos e representam interesses. Segundo, e como consequência do aspecto anterior, isso não significa a perda de sustância do Estado. Pelo contrário, as redes estão na estrutura de constituição dos Estados (Le Galés, 1995, p. 20). Terceiro, a forma de constituição das políticas públicas se dá pela base, de baixo para cima, e não pelo alto, de cima para baixo.[3] Quarto, os setores (ou mercados) são tomados por maior complexidade, já que muitas redes podem operar no seu interior, o que abre maior espaço de investigação para subsetores, distritos industriais, cadeias produtivas regionalizadas, territórios produtivos[4] etc.

Assim, o movimento preponderante para uma análise da efetivação de políticas públicas é articular o fluxo de recursos de poder com as características da estrutura do arranjo político que se forma. Portanto, o foco está nas interações estratégicas dos atores a partir dos processos de busca e distribuição dos recursos de poder e de

---

[3] Segundo Romano (1999), ... *as redes rompem com a preponderante visão linear e seqüencial da construção das políticas – emergência de um problema, introdução na agenda, formulação de soluções, decisão e início da implementação* ... (p. 217). Há um rompimento desta sequência, porque o destaque é para o início da implementação da política, no qual as decisões são tomadas e os problemas reformulados.

[4] Paulillo (2000) mostrou a formação e consolidação do território agroindustrial citrícola brasileiro nas quatro últimas décadas do século XX. Localizado no interior paulista e no triângulo mineiro, este território tornou-se o espaço no qual se concretizam as relações produtivas, tecnológicas e de poder da citricultura brasileira industrializada.

representação de interesses. O primeiro qualifica os atores públicos e privados que, com seus recursos de poder, podem exercer a dominação, evitando ou reduzindo a dependência. O segundo pode influenciar ou modificar o modo de governança de uma rede por intermédio do processo de representação de interesses.

A interação estratégica é desigual porque os recursos de poder geralmente estão distribuídos de forma desigual entre os membros da rede. E a representação dos interesses também é desigual, principalmente em economias de forte heterogeneidade estrutural, como a brasileira. A intensidade do poder de negociação ou barganha de cada ator começa a se definir a partir de certas características dos atores da rede, como a reputação, a informação, centralidades (de grau, de intermediação e de proximidade), habilidades de negociar etc. Entretanto, as conexões de cada rede também influenciam a desigualdade de poder entre os atores, através das regras, da centralidade, intensidade e velocidade das operações. O Quadro 5.2 apresenta os elementos que podem caracterizar uma rede e influenciar o poder de negociação de cada ator envolvido. As características das conexões ou interações entre os atores são muito importantes para que a rede política se apresente como uma abordagem, por permitir uma avaliação mais ampla do processo de construção da política pública e não caia no problema de focar somente características dos indivíduos e, assim, ser confundida como uma metáfora apenas, conforme observou Dowding (1985). Para isso é que a vinculação da abordagem de rede com a de governanças do neoinstitucionalismo político é vital para o desenvolvimento dessa agenda científica.

QUADRO 5.2 Características da Rede de Poder (*Policy Network*)

Características dos membros	Características das conexões
1. Conhecimento/Informação	1. Regras
2. Legitimidade	2. Centralidades
3. Reputação	3. Intensidade
4. Cooperação	4. Velocidade
5. Habilidades para mudanças	5. Formalidade/Informalidade

Fonte: elaboração do autor, modificada da versão de Dowding (1995, p. 153)

As características dos membros e das conexões revelam a interdependência que se estabelece, pautada na busca de recursos de poder (constitucionais, jurídicos, econômicos, políticos, organizacionais ou tecnológicos) e na representação dos interesses. No caso do conhecimento ou informação, a interdependência é revelada porque a capacidade cognitiva de cada ator, seus critérios, modo de apreciação e rotinas setoriais a que se submete, proporciona uma forma de inserção específica na rede. Essa inserção tem um efeito nos demais atores conectados, que reagem ativamente ao mundo circundante. No caso da legitimidade, a interdependência é revelada porque há um reconhecimento manifesto no interior da rede de que as ações de uma organização ou grupo de interesse são autênticas.[5]

Daí decorre a reputação de cada membro (individual ou coletivo), determinada pelos recursos de poder conquistados, pela concessão estatal de status público e a chancela dos demais atores privados de suas capacidades de representação e de aglutinação. As habilidades diretas dos membros decorrem de suas especialidades, como o controle de gestão e a integração vertical. As habilidades indiretas decorrem de algo que não foi desenvolvido especificamente pelo ator, embora não o impeça de aproveitar (externalidades positivas, condições naturais etc.).[6] Tanto as habilidades diretas como as indiretas influenciam as interações em rede.

Assim, o poder de um membro é dependente dos recursos de poder dos outros membros e do tipo de relação que eles **têm**. De maneira similar, as características das conexões entre os segmentos da rede também revelam a interdependência, porque influenciam a distribuição dos recursos de poder e as formas de representação dos interesses. O conjunto de regras e normas atua decisivamente na formação do ambiente institucional de cada rede e, consequentemente, influenciam os graus de centralização das operações (elevada ou baixa) e de envolvimento dos atores (poucos ou muitos). Essas operações podem ocorrer com maior ou menor intensidade (frequência).

As conexões podem ser formais (em contratos ou em integração vertical) ou informais (em cooperação social e em serviços acordados), o que permitirá definir a natureza da rede da qual está se tratando.

Van Waarden (1992, p. 32-50), em uma crítica contundente, salientou que, para explicar as instituições políticas e os resultados das políticas, a rede deveria estar conectada a modelos dinâmicos mostrem as subcategorias e as explicações causais ou estruturais. Ampliando a perspectiva de análise para além dos graus de formalização, centralização e cooperação das conexões, Van Waarden (1992, p. 32-50) observa que nas redes atuam agentes endógenos e exógenos ao mercado

---

[5] *Legitimidade significa que um ordenamento político é digno de ser reconhecido. Com essa definição, sublinha-se que a legitimidade é uma exigência de validade contestável e que é (também) do reconhecimento (pelo menos) factual dessa exigência que depende a estabilidade de um ordenamento de poder. Assim, tanto no plano histórico como no analítico, esse conceito encontra aplicação sobretudo nas situações em que a legitimidade de um ordenamento torna-se objeto de polêmica; no qual, como dizemos, surgem problemas de legitimação. Uns afirmam e outros contestam a legitimidade ...* (Habermas, 1990, p. 219-20).

[6] Olave & Amato (2001, p. 299), discutindo a formação dos *clusters*, cita o caso da indústria alemã de cutelaria, em que as condições naturais específicas exerceram um importante papel no desenvolvimento da *Soligen*, causada pela proximidade de fontes de água, de ferro e de madeira para a fabricação de fornos. Outro exemplo é o caso da Carrara na Itália, uma indústria de trabalhos em pedras que se situa perto das minas de mármore, além dos distritos de biotecnologia da Baía de São Francisco (EUA) e de ótica (em Rochester), que aproveitam a concentração de especialistas.

(como as agências públicas do Estado, associações e grupos de representação de interesses, agentes parlamentares, institutos de pesquisas e experimentações, prefeituras municipais, certificadoras, ONGs etc.). Assim, as redes são políticas e de poder (envolvendo o econômico, o cultural, o financeiro etc.), sendo definidas das seguintes dimensões: a) atores (número de participantes e tipos de agentes envolvidos); b) funções dos atores envolvidos (acesso ao processo de decisão, negociação ou capacidade de mobilizar e envolver recursos, capacidade de coordenar e cooperar na formação e implementação de políticas públicas etc.); c) estrutura (refere-se basicamente ao padrão das relações entre os atores – ordenado ou caótico, a partir da intensidade das conexões); d) grau de institucionalização; e) regras de conduta (convenções de interação a partir das percepções, atitudes e interesses dos atores) e f) distribuição de poder (autonomia de decisão dos atores públicos e privados). O Quadro 5.3 agrega essas características para cada tipo de rede de poder identificada.

Van Waarden (1992) mostra as diversas redes de poder identificadas pelos estudos de casos mundiais (como a neocorporativista, a clientelista, o triângulo de ferro etc.). Essas são redes de poder que não se diferenciam em algumas características estruturais, como a restrição de grupos de interesses participantes e a elevada interdependência de recursos de poder. Entretanto, elas podem revelar diferenças mais específicas, porém não menos importantes, no que se refere 1) ao número de grupos participantes; 2) à participação do Estado nas relações via atribuição de *status* **público e 3) às formas de exclusão dos atores coletivos** (Van Waarden, 1992; Schneider, 1992). Muito preocupado com as relações causais entre características das redes e os resultados que são alcançados pelos atores participantes das relações de poder e construção da política, Van Waarden (1992) ampliou a perspectiva de análise para além do grau de formulação, centralização e conexões da rede.

QUADRO 5.3 Características dos tipos de redes de poder

Tipos de redes de poder	Estado coordenador	Estado capturado	Clientelismo	Pluralismo pressionado
Atores				
Número	Muito limitado	Limitado	Um	Pelo menos 2, geralmente mais
Tipo	Basicamente agências estatais	Agências estatais e firmas	O principal grupo de interesse	Grupos de interesses contraditórios
Monopólio da representação	Não	Não	Sim	Não

(continua)

QUADRO 5.3 (continuação)

Função				
Canais de acesso	Não	Sim	Sim	Sim
Consulta	Não	Sim	Sim	Sim
Negociação	Não	Sim	Sim	Não
Coordenação	Não	Sim	Sim	Não
Cooperação na formação política	Não	Sim	Sim	Não
Cooperação na implementação política + delegação de autoridade pública	Não	Não	Usualmente não	Não
Amplitude de temas	Ampla	Estreita	Estreita	Estreita
Estrutura				
Limites	Fechado	Fluído	Fechado	Relativa/e aberto
Tipo de articulação	Involuntária	Voluntária	Voluntária	Voluntária
Relações ordenadas	Baixa	Baixa	Média	Baixa
Complexidade	Baixa	Alta	Alta	Baixa
Padrão da relação	Hierárquica, liderança articuladora	Hierárquica, liderança articuladora	Consulta horizontal, inter-mobilização	Consulta horizontal
Centralidade	Alta	Baixa	Média	Baixa
Estabilidade	Baixa	Baixa	Alta	Baixa
Natureza das relações	Conflituosa	Cooperativa	Cooperativa	Conflituosa
Convenções da interação				
Adversidade / procura por consenso	Adverso	Ambos	Ambos	Adverso
Ideia de servir interesse público	Sim	Não	Não	Não
Contatos formais ou informais	Informal	Informal	Informal	Ambos
Disputa ideológica	Não	Não	Não	Possível
Distribuição de poder				
Autonomia Estatal	Alta	Extrema/e baixa	Baixa	Possível
Dominação do Estado	Sim	Não	Não	Possível
Dominação do interesse privado	Não	Sim	Sim	Possível
Estratégias da administração	**Pública**			
Acessibilidade	Não	Sim	Sim	Sim
Reconhecimento dos grupos de interesses	Não	Sim, informal/e	Sim	Não
Criação/mudança de associações	Não	Não	Não	Não

(continua)

QUADRO 5.3 (continuação)

Tipos de redes de poder	Neocorporativista estreita	Neocorporativista ampla	Pluralismo patrocinado
Atores (além das agências estatais)			
Número	Pelo menos 1	Pelo menos 2	Algumas
Tipo	Associações de interesses estreitos	Associações de interesses maiores	Associações e grupos em geral
Monopólio da representação	Sim	Sim	Não
Função			
Canais de acesso	Sim	Sim	Sim
Consulta	Sim	Sim	Sim
Negociação	Sim	Sim	Sim
Coordenação	Sim	Sim	Sim
Cooperação na formação política	Sim	Sim	Sim
Cooperação na implementação política + delegação de autoridade pública	Sim	Sim	Não
Amplitude de temas	Estreita	Ampla	Estreita
Estrutura			
Limites	Fechado	Fechado	Relativamente aberto
Tipo de articulação	Formal-compulsória	Formal-compulsória	Voluntário
Relações ordenadas	Alta	Alta	Média
Complexidade	Alta	Alta	Baixa
Padrão da relação	Consulta horizontal	Consulta horizontal	Consulta horizontal
Centralidade	Média	Média	Baixa
Estabilidade	Alta	Alta	Baixa
Natureza das relações	Cooperativa	Cooperativa	Conflituosa
Convenções da interação			
Adversidade / procura por consenso	Procura por consenso	Procura por consenso	Adversidade / consenso
Ideia de servir interesse público	Não	Sim	Não
Contatos formais ou informais	Formal	Formal	Ambos
Disputa ideológica	Possível	Possível	Possível
Distribuição de poder			
Autonomia Estatal	Alta	Alta	Um pouco
Dominação do Estado	Não	Não	Não
Dominação do interesse privado	Não	Não	Não

(continua)

QUADRO 5.3 (continução)

Estratégias da administração pública			
Acessibilidade	Sim	Sim	Sim
Reconhecimento dos grupos de interesses	Sim	Sim	Sim
Criação/mudança de associações	Sim	Sim	Sim

Tipos de redes de poder	**Paternalista**	**Triângulo de ferro**	**Redes temáticas ou difusas**
Atores (além das agências estatais)			
Número	Limitado	Dois	Ilimitado, muito elevado.
Tipo	Pelo menos um partido político dominante	Associações de interesses, parte de um parlamento, de um comitê.	Especialistas individuais
Monopólio da representação	Possível	Sim	Não
Função			
Canais de acesso	Sim	Sim	Sim
Consulta	Sim	Sim	Sim
Negociação	Possível	Sim	Não
Coordenação	Possível	Sim	Possível
Cooperação na formação política	Possível	Sim	Sim
Cooperação na implementação política + delegação de autoridade pública	Não	Usualmente não	Não
Amplitude de temas	?	Estreita	Estreita
Estrutura			
Limites	Relativamente fechado	Fechado	Extremamente aberto
Tipo de articulação	Voluntária	Voluntária	Voluntária
Relações ordenadas	Baixa	Média	Extrema/e baixa
Complexidade	Possível	Alta	Média
Padrão da relação	Autoridade hierárquica	Consulta horizontal, intermobilidade	Consulta horizontal, intermobilidade
Centralidade	Alta	Baixa	Extrema/e baixa
Estabilidade	Baixa	Alta	Extrema/e baixa
Natureza das relações	Conflituosa e cooperativa	Cooperativa	Cooperativa

(continua)

QUADRO 5.3 (continuação)

Convenções da interação			
Adversidade / procura por consenso	Ambos	Ambos	Consenso em normas tecnocráticas
Ideia de servir interesse público	Não	Não	Sim, possível
Contatos formais ou informais	Formal	Informal	Extrema/e informal
Disputa ideológica	Possível	Não	Não
Distribuição de poder			
Autonomia Estatal	Alta, da parte considerada estatal	Baixa	Baixa
Dominação do Estado	Sim	Não	Frouxa
Dominação do interesse privado	Não	Sim	Frouxa
Estratégias da administração pública			
Acessibilidade	Possível	Sim	Sim
Reconhecimento dos grupos de interesses	Possível	Sim	Sim
Criação/mudança de associações	Possível	Não	Não

Fonte: Van Waarden (1992, p. 39-41)

Cada tipo de rede política apresenta, segundo Van Waarden (1992), seus limites e possibilidades estruturais e funcionais de relações para construção da política pública. No primeiro tipo (do Estado Coordenador), nota-se a existência de uma relação antagônica entre agências estatais e interesses sociais. O Estado exclui os interesses organizados na elaboração das políticas e em processos de decisão, deixando o controle da economia ao mercado, ou intervindo fortemente e controlando a indústria através de servidores públicos. No segundo tipo (Estado Capturado), as agências estatais são administradas por empresários, levando valores, normas, interesses e rotinas do setor privado para o público. A relação entre o Estado e os setores empresariais é preenchida pela mobilidade cruzada de profissionais que mantêm relações com as antigas organizações (redes de profissionais em detrimento de redes de organizações). No terceiro tipo (clientelismo), as agências estatais legitimam determinado grupo de interesse como representante de um determinado setor, tornando-o referência para a ação governamental e estabelecendo uma relação de dependência frente a seus interesses. Não há delegação de autoridade e os canais de acesso são muito institucionalizados. No quarto tipo (pluralismo pressionado), há predominância de política de grupos de pressão com existência de vários interesses concorrentes, sem tentativas de coordenação de acesso. Os limites da rede de ação são relativamente abertos, mas sem acesso ilimitado, as relações são de baixa intensidade, com multiplicidade e centralidade instável e informal e baixo grau de institucionalização. As agências estatais podem assumir um papel de mediação ou agregação de interesse entre as partes.

O quinto tipo apresentado por Van Waarden (1992) – rede paternalista – ocorre em situações nas quais um único partido política domina a política pública de um lugar ou setor e se transforma no canal de acesso e legitimidade para os programas. A burocracia do Estado pode ser utilizada para a realização dos interesses partidários ou o próprio partido pode criar sistemas de interesses como formas de controlar a sociedade. Nesse caso, a diferença para o corporativismo estatal é que, neste, a implementação da política é delegada a grupos de interesse bem definidos (como partidos, sindicatos etc.). O sexto tipo (Triângulo de Ferro) é a extensão do clientelismo na arena política. Envolve políticos de partidos e representantes do legislativo como intermediários ou parceiros de coalizão nas relações de *lobbie* entre as agências estatais e a clientela. O monopólio da representação confere certas características à rede como os limites fechados, alta interação e estabilidade nas relações, trocas simétricas, informalidade, despolitização e sigilos, domínio dos interesses sociais sobre as agências estatais. No entanto, existe uma autonomia política e econômica do triângulo de ferro, fragmentando e conferindo particularidade dentro do aparelho estatal. O sétimo tipo (rede difusa ou temática) difere do triângulo de ferro e do pluralismo de pressão porque seus limites são extremamente abertos e há um número ilimitado de participantes (que são também especialistas), além de representantes trabalhando por interesses próprios – funcionando como canais para obter acesso e influência e também participação na formação da política. É difícil identificar o *lócus* da tomada de decisão, sendo difusas as dependências e relações de poder. Na medida em que ninguém domina, é uma tecnocracia coletiva, porém desorganizada. O oitavo tipo (neocorporativismo estreito) difere do clientelismo e pluralismo pelo fato de que as organizações de interesse que se envolvem na política adquirem um tipo de autoridade pública. Em troca de cooperação e assistência, as agências estatais proveem certos privilégios e recursos às organizações envolvidas, entre elas a autoridade estatuária, tornando as relações mais dependentes e simétricas. É um sistema bem organizado e integrado de organizações de interesses, com estabilidade e considerável institucionalização das relações, orientação ao consenso e centralidade, embora com a presença de organizações intermediárias. O nono tipo (neocorporativismo amplo) se distingue da rede neocorporativista estreita pela presença de mais de um grupo de interesse majoritário. Também marcadas pelas relações entre grupos organizados de interesses antagônicos que coordenam sua ação com o Estado de acordo com as exigências sistêmicas da economia (ex.: interesses entre produtores e consumidores ou fazendeiros e indústria alimentar, relações com agências setoriais em torno do impacto ambiental etc.). São tipos de rede política com elevada complexidade e continuidade, tendo relações bem institucionalizadas. A autonomia e a centralidade do Estado podem ser condições importantes para a estrutura e o funcionamento da rede.

No corporativismo estatal, décimo tipo identificado por Van Waarden (1992), o Estado é dominante e utiliza a rede como instrumento de controle da sociedade – conforme ocorrido em regimes autoritários e fascistas. A estrutura é altamente formalizada, com limites claros, as adesões dos atores são obrigatórias e há bloqueio de emergência de lideranças. Alta centralidade e forte assimetria são características importantes no corporativismo estatal, sendo continuamente questionável a delegação das políticas para constranger a legitimidade de um ator em determinado programa de política pública. Van Waarden (1992) ainda descobriu um tipo denominado pluralismo patrocinado, no qual o Estado apoia os interesses das diversas organizações em vez de apenas algumas poucas. Isso pode ocorrer em razão de uma ideologia liberal da administração estatal ou por restrições impostas pelo sistema legal para estabelecimento de privilégios e monopólios de grupos. Há muitas semelhanças com o pluralismo clássico (liberal do século XIX), mas trata-se de um tipo de rede mais instável porque o apoio do Estado tende a reduzir o número de participantes ao longo do tempo da política.

Em algumas características da rede é possível perceber diferenças mais sutis e que fazem diferença na construção da política pública. Em relação ao número de participantes, Van Waarden (1992) mostra que na rede neocorporativista poucos grupos de representação de interesses participam, enquanto que na rede clientelista apenas um grupo de interesses participa. No triângulo de ferro, a presença das comissões parlamentares entre as agências do governo e os grupos de interesses (geralmente dois participam) é o ponto distinto a acrescentar.

Para a segunda caracterização (a participação do Estado nas relações via atribuição de *status* público), na rede neocorporativista a atribuição para os atores coletivos privados é fundamental, enquanto no clientelismo usualmente isso não acontece. Na primeira as conexões são formalizadas, enquanto na segunda elas são informais. No triângulo de ferro, pode haver atribuição de status público para algum ator, mas o que chama a atenção é a rigidez e simbiose existente entre o governo, as comissões parlamentares e os grupos de interesses. Então, no triângulo de ferro, cada ator tem a necessidade dos outros dois para ter êxito em seus resultados.

No caso das formas de exclusão dos atores coletivos, o clientelismo apresenta uma relação estreita entre o governo central e o grupo beneficiado, não deixando espaços no processo de governança para os demais. No triângulo de ferro, há uma rigidez no arranjo institucional de governo, comissões parlamentares e grupos privados, e o acesso do público às tomadas de decisão é extremamente difícil. Na rede neocorporativista, a exclusão é alta, porém há maiores possibilidades de reversão (Van Waarden, 1992, p. 38-49). Por exemplo, em muitas ocasiões, um grupo de interesses apresenta poder de aglutinação suficiente para representar uma determinada categoria, mas não consegue legitimidade porque não lhe é atribuído reconhecimento ou reputação pelos demais agentes privados ou não lhe é atribuído status público pelo Estado. Em redes neocorporativistas a possibilidade de reversão desse quadro é considerável, enquanto na rede clientelista é muito difícil.

Essa diferenciação entre os tipos de redes existentes, a partir da caracterização da Tabela 2, refere-se àquelas formas de governança ou de relações de força que podem ser encontradas com maior facilidade em países em desenvolvimento e subdesenvolvidos. O Brasil, que se encaixa nesse contingente, apresenta a especificidade de apresentar grande heterogeneidade estrutural, tecnológica e regional. Isso significa que entre as regiões ou entre os diversos setores ou cadeias produtivas do país serão notados muitos tipos de redes em operação. Já no tocante às formas recentes de governança nas democracias ocidentais avançadas e estáveis, e suas influências nas dinâmicas dos mercados, Richardson e Jordan (1979) mostram que com a desagregação não só do governo, com suas numerosas divisões, mas também da própria sociedade, com o crescimento do número de grupos de interesses, esses tipos de redes (neocorporativista, clientelista etc.) pouco explicariam a atualidade. Assim, para os países desenvolvidos esses tipos de redes de poder tornaram-se irrelevantes para compreender as relações de forças e os mecanismos de governança recentes. Nesses casos, a retomada do pluralismo (porém reformulado) se faz pela substituição de triângulos de ferro por redes difusas ou temáticas, muito mais abertas e com a influência de mais atores, como grupos ambientalistas, de consumidores etc. (Heclo, 1978 e Macfarland, 1987, apud Romano, 1999, p. 219). Ou a substituição do neocorporativismo pelas comunidades políticas, porque esse tipo de rede trata de questões mais abrangentes, como a da autonomia do Estado e o papel das ideologias. Assim, com os avanços políticos e econômicos dos países desenvolvidos, os arranjos plurais reaparecem de modo reformulado.

A classificação institucional de Van Waarden foi um avanço da abordagem de redes, pois Marsh & Rhodes (1992, p. 251) estabeleceu as primeiras dimensões de análise para as redes de poder conforme a comparação entre as redes difusas e as comunidades políticas.[7]

---

7 Isso não impede que, em países em desenvolvimento e com forte heterogeneidade estrutural e tecnológica como o Brasil, não operem redes mais estruturadas, como as comunidades de política de Marsh & Rhodes (1992). Principalmente em setores e cadeias produtivas modernizadas e integradas ao circuito financeiro e comercial global.

Assim, para o sistema capitalista em geral, as redes de poder operam no *continuum* entre a rede difusa (*issue network*) e a comunidade política (*policy community*), conforme apontam Marsh & Rhodes (1992, p. 251). Entre esses tipos ideais estão as diferenças mais significativas, como o grau de abertura, de institucionalização, de integração etc. Ou seja, diferenças nas dimensões do número de participantes, do tipo de interesses, da frequência da interação, da estabilidade, da distribuição de recursos e do desequilíbrio de poder. O Quadro 5.4 sintetiza essa diferenciação.

QUADRO 5.4 Caracterização dos pólos do *continuum* de redes de poder: comunidade política e rede difusa

Dimensão	Comunidade Política	Rede Difusa
	Membros	
Número de participantes	Muito limitado, alguns grupos conscientes excluídos	Amplo
Tipo de interesses	Econômico e/ou profissional	Vários
	Integração	
Frequência	Frequente, alta qualidade, interação dos grupos incluídos na rede sobre as matérias relacionadas com a emissão de políticas	Contatos flutuantes em frequência e intensidade
Continuidade	Avaliações persistentes ao longo do tempo. Efeitos também persistentes	Flutuação significativa
Consenso	Todos os participantes avaliam os resultados e legitimam	Alguns acordos existem, mas o conflito está sempre presente
	Recursos	
Distribuição de recursos	Todos os participantes apresentam recursos e utilizam-nos no processo de interação	É possível que alguns participantes tenham recursos, mas eles são limitados
Distribuição interna	Hierárquica; líderes podem transferir ou deliberar membros	Variada, inclusive a capacidade para regular os membros
Poder	É possível um grupo dominar, mas o resultado de soma não zero (ambos ganham) persiste na comunidade	Poder desigual refletido pelos recursos desiguais. Resultado de soma zero (um ganha, outro perde)

Fonte: Marsh & Rhodes (1992, p. 251)

A distinção das redes de poder a partir do perfil dos membros, do grau de integração e da distribuição dos recursos pode revelar importantes aspectos a respeito do modo de interação público/privado e, dessa forma, apontar o caráter do mecanismo de realização de políticas públicas em cada rede.

As redes difusas apresentam relações de poder instáveis, já que apresentam normas não formalizadas e que mudam a cada momento conforme a necessidade ou pressão (*ad hoc*), isto é, as regras e convenções básicas não estão consolidadas (Jordan & Schubert, 1992, p. 25). Nesse ambiente institucional, o mecanismo de decisão de políticas públicas apresenta um caráter reativo, a partir de processos fortemente pressionados (Atkinson & Coleman, 1989, p. 59-67). Enfim, as redes difusas estão em formação, não apresentam representações coletivas definidas e os interesses compartilhados referem-se a um assunto muito específico ou particular, fazendo com que o arranjo, caso venha a ocorrer, seja pontual. É por isso que as redes difusas também são chamadas de temáticas ou frouxas. Certos temas podem formar, pontualmente ou num curto espaço de tempo, uma rede que tenha influência em um resultado, mesmo nos casos em que fique evidente que não os determina. Nesse caso os laços institucionais seriam mais frouxos. Isto é, uma rede de poder mais aberta, menos institucionalizada e de pouca integração. A instabilidade e a falta de continuidade das relações de poder seriam as principais características (Rhodes, 1990).

No outro extremo do *continuum* dos tipos de redes de poder está a comunidade política. Nessa rede o mecanismo de realização de políticas públicas apresenta um caráter de antecipação, a interação estratégica é frequente e estável, a interdependência é elevada e a participação dos atores coletivos é especializada e limitada. Assim, os atores se lançam antecipadamente à efetivação de regras e normas e influenciam a estrutura de governança.

As tipologias apresentadas, tanto a de Van Warden (1992) como a de Marsh & Rhodes (1992), servem para ilustrar que a rede de poder é um marco de análise que possibilita compreender os diferentes mecanismos de governança ou de distribuição de recursos de poder dos entornos organizacionais do sistema capitalista (Rhodes & Marsh, 1992, p. 4). Uma contribuição significativa dessa abordagem é a atenção dedicada ao nível meso, se apresentando como alternativa frente às abordagens pluralista e neocorporativista, que foram desenvolvidas durante muito tempo pela ciência política.[8] Segundo Paulillo (2000), as redes de poder se estruturam porque as regras institucionais, os modos operativos que derivam das instituições e as representações de interesses determinam a interação entre os atores envolvidos.

A abordagem de redes de poder compõe um espectro da teoria institucional que trata a organização como uma arena de interesses e valores conflitantes, constituída pela luta de poder. É um tipo de análise organizacional de cunho *weberiano*, que enfatiza... *o caráter relacional do poder como recurso ou capacidade distribuídos de forma diferenciada e que, se empregado com o devido grau de habilidade estratégica e tática pelos*

---

[8] *... By using a more general and neutral concept such as policy network, corporatism can be considered as being only one type of such network, and compared on network dimension with other types of state-industry relations found literature, such as clientilism, pluralism or iron triangle ...* (Van Waarden, 1992, p. 30).

atores sociais, produz e reproduz relações hierarquicamente estruturadas de autonomia e dependência (Reed, 1998, p. 75).

Os recursos de poder podem não ser empregados pelos atores com o devido grau de habilidade estratégica, o que facilitará a formação de redes pouco estruturadas e hierarquizadas. Nesse caso constituem-se redes frouxas ou difusas que, como visto anteriormente, são menos institucionalizadas e integradas. Esse tipo de rede pode apresentar uma forma de coordenação não assegurada nem pela firma (hierarquia), nem pelo contrato e muito menos pelo mercado *spot*, embora possa ser decorrente da cooperação entre as empresas ou de uma estrutura informal.

Redes sociais são bons exemplos dessa situação de coordenação, pois a relação dos integrantes não é regida por nenhum tipo de contrato formal. Olave & Amato (2001, p. 296), citando Grandori & Soda (1995), mostram que polos e distritos industriais apresentam transações em que as contribuições entre parceiros e suas performances são muito difíceis de avaliar por meios contratuais ou burocráticos. São casos em que a coordenação das trocas baseia-se em mecanismos informais. Também existem os casos de existência de contratos formais entre as firmas, porém eles se referem às especificações de produtos ou serviços e não à organização do relacionamento entre as empresas.

Essas situações mostram a existência de uma variedade de arranjos em rede. Segundo Powell (1990), em apenas uma minoria de situações pode-se atribuí-las ao objetivo de minimizar custos de transação.[9] Olave & Amato (2001, p. 293-300) mostram que certas estratégias, como o acesso a recursos críticos e conhecimentos especializados, tendem a ter um peso maior que os custos de transação num grande número de situações.

Diversas redes funcionam com estruturas formais e informais de governança, sendo que todas elas operam em função dos recursos de poder. E a minimização do custo de transação é apenas um recurso de poder, assim como a redução do custo de produção empresarial, a capacidade de representação dos atores coletivos, o *status* público concedido pelo Estado etc. Os recursos de poder podem ser constitucionais, políticos, financeiros, tecnológicos, organizacionais e jurídicos. Eles é que podem determinar o poder de negociação de cada ator (individual ou coletivo). O Quadro 5.5 apresenta os tipos de recursos através de alguns exemplos.

---

[9] Para Powel (1990) o maior problema da análise da economia dos custos de transação é o seu caráter reducionista, isto é, o *continuum* estrutural entre hierarquia e mercado reduz a capacidade de explicação de formas colaborativas, enxergando as relações fora de um contexto societário. Assim, esse modelo de análise institucional não consegue explicar mecanismos de governança para atingir *status* ou legitimidade, o gerenciamento da dependência de recursos políticos, de informação compartilhada e constitucionais.

QUADRO 5.5 Tipos de Recursos de Poder

Recursos de Poder	Descrição
Constitucionais	Regras e normas legitimadas.
Políticos	*Status* público atribuído pelo Estado, poder de representação de um ator coletivo, poder de aglutinação de um ator coletivo.
Financeiros	Financiamento adequado, incentivo fiscal modificado ou concedido, subsídio modificado ou concedido, comissões sobre escala de produção, cotas promocionais etc.
Tecnológicos	Conhecimento adquirido, tecnologias gerencial e da informação transferidas, processos e matérias-primas específicas etc.
Organizacionais	Infraestrutura institucional (institutos de pesquisas, centros de treinamento, agências de *marketing* etc.), informações compartilhadas e propagadas, parcerias, consórcios, informações ocultadas, proximidade de fornecedores, terceirização, subcontratação, utilização da marca etc.
Jurídicos	Direitos de propriedade intelectual, recursos sobre *anti-dumping*, ajuizamento de ações etc.

Fonte: elaboração do autor

Os recursos constitucionais e políticos são fundamentais para a estruturação das relações de poder. Regras e normas, quando legitimadas, estabelecem novas formas de adaptação para as organizações (lucrativas e não lucrativas), acarretando mudanças na estrutura de governança de cada rede. Entre os recursos políticos destacam-se: o *status* público concedido pelo Estado para os atores privados (individuais ou coletivos), o poder de representação de cada ator coletivo e a capacidade de aglutinar membros e interesses de cada ator coletivo.

O poder de representação é definido pela participação dos atores coletivos na realização dos arranjos. Quanto maior a reputação que cada ator possua perante os demais atores da rede, maior será o seu poder de representação. Daí, portanto, a dependência da atribuição de *status* público concedido pelo Estado (legitimidade) e o reconhecimento dos demais integrantes da rede (reputação).

Já o poder de aglutinação de um ator coletivo é reconhecido quando este é capaz de aglutinar todos ou uma grande parte de seus membros potenciais, apresentando-se como o interlocutor válido nos processos de negociação. Assim, deve-se levar em conta o volume de associados sobre o total potencial, a dispersão dos interesses dos membros potenciais (dispersão estratégica), a dispersão espacial dos associados (dispersão territorial), as frequências dos atores nas reuniões e assembleias e o apoio ou o reconhecimento dos integrantes nos procedimentos e acordos tomados pela organização (Paulillo, 2000, p. 56-57). Esses recursos podem ser buscados não apenas pelos atores coletivos, mas também pelos individuais, embora nas ações individuais destaquem-se as buscas pelos recursos financeiros, jurídicos, tecnológicos e organizacionais.

Sabe-se que os recursos de poder são desejados pelas organizações com o objetivo de colher melhores resultados e evitar uma possível dependência de outros atores. Mas esse objetivo é, em verdade, algo não realizável, já que ainda que os atores possam ter diferentes opiniões sobre os objetivos das políticas e a divisão de recursos, eles compartilham um interesse comum nas políticas (principalmente as setoriais ou dos lugares bem delimitados) e nos recursos que resultam delas, o que resulta na interdependência, uma característica vital da rede política (Klijn, 2008).

As organizações das redes políticas operam com recursos de poder diferenciados. Assim, se for necessário definir a organização nessa abordagem pode-se denominá-la como um pacote de recursos heterogêneos, sendo as principais estratégias formuladas conforme: 1) a identificação de recursos específicos e não específicos; 2) as tomadas de decisão sobre as melhores oportunidades e 3) as utilizações dos ganhos proporcionados por recurso, seja na cooperação ou no conflito com outras organizações.

Segundo Klijn (2008, p. 125), se a política pública é formada e implementada em redes, o praticante e o analista da política necessita conhecer, além do pacote de recursos que cada participante possui, quais são as características dos atores, como é a rede e como está o processo de interação em termos de condução.

Características institucionais da rede (regras, convenções, rotinas de relacionamento, crenças etc.) influenciam e formam situações ou governanças nas quais os atores (com suas características específicas de interação, como recursos e percepções de mundo e da própria rede), buscam resultados em redes. Segundo Klijn (2014, p. 125-127) e Koppenjan & Klijn (2004), a compreensão do processo da governança política da rede por qualquer ator envolvido necessita combinar três tipos de análises, conforme mostra o quadro a seguir, que são: a) análise de ator e dos atores; b) análise de jogo e c) análise da rede.

É evidente que todos os passos já mostrados para as análises dos atores, do jogo e também da rede tornarão o estudo da rede política o mais completo possível. No entanto, nem sempre isso se faz necessário porque o próprio analista restringe-se a alguns dos passos colocados conforme o problema que estiver enfrentando e as necessidades dos atores na rede.

Sabe-se que as redes são muito dinâmicas e esses procedimentos de análise podem e devem ser repetidos através do tempo e de acordo com o ritmo de mudanças nas quais os atores, o jogo e a rede estarão submetidos. O mais relevante é que essas contribuições, colocadas por Klijn (2008, 2014) e Koppenjan & Klijn (2008), permitiram avançar nos procedimentos metodológicos para o uso da governança política

QUADRO 5.6 Etapas analíticas para atores, jogo e redes

Etapas	Intenção	Questões importantes
Análise de ator		
Tomar a formulação provisória de um problema ou iniciativa como ponto de partida	Mapear uma situação problemática ou iniciativa como ponto de partida adicional	- Como é a situação presente? - Quais são as consequências (indesejadas) que fluem a partir disso? - O que é tido como sendo as causas dessa situação? - Qual é a situação desejada? - Quais metas e critérios estão por trás disso? - Quais soluções e alternativas de políticas se buscam?
Identificar atores envolvidos	Quais atores devem ser levados em conta?	- Quem pode ser distinguido como agente? - Quais atores na rede são importantes para os objetivos ou metas individuais de políticas? - Quais atores têm interesse em encontrar uma solução para a situação problema?
Reconstruir percepções de atores	Mapear imagens de atores a respeito do problema, da situação e de outros atores.	- Que imagens os atores formam sobre aspectos tais como problema, causas, soluções e competência de cada ator? - Até que nível essas percepções diferem? Há grupos claros? - Que obstáculos poderiam ser causados pelas diferenças de percepção?
Analisar posições e dependência dos atores	Que posições tomam os atores com respeito à situação problema e quanto os atores dependem uns dos outros?	- Quais meios os diferentes atores possuem à sua disposição? - Quão importantes são esses meios? Eles podem ser adquiridos em outro lugar? - Há dependência unilateral ou mútua? - Os atores são críticos, dedicados e/ou comparáveis?
Análise do jogo		
Determinar as arenas relevantes	Reconhecer grupos coerentes de atores e situações de interação ao redor de assuntos de política demarcados e/ou iniciativas que são significativas para a iniciativa inicial ou o jogo de política	- Onde estão as decisões tomadas que são importantes para a iniciativa ou para o jogo de política que está sob a análise? - Quais atores interagem em quais contextos (setor, conteúdo de política, intenções etc.)? - Quão coerentes são os grupos de atores? - Esses grupos de atores possuem relações uns com os outros (ligações)?

(continua)

QUADRO 5.6 (continução)

Identificar e analisar estagnações	Fazer um inventário da estagnação no jogo e determinar a natureza da estrutura de estagnação como um ponto de partida para a gestão de intervenções	- Existe estagnação no jogo? - Quais são a natureza e a estrutura da estagnação? - Quais jogadores estão envolvidos na estagnação? - Eles são bloqueios? - Até que ponto a estagnação é cognitiva? - Até que ponto a estagnação é estrutural?
Análise de rede		
Inventariar padrões de interação entre atores	Por meio de mapeamento, a frequência e a diversidade de interações de atores, as redes e os atores que pertencem a elas podem ser determinados.	- Quais atores interagem frequentemente e quais interagem mais raramente? - Quais atores possuem um padrão variável de contato e quais não o possuem? - Quais atores são centrais e quais são periféricos na rede considerando seus padrões de contato?
Inventariar padrões de percepção dos atores	Ao determinar a relação em termos das percepções entre atores, pode-se descobrir a qual rede o ator pertence.	- Quais percepções os atores têm em relação a problemas, soluções e seu ambiente? - Até que ponto essas percepções correspondem àquelas de outros atores?
Inventariar provisões institucionais que conectam atores em rede	Fazer um inventário e analisar as regras formais e informais do jogo e de outros acordos organizacionais na rede que são relevantes para o jogo da política.	- Que regras formais e procedimentos jurídicos aplicar? - Quais regras informais podem ser distintas (por exemplo, em relação a fornecimento de informação, oportunidades de acesso, códigos profissionais etc.)? - Quais intersecções e procedimentos de consulta ou outras construções organizacionais existem na rede que estruturam o jogo da política?

Fonte: KLIJN (2014, p. 127-128).

de rede como abordagem de análise, já pautadas pelos recursos de poder que cada ator venha apresentar, pelas características dos indivíduos envolvidos na construção da política e pelas características estruturais de qualquer rede de poder. Isso representa um avanço científico significativo e mostra que a crítica de Dowding (1995) a respeito de a rede ser uma metáfora está ficando para trás. Do modo como avança, a rede representa algo mais significativo para as teorias iniciais sobre tomadas de decisão na formatação e na implementação da política pública.

Edificada na rica tradição de pesquisa da ciência política que focava nas influências de grupos de interesse na tomada de decisão, no processo de planejamento, na entrada de atores em tal processo e nas oportunidades que ocorrem nas construções das políticas públicas, as redes podem abordar com intensidade as relações de poder e as influências das dominâncias no processo político e ajudar a compreender as complexidades, amplitudes e flexibilidades recentes dos processos de formações e implementações das políticas públicas (Klijn, 2014; Cobb e Elder, 1983; Kingdom, 1984; Rhodes, 1988; Van Wardeen, 1992; Laumann e Konke, 1987).

Referências

Abercrombie, N.; Hill, S.; Turner, B. S. The Penguin Dictionary of sociology. Penguin Books: London, 2000.

Abercrombie, N.; Warde, A. Contemporary Britsh society: a new introduction to sociology. Published by Polity. Cambridge: Cambridge Rare Books, 1992.

Abramovay, R. O capital social dos territórios: repensando o desenvolvimento rural. Economia Aplicada, v. 4, n.2, abril/junho 2000.

Akerlof, G. A. The market for "lemons": Quality uncertainty and the market mechanism. The quarterly journal of economics, 1970: p. 488-500.

Alchian, A. A.; Demsetz, H. Production, Information Costs, and Economic Organization. American Economic Review LXII, 1972, n. 5 (December): 777-795.

Aldrich, H. E.; Pffefer, J. Environments of organizations. Annual Review of Sociology, v.2, 1976: p.79-105.

Amato Neto, J. Desverticalização / terceirização e as relações de subcontratação no complexo automobilístico brasileiro. Gestão e Produção, v. 1, n. 1, 1994: p. 29-48.

Amato Neto, J. Redes de cooperação produtiva e clusters regionais oportunidades para as pequenas e médias empresas. São Paulo, Atlas/Fundação Vanzolini.

Atkinson, M.; Coleman, W. D. Strong states and weak states: sectoral policy networks in advanced capitalist economies. Britsh Journal pf Political Science, London, n. 19, janeiro 1989, p. 47-67.

Azevedo, P. F. Nova economia institucional: referencial geral e aplicações para a agricultura. Agricultura em São Paulo - IEA, São Paulo, 2000, v. 1, n. 47, p. 33-52.

Azevedo, P. F. Economia dos custos de transação. In: Farina, E. M. Q.; Azevedo, P. F.; Saes, M. S. Competitividade: Mercado, Estado e organizações. São Paulo: Singular, 1997: p. 71-112.

Bachmann, R.; Zaheer, A. Trust in interorganizational relations. In: Cropper, S. et. al. (Org.) The Oxford Handbook of Inter-organizational Relations. New York: Oxford University Press, 2008.

Bachmann, R.; Zaheer, A. Handbook of Advances in Trust Research. Edward Elgar Publishing Ltd, 2014.

Baldi, M. Discutindo territorialidade, rede e o conceito de campo: contribuições para uma perspectiva contextualizada. Gestão Organizacional, Recife, v. 4, n 3, nov./dez. 2006. Acesso em: 11/08/2009. Disponível em: www.gestaoorg.dca.ufpe.br.

Baran, P. On distributed communications: introduction to distributed communications networks. Santa Monica, California - USA. The Rand Corporation. Prepared for United States Air Force Project Rand, 1964. Acesso em 15/05/2016. Disponível em: https://www.rand.org/content/dam/rand/pubs/research_memoranda/2006/RM3420.pdf.

Barnard, C. 1. 1938. The functions of the executive. Cambridge/Mass, 1938.

Barney, J. B.; Harsen, M. H. Trustworthiness as a source of competitive advantage. Strategic Management Journal, v.15, 1994, 175-190.

Barzel, Y. Measurement cost and the organization of markets. Journal of Law and Economics, Chicago/USA, Vol. 25, n.1, p. 27-48. abril, 1982. Acesso em 05/01/2010. Disponível em: www.jstor.org/pss/725223.

Batalha, M.; Silva, A. L. Sistemas agroindustriais: definições e correntes metodológicas. In: Batalha, M. Gestão Agroinddustrial. São Paulo: Atlas, 2007: p. 23-49.

Baum, J. A. C. Ecologia organizacional. In: Clegg, S. R. et al. Handbook de estudos organizacionais. São Paulo: Atlas, 1998.

Belik, W. Agroindústria processadora e política econômica.[Tese]. Campinas: Universidade Estadual de Campinas, Instituto de Economia; 1992

Bell, S. Economic Governance and Institutional Dynamics. Melbourne: Oxford University Press, 2002.

Belluzzo, L. G. Poder e dinheiro. Lições contemporâneas. Folha de São Paulo, Dinheiro, 24 mar 2002: p. b2.

Benko, G. Economia, espaço e globalização: na aurora do Século XXI. São Paulo: Hucitec, 1996

Berger, P. L.; Luckmann, T. The Construction of Reality: A treatise in the Sociology of Knowledge. 1967.

Bill, J. A.; Hardgrave, R.L. Jr. Comparative Politics: The Quest for Theory, University Press of America, Lanham, MD, 1981.

Bobbio, N. The future of democracy: a defence of the rules of the game. Cambridge: Polity Press, 1987.

Bobbio, N. Dicionário de política. Brasília: Universidade de Brasília, 1999.

Bobbio, N. As ideologias e o poder em crise. Brasília: Editora Universidade de Brasília, 4. Ed., 1999.

Borgatti, S. P.; Foster, P. C. The Network Paradigm in Organizational Research: A Review and Typology. Journal of Management, 29(6) , 2003, 991–1013.

Borgatti, S.P.; Li, X. On Social Network Analysis in a Supply Chain Context. Journal of Supply Chain Management, v. 45, n. 2, 2009.

Borzel, T. A. ¿Que tienen de especial los policy networks? Explorando el concepto y su utilidad para el estudio de la gobernación europea. 1997. Acesso em 17/08/2009. Disponível em: http://revista-redes.rediris.es/webredes/textos/policynet.pdf.

Borzel, T. A. Organizing Babylon: on the different conceptions of policy networks. Public Administration, v. 76, 1998, p. 253 - 273.

Bourdieu, P. The forms of capital. In: RICHARDSON J. G. (ed.) Handbook of theory and research for the sociology of education. Westport, Conn.: Greenwood Press, 1986, p. 241 – 258.

Bourdieu, P., La distinction – critique sociale du jugement, Paris, Minuit, 1979, p.109-157 / 189-195.

Bourdieu, P. The social structures of the economy. Malden: Polity Press, 2005.

Bourdieu, P. O campo econômico. Política e Sociedade - Revista de Sociologia Política, Programa de Pós-Graduação em Ciência Política da UFSC, n. 6, Florianópolis, abril/2005.

Boyer, R. A teoria da regulação: uma análise crítica. São Paulo: Nobel, 1990.

Bradach, J. L.; Eccles, R. G. Price, authority, and trust: From ideal types to plural forms. Annual review of sociology, 1989: p. 97-118.

Britto, J. Redes de cooperação entre empresas. In: Kupfer, D. Economia industrial: fundamentos teóricos e práticos no Brasil. Rio de Janeiro: Editora Campus, 2002.

Brueckner, J. K. Strategic Interaction Among Governments: An Overview of Empirical Studies. International Regional Science Review, v. 26 n. 2, 2003: p. 175-188.

Burns , T.; Stalker, G. M. The management of innovation. London: Tavistock, 1961.

Burt, R.S. Structural holes: the social structures of competition. Cambridge, Harvard University Press, 1992.

Caldas, M. P.; Fachin, R. Paradigma funcionalista: desenvolvimento de teorias e institucionalismo nos anos 1980 e 1990. In: Caldas, M. P.; Bertero, C. O. (Org.). Teoria das organizações. São Paulo: Atlas, 2007: p. 69-79.

Campbell, A. J.; Wilson, D. Managed networks: creating strategic advantage. In Iacobucci, D. (Ed.), Networks in Marketing, Sage, London, 1996.

Capra, F. Vivendo Redes. In: Duarte, F.; Quandt, C.; Souza, Q.. O Tempo Das Redes. Editora Perspectiva, 2008.

Carvalho, C. A.; Vieira, M. M. F. Contribuições da perspectiva institucional para a análise das organizações: possibilidades teóricas, empíricas e de aplicação. Organizações & Trabalho, Lisboa, n. 28, 2002.

Castells, M. A sociedade em rede. São Paulo: Paz e Terra, 1999.

Castells, M. Technological change, economic restructuring and spatial division of labour. In: Muegge, H.; Stöhr, W. (orgs.) International economic restructuring and the regional economy. Aldershot, Ands, Averbury, 1987: p. 45-63.

Cawson, Alan. Pluralism, corporatism and the role of the state. Government and opposition, 13, 1978: p. 178-198.

Cawson, A. Varieties of corporatism: the importance of the meso-level of interest intermediation. In: Cawson, A. (ed.) Organized interests and the State: stude in meso-corporatism. London, SAGE Publications, 1985: p. 1-22.

Cawson, A. Corporatism and political theory. In: Grant. W. Interest and the State: studies in mesocorporatism, London: Basil Blackwell, 1986.

Cawson, A. The politics of consumer eletronics – the British and European Industry in the 1970s and 1980s. Universitty od Sussesx: Sussex, mimeo,1990.

Cawson, A. Interest, groups and public policy making: the case of the european consumer eletronics industry. In: Justin Greenwood et. al. (Eds.), 1992.

Coase, R, H. The nature of the firm. Economica, 4, 1937: 386-405.

Coase, R. H. The nature of the firm In: Williamson, O.; Winter, S. (Ed.). The nature of the firm: origin, evolution and development. New York/USA: Oxford University Press, 1991. p. 18-34.

Cobb, R. E.; Elder, C. Participation in American politics: The dynamics of agenda - building (2 ed.). Baltimore. MD: The Johns Hopkins University Press. 1983.

Coleman, J. S. Foundations of social theory. Cambridge, Mass: Harvard University Press, 1990.

Coleman, J. S. Power and the structure of society. New York: Norton, 1974.

Coleman, J. S. Social capital in the creation of human capital. American Journal of sociology. 94, 1988, S95-S121.

Commons, J. R. Legal foundations of capitalism. Madison: University of Wisconsin Press, 1924. 394 p.

Conceição, O. A. C. Além da transação: Uma comparação do pensamento dos institucionalistas com os evolucionários e pós-keynesianos – Revista Econômica – Anpec, v. 8, n. 3 – set-dez 2007. Acesso em 9/4/2015. Disponível em: http://www.anpec.org.br/revista/vol8/vol-8n3p621_642.pdf.

Coase, R. H. The nature of the firm In: Williamson, O.; Winter, S. (Ed.). The nature of the firm: origin, evolution and development. New York/USA: Oxford University Press, 1991. p. 18-34.

Cummings, L. L.; Bromiley, P. Organizational Responses to Crisis: The Centrality of Trust. In: Kramer, R. M.; Tyler T. R. (Eds.). Trust in Organizations: Frontiers of Theory and Research. Thousand Oaks, California: Sage Publications, 1996: p. 302-330.

Dacin, M. T.; Ventresca, M. J.; Beal, B. D. The embeddedness of organizations: dialogue and directions. Journal of Management, v. 25, n. 3, 1999: p. 317-356.

Dacin, T.; Reid, D.; Smith Ring, P. Alianças e joint ventures: o papel da seleção de parceiros a partir de uma perspectiva de suprimentos. In: Cropper, S.; Ebers, M.; Huxham, C.; Smith Ring, P. handbook de relações interorganizacionais da Oxford. Porto Alegre: Bookman, 2014.

Dacin, T.; Oliver, C.; Roy, J. The legitimacy of strategic alliances: an institutional perspective. Strategic Management Journal, 28/2, 2007: 169-87.

Daft, R. L. Administração. Rio de Janeiro: Livros Técnicos e Científicos, 1999

Daugbjerg, C. Policy networks, rational choice and sociological institutionalism. Esbjerg: department of Cooperative and Agricultural Research. South Jutland University Centre – AFL Working Paper, 1997: p. 5-31.

Dequech, D. Instituições e a relação entre economia e sociologia. Estud. Econ. [online]. vol.41, n.3, 2011: pp. 599-619.

Dimaggio, P. J.; Powell, W.W. The iron cage revisited: institutional isomorphism and collective rationality in organizational fields. American Sociological Review, Washington/USA, v. 48, n. 2, 1983, p. 147-160.

Dimaggio, P. Cultural aspects of economic action and organization.Beyond the marketplace, 1990, p. 113-36.

Diniz, E. Governabilidade, Democracia e Reforma do Estado: Os Desafios da Construção de uma Nova Ordem no Brasil dos Anos 90. In: Dados – Revista de Ciências Sociais. Rio de Janeiro, v.38, n.3, 1995: p. 385-415.

Donaldson, L. Teoria da contingência estrutural. In: Clegg, S. R. et al. Handbook de estudos organizacionais. São Paulo: Atlas, 1998.

Dosi, G.; Malerba, F. Organizational learning and institutional embeddedness. In: Dosi, G.; Malerba, F. Organization and strategy in the evolution of the enterprise. London: Macmillan Press LTD, 1996.

Dortier, J. F. Dicionário de Ciências Humanas. Editora Martins Fontes: São Paulo, 2010.

Dowding, K. Model or Metaphor? A critical review of the policy network approach. Oxford: Blackwell Publishers. Political Studies, n. XLIII, 1995: p. 136-158.

Dowding, K. The Compatibility of Behaviouralism, Rational Choice and New Institutionalism. Journal of Theoretical Politics v. 6 n.1, jan. 1994: p. 105-117.

Duarte, F.; Frei, K. Redes Urbanas. In: Duarte, F.; Quandt, C.; Souza, Q. O Tempo Das Redes. Editora Perspectiva, 2008.

Durkheim, É. As regras do método sociológico. 14 ed. Tradução de Maria Isaura Pereira de Queiroz. São Paulo: Cia. Editora Nacional, v.1., 1990.

Dyer, J. H.; Nobeoka, K. Creating and managing a high-performance knowledge-sharing network: the Toyota case. Strategic Management Journal, v. 21, 2000: p. 345-367.

Easton, David. A systems analysis of political life. New York: Wiley, 1967.

Easton, G. Industrial Networks: A Review. In: G. Easton (ed.) Industrial Networks: A New View of Reality, London: Routledge, 1992.

Easton, G., Lundgren, A. Changes in Industrial Networks as Flow Through Nodes.In: Axelsson, B.;Easton, G. (Eds.), Industrial Networks. A New View of Reality, Routledge, London, 1992: 88-104.

Eccles, R. The quasifirm in the construction industry. Journal of economic behavior and organization, 2, 1981: 335-57.

Eccles, R, G; White, H.C. Price and authority in inter profit center transaction. American Journal of Sociology, v. 94 (suplement), , 1988: p. S17-S51.

Egri, C. P.; Pinfield, L.T. As organizações e a biosfera: ecologia e meio ambiente. In: Clegg, S. R. et al. Handbook de estudos organizacionais. São Paulo, Atlas, 1998.

Elster, J. Nuts and bolts for the social sciences. Cambridge: Cambridge University Press, 1989.

Farina E. M.; Furquim De Azevedo, P.; Saes, M. S. M. Competitividade: mercado, estado e organizações. São Paulo: Ed. Singular/Fapesp/Pensa, 1997: p. 19-111.

Feltre, C. Coordenação das transações de cana-de-açúcar das usinas sucroalcooleiras no oeste paulista: complementos contratuais e pluralidade. [Tese]. São Carlos: Universidade Federal de São Carlos - Programa de Pós-Graduação em Engenharia de Produção; 2013.

Fleury, S. Redes de políticas: novos desafios para a gestão de políticas públicas. Administração em diálogo. São Paulo, n. 7, 2005: p. 77-89.

Fligstein, N. The transformation of corporate control. Cambridge: Harvard Universty Press, 1990.

Fligstein, N. Markets as politics: a political-cultural approach to market institutions. Chicago: American Sociological Review, v. 61, 1996: p. 656-673.

Fligstein, N. The spread of the multidivisional form among large firms, 1919-1979. Advances in Strategic Management, v. 17, 1985: p. 55-78.

Fligstein, N. The spread of the multidivisional form along large firm - 1919-1979. American Sociological Review, v.50, 1985: p.377-391.

Fligstein, N. Field, power and social skill: a critical analysis of the new institutionalism. (Working Paper), 1999. Disponível em: <http://sociology.berkeley.edu/faculty/fligstein/> Acesso em 10 out. 2003.

Foss, N. Opportunism, organizational economics and the network approach. Scandinavian Journal Managemant, Elsevier Science: UK, v. 12, n. 2, 1996: p. 189-205.

Franco, A. Empreendimentos em rede: tendências e desafios, 2013. Acesso em 04/11/2015. Disponível em: http://net-hcw.ning.com/page/empreendimentos-em-rede-tendencias-e-desafios

Gala, P. A teoria institucional de Douglas North. Revista de Economia Política, São Paulo: Ed. 34, vol. 23, n 2, abril-junho, 2003: p. 89-105.

Galbraith, J. K. O novo estado industrial. São Paulo: Abril Cultural (Os Economistas), 1982.

Gambetta, D. Trust: Making and breaking cooperative relations. Oxford: Basil Blackwell, 1988.

Giddens, A. Política, sociologia e teoria social. São Paulo: Fundação Editora da Unesp, 1998.

Gnyawali, D.; Madhavan, R. Cooperative networks and competitive dynamics: a structural embeddedness perspective. Academy of Management Review, v. 26, n.3, 2001: p. 431-445.

Giner, S.; Perez-Yruela, M. El corporatismo em España. Barcelona: Ariel, 1988.

Gofredo, T. R.; Bataglia, W. Os mecanismos de sincronização em alianças estratégicas. Revista de Administração da Universidade Federal de Santa Maria, v. 8, n. 4, octubre-diciembre, 2015: p. 633-649.

Gonçalves S. A., Formação e dinâmica de campos organizacionais: um estudo exploratório de IES privadas de Curitiba/PR. 2006. [Tese em organizações, recursos humanos e estratégia]. São Paulo: Fundação Getúlio Vargas, Escola de Administração de Empresas; 2006.

Gonçalves, W. M. Confiança, ECT e formas organizacionais: um framework aplicado na vitivinicultura da serra gaúcha e do vale do São Francisco. [Tese]. Porto Alegre: Universidade Federal do Rio Grande do Sul, Programa de pós-graduação em Agronegócios; 2008.

Grabher, G. The weakness of strong ties: the lock-in of regional development in the Ruhr area. The embedded firm: On the socioeconomics of industrial networks, 1993: p. 255-277.

Grandori, A.; Soda, G. Interfirm networks: antecedents, mechanism aand forms. Organization Studies, 16/2, 1995.

Grandori, A. Organizzazione e comportamento economico. Front Cover. Anna Grandori. Il Mulino, Business & Economics, 1999.

Granovetter, M. Economic action and social structure: the problem of embeddedness. American Journal of Sociology, USA, v. 91, n. 3, 1985: p. 481-510.

Granovetter, M. The strength of weak ties. American Journal of Sociology, n. 78, 1973: p. 1360-80.

Granovetter, M. Acção económica e estrutura social: o problema da incrustação. In: Peixoto, J.; Marques, R. (Orgs.) A nova sociologia económica. Oeiras: Celta Editora, 2003: p. 69-102.

Grabher, G. The embedded firm: on the socioeconomics of industrial networks. London: Routledge, 1993.

Graziano Da Silva, J.; Kageyama, A. Do complexo rural aos complexos agroindustriais. In: Graziano Da Silva, J. A nova dinâmica da agricultura brasileira. Campinas: Unicamp: 1996: p. 1-40.

Greif, A. Institutions and endogenous institutional change: historical institutional analysis. In: II Seminário Brasileiro Da Nova Economia Institucional. 2001; Campinas, Brasil.

Gulati, R.; Singh, H. The architecture of cooperation: Managing coordination costs and appropriation concerns in strategic alliances. Administrative Science Quarterly, v.43 n.4 , 1998: 781–814.

Gulati, R.; Nohria, N.; Zaheer, A. Strategic Networks. Strategic Management Journal, v. 21, n. 3, mar, 2000: p. 203-215.

Gulati, R.; Nickerson, J. A. Interorganizational Trust, Governance Choice, and Exchange Performance. Organization Science, v.19, n. 5, 2008: p. 688-708.

Habermas, J. Theory and practice. Londres, Heinemann, 10 ed., 1990.

Hage, J.; Alter, C. A Typology of Interorganizational Relationships and Networks', In Hollingsworth, J. R.; Boyer, R. (eds) Contemporary Capitalism: The Embeddedness of Institutions. Cambridge: Cambridge University Press, 1997: p. 94–126.

Hall, P. A.; Taylor, R. C. Political science and the three new institutionalism. Political Studies, Oxford, n. XLIV, 1996: p. 936-957.

Hall, R. H. Desarrollos recentes en teoria organizacional: una revision. Ciencia y Sociedad, v. 15, n.4, 1990.

Hannan, M. T.; Freeman, J. The population ecology of organizations. American Journal of Sociolgy, v.82, n.5, 1977: p. 929-924.

Harland, C.M.; Lamming, R. C.; Zheng, J.; Johnsen, T. E. A taxonomy of supply networks. Journal of Supply Chain Management, v.37, n.4, 2001: 21-28.

Hardin, R. The social evolution of cooperation. Chicago: CU Press, 1990.

Hatch, M. J. Organization theory. New York: Oxford University Press, 1997.

Hayek, F. A. von. The Counter-Revolution of Science: Studies on the Abuse of Reason. Glencoe; Illinois; 1952.

Heclo, H. Issue networks and the executive establishment: government growth in an age of improvement.. In: King, A The new american political system. Washington DC: American Entreprise Institute, 1978.

Hennart, J. F. Perspectivas de custos de transação em relações interorganizacionais. In: Cropper, S.; Ebers, M.; Huxham, C.; Smith Ring, P. Handbook de relações interorganizacionais da Oxford. Porto Alegre: Bookman, 2014: p. 305-330.

Hinterhuber, H. H.; Levin, B. M. (Strategic networks: the organization of the future. Long Range Planning, v. 27, n. 3, 1994: p. 45-53.

Hodgson, G. Economics and Institutions. Cambridge: Blackwell Publishers Ltd., 1989.

Hodgson, G. Economia e evolução: o regresso da vida à teoria econômica. Oieras: Celta, 1997.

Hollanda, A.B. Dicionário básico da língua portuguesa. Rio de Janeiro: Nova Fronteira, 1988.

Hollingsworth, P.; Schmitter, P.; Streeck, W. Capitalism, sectors, institutions and performance. In: Hollingsworth, P.; Schmitter, P. and Streeck, W. Governing Capitalist economies. Oxford: Oxford University Press, 1994.

Hollingsworth, J. R.; Boyer, R. Contemporary capitalism: the embeddedness of institutions. Cambridge, Cambridge University Press, 1997.

Hughes, E. C. Institutions. In An Outline of the Principles of Sociology, Robert E. Park. New York: Barnes & Noble, 1939.

Jacoby, S. M. The new institutionalism: what can it learn from the old? Industrial Relations: A Journal of Economy and Society, v. 29, n. 2, 1990: p. 316-340.

Jensen, M. C.; Meckling, W. H. Theory of the firm: Managerial behavior, agency costs and ownership structure. Journal of financial economics, v. 3, n. 4, 1976: p. 305-360.

Johnsen, T. E.; Lamming, L. C.; Harland, C. M. Interorganizational relationships, chains and networks: a supply perspective. . In: Cropper, S.; Ebers, M.; Huxham, C.; Smith Ring, P. The Oxford Handbook of Inter-Organizational Relations. Oxford University Press, 1. ed., 2008.

Jordan, G.; Schubert, K. A preliminary ordering of policy network labels. European Journal of Political Research Volume 21, Issue 1-2, February 1992: p. 7–27.

Jordan, M. I. Serial order: A parallel distributed processing approach (Technical Report 8604). San Diego, CA: University of California, San Diego, Institute for Cognitive Science, 1986.

Jordan, G. Sub-Government, Policy Communities and Networks. Refilling the Old Bottles?, Journal of Theoretical Politics v.2, n.3, 1990: 319-338.

Jordan, G.; Richardson, J. J. Policy Communities: the British and European Style, Policy Studies Journal 11, 1983: 603-615.

Jordan, G.; Schubert, K. A preliminary ordering of policy network labels. European Journal of Political Research, Netherlands, n. 21, 1992: p. 7-27.

Jordan, G.; Schubert, K. (eds.). Policy Networks,European Journal of Political Research, Special Issue, 21, 1992a: 1-2.

Kalligiannis, K.; Iatrou, K.; Mason, K. How do airlines perceive that strategic alliances affect their individual branding? Journal of air transportation, v.11 n.2, 2006: p. 3-21.

Kenis, P.; Schneider, V. Policy networks as an analytical tool for policy analysis. Paper for conference at Max Planet Institut, Cologne, december, 1989: p. 4-5.

Kenis, P.; Schneider, V.; Policy Networks and Policy Analysis: Scrutinizing a New Analytical Toolbox. Frankfurt: Campus, 1991, 25-59. In: Marin, Bernd; Mayntz, Renate (eds.). Policy Networks. Empirical Evidence and Theoretical Considerations. Frankfurt: Campus, 1991: p. 25-59.

Kilduff, M.; Tsai, W. Social Networks and Organizations. Sage Publications: London, 2007.

Kirschbaum, C.; Crubelante, J. M. As várias institucionalizações da teoria neoinstitucional – Resenha do livro Institutions and organization: ideas and interests, ScotT, W. R. EUA: Sage Publications, 2008. S. Paulo: RAE, v. 49, n. 1, jan./mar. 2008: p. 108-109.

Kingdom, J. W. Agendas, Alternatives and public policies. Boston and Toronto: Little, Brown, 1984.

Klein, P. G. The Make-or-Buy Decision: Lessons from Empirical Studies, In: Ménard, C.; Shirley, M. Handbook of New Institutional Economics, Springer, 2005.

Klein, K. J.; Lim, B. C.; Saltz, J. L.; Mayer, D. M. How do they get there? An examination of the antecedents of network centrality in team networks. Academy of Management Journal, 47, 2004: 952-963.

Klijn, E. H.; Skelcher, C. K., Democracy and governance networks: compatible or not? Four conjectures and their implications, In: Public Administration, v. 85 n.3, 2007: 587-608.

Klijn, E. H. Policy network and implementation: managing complex interactions. In: Cropper, S.; Ebers, M.; Huxham, C.; Smith Ring, P. The Oxford Handbook of Inter-Organizational Relations. Oxford University Press, 1. ed., 2008

Klijn, E. H.; Koppenjan, J. F. M. Public management and policy networks: foundations of a network approach to governance. Public Management, 2/2, 2004: p. 135-158.

Klijn, E. H. Redes de política e implementação: gerenciando interações complexas. In: Cropper, S.; Ebers, M.; Huxham, C.; Smith Ring, P. Handbook de relações interorganizacionais da Oxford. Porto Alegre: Bookman, 2014.

Kirschbaum, C.; Crubelante, J. M. As várias institucionalizações da teoria neo-institucional – Resenha do livro Institutions and organization: ideas and interests, Scott, W. R. EUA: Sage Publications, 2008. S. Paulo: RAE, v. 49, n. 1, jan./mar. 2008: p. 108-109.

Knight, F. H. Risk, uncertainty and profit. New York: Hart, Schaffner and Marx, 1921.

Koppenjan, J. F. M.; Klijn, E. H. Managing Uncertainties in Networks: a network approach to problem solving and decision making. London: Routledge, 2004.

Laffont, J. J.; Tirole, J. A theory of incentives in procurement and regulation. Cambridge: Mass., MIT Press, 1993.

Laffont, J. J.; Tirole, J. The politics of government decision making: regulatory institutions. Journal of Law, Economics and Organization, v.6, n.1., 1990.

Lamimng, R. C.; Johnsen, T. E.; Zheng, J.; Harland, C. M. An initial classification of supply networks. International Journal of Operations and Production Management, 20/6, 2000: p. 675-691.

Laumann, E. O.; Knoke, D. The organizational State: social choice in national policy domains. Madison: University of Wisconsin Press, 1987

Lazzarini, S. G. Empresas em redes. Cengage, 2008.

Lazzarini, S. G. The Transition from Alliance networks to Multilateral Alliances in the Global Airline Industry. Brazilian Administration Review, Curitiba, v.5, n. 1, art. 2, jan/mar, 2008: p. 19-36.

Lechner, N.; Tres formas de coordinación social. Revista de La Cepal, n. 61, abril, Santiago do Chile, 1997.

Le Galés, P. Lés reseaux d´action publique entre outil passe-pourtout et théorie de moyene portée. In: Le Galés, P.; Thatcher, M. (org.) Les Reseaux de politique publique. Debaut author des policy network. Paris: L´ Harmattan, 1995: p. 14-18.

Levi, M. A. A logic of institutional change. Chicago: CU Press, 1990.

Lindblom, C. E. Politics and Markets: The World's Political-Economic Systems. New York: Basic Books, 1977.

Lindblom, C. E. 1979. Still Muddling, Not Yet Through. Public Administration Review 39 (6), 1979: 517–526.

Machado-Da-Silva, C. A teoria institucional (nota técnica). In: Clegg, S. R. et al. Handbook de estudos organizacionais. São Paulo: Atlas, 1998.

Macneil, I. R. Contracts: Adjustment of Long-Term Economic Relations under Classical, Neoclassical and Relational Contract Law, Northwestern Law Review, 12, 1978: 854-901.

Macneil, I. R. The New Social Contract, Yale University Press, 1980.

Macneil, I. R. Values in Contract: Internal and External, Northwestern University Law Review, 78, 1983: p. 340-418.

March, J. G.; Olsen, J. P. Rediscovering institutions. New York: Free Press. 1989.

March, J. G.; Olsen, J. P. Democratic governance. New York: Free Press. 1995.

March, J. G.; Olsen, J. P. El Nuevo institucionalismo: factores organizativos de la vivencia política. Zona Abierta, Madrid/ESP, n. 63/64, 1993: p. 1-44.

March, J. G.; Olsen, J. P. Organizing political life: What administrative reorganization tells us about government. American political science review, 77, 1983: 281-296.

Marin, B.; Maynitz, R. (Eds.). Policy Networks: Empirical Evidence and Theoretical Considerations. Frankfurt am Main: Campus, 1991.

Marsh, D., Comparing policy networks. Open University Press, 1998.

Marsh, D.; Rhodes, R. A W. Policy communities and issue networks: beyond typology. In: Marsh, D.; Rhodes, R. A W. Policy networks in British government. Oxford: Clarendon Press, 1992: p. 249-269.

Martes, A. C. B. (Org.). Redes e Sociologia Econômica. São Carlos: EdUFSCar, 2009.

Martes, A. C. B. et al. Fórum: Redes sociais e interorganizacionais. Revista de Administração de Empresas, v. 46, n. 3, 2006: p. 10-15.

Marteleto, R. M. Análise de Redes Sociais – aplicação nos estudos de transferência da informação. Ci. Inf., Brasília, v. 30, n. 1, jan./abr. 2001: p. 71-81.

Matthews, R. C. O. The economics of institutions and the sources of growth. The Economic Journal, St. Andrews/UK, v. 96, n. 96, dez. 1986: p. 903-918.

Mazé, A.; Ménard, C.; Private Ordering, Collective Action, and the Self-Enforcing Range of Contracts. The Case of French Livestock Industry, 2010.

Mcallister, D. J., Affect and Cognitive-based Trust as Foundations for Interpersonal Cooperation in Organizations. Academy of Management Journal, v.38, n.1, 1995: 24-59.

Ménard, C. The economics of hybrid organizations. International Society for New Institutional Economics. MIT, 2002.

Ménard, C. The economics of hybrids organizations. Journal of Institutional and Theoretical Economics. v. 160, n. 3, 2004: p. 345-376.

Ménard, C. Valceschini, E. New institutions for governing the agri-food industry. European review of agricultural economics, v. 32, n. 3, 2005: p. 421-440.

Ménard, C. Hybrid organization of production and distribution. Revista de Análisis Económico, v. 21, n. 2, 2006: p. 25-41.

Ménard, C. Plural Forms of Organization: where do we stand?.Managerial and Decision Economics, v. 34, n. 3-5, 2013: p. 124-139.

Meyer, J.; Rowan. Institutionalized organizations: formal structure as myth and ceremony. In: Powell, W. W.; Dimaggio, P. J. The new institutionalism in organizational analysis. Chicago: University of Chicago Press, 1991: p. 41-62.

Meyer, J. W.; Boli, J.; Thomas, G. M. Ontology and rationalization in the Western cultural account. In: Scott, W. R.; Meyer, J. (Orgs.). Institutional Environments and Organizations: Structural Complexity and Individualism. Thousand Oaks, CA: Sage, 1994: p. 9-27.

Meyer, J. W.; Rowan, D. C. Institutionalized organizations: formal structure as myth and cerimony. In: Powell, W. W.; Dimaggio, P. J. The new institutionalism in organizational analysis. Chicago: University of Chicago Press, 1991.

Mitchell, W. C. Os Ciclos Econômicos e Suas Causas. São Paulo: Abril Cultural, 1984. (Os Economistas).

Mitnik, B. La economia política de la regulación. México: Fondo de Cultura Económica, 1989

Mizruchi, M. S. Análise de redes sociais: avanços recentes e controvérsias atuais. Revista de Administração de Empresas, v. 46, n. 3, 2006: p. 10-15.

Mizruchi, M. S.; Schwartz, M. Intercorporate relations: the structural analysis of business. Cambridge: Cambridge University Press, 1992.

Motta, F. P.; Vasconcelos, I. F. G. Teoria geral da administração. São Paulo: Pioneira, 2002.

Moyano Estrada, E. La vertebración del sector agroalimentario y la ley de interprofesiones. Seminario sobre Interprofissiones. Madrid, 1997.

Moyano Estrada, E. La agricultura entre el nuevo y el viejo corporativismo. In: Yruela, M.P.; Giner, S. El corporativsmo en España. Barcelona, Ariel, 1988.

Myrdal, G. Aspectos políticos da teoria econômica. São Paulo: Nova Cultural, 1972.

Nash, J. Non-cooperative games. Annals of mathematics, 1951, p. 286-295.

Navarro Yáñes, C. J. El nuevo localismo: municipio y democracia en la sociedad global. Córdoba: Diputación de Córdoba (ed.). Colección libros de bolsillo, 1998.

Navarro Yáñes, C. J. El sesgo participativo. Innovación democrática en municipios del sur de Europa (1960-1995). Córdoba: Consejo Superior de Investigaciones Científicas (ed.). Colección Politeya, Estudos de Política y Sociedad, 1999.

Newman, M. E. J. The structure and function of networks. Computer Physics Communications. 147, 2002: 40–45.

North, D. Custos de transação, instituições e desempenho econômico. Rio de Janeiro: Instituto Liberal, 1994.

North, D. Institutions, institutional change and economic performance, Cambridge: Cambridge University Press, 1990.

North, D. Institutions and their consequences for economic performance. In: Cook, K. S.; Levi, M. (eds.) The limits of rationality. Chicago: The Chicago University Press, 1990.

North, D. C.; Wallis, J. J. Integrating institutional change and technical change in economic history: a transaction cost approach. Journal of Institutional and Theoretical Economics 150/4, 1994: 609-624.

North, D. C.; Weingast, B. R. Constitutions and commitment: the evolution of institutions governing public choice in seventeenth-century England. The journal of economic history 49.04, 1989. p. 803-832.

Nohria, N. Introduction: Is a network perspective a useful way of studying organizations. Networks and organizations: Structure, form, and action, v. 1, 1992: p. 22.

Nohria, N.; Gulati, R. Firms and their environments. In: Smelser, N.J.; Swedberg, R. The handbook of economic sociology. Princeton: Princeton University Press, 1994.

Nooteboom, B. Inter-firm alliances: Analysis and design. London: Routledge. Learning and innovation in organizations and economics. Oxford: Oxford University Press, 1999.

Nooy, W.D.; Mrvar, A.; Batagelj, V. (2005), Exploratory Social Network Analysis with Pajek. Cambridge University Press, Cambridge, UK.

Olave, M. E. L.; Amato, J. A. Redes de cooperação produtiva: uma estratégia de competitividade e sobrevivência para pequenas e médias empresas. Gestão & Produção, v. 8, n. 3, dez. 2001: p. 289-303.

Ortega, A. C. Uma aproximação ao corporatismo e a novas formas de representação de interesses na agricultura. Workshop Teórico Economia Política da Agricultura, 1996.

Ortega, A.C. Corporatismo e novas formas de representação de interesses na agricultura: uma abordagem teórica. Brasília: Sociedade Brasileira de Economia e Sociologia Rural. Revista de Economia e Sociologia Rural, v. 36, n. 4, out./dez., 1998: p. 9-37.

Ortega, A. C. Acción colectiva y articulation de interesses en los complexoa agroindustriales brasileños: organizaciones especializadas por produtos e interprofesiones.[Tese]. Córdoba: Universidade de Córdoba - Departamento de Economia, Sociologia e Política Agrária; 1995.

Oxford, Oxford Dictionary. Oxford: Oxford University Press, 2001.

Parsons, T. Remarks on Education and the Professions. International journal of ethics, 1937, p. 365-369.

Paulillo, L. F. Complexos agroindustriais e redes políticas: as transformações no território citrícola brasileiro – uma abordagem do novo institucionalismo e da nova localização.[Tese]. Campinas: Unicamp – Instituto de Economia, 2000.

Paulillo, L. F. Redes de poder e territórios produtivos. São Carlos: EdUFSCar, 2001.

Perrow, C. Small Firm Networks. In: Nohria, N.; Eccles, R. G. (Ed.). Networks and organizations: structure, form and action. Boston: HBS Press, 1990: p. 445-470.

Perrow, C. Economic theories of organization. Theory and society, v. 15, n. 1, 1986: p. 11-45.

Perez-Yruela, M; Giner, S. El corporatismo em España. Barcelona: Ariel, 1988.

Pfeffer, J. A. Size and composition of corporate boards of directors: the organization and its environment. Administrative Science Quarterly. v.17, n.2, 1972.

Pfeffer, J. A.; Salancik, G. The external control of organizations: a resource dependence perspective. New York: Harper & Row, 1982.

Pinotti, R. Governanças contratuais e complementaridades das usinas pneumáticas na aquisição da borracha natural no estado de São Paulo. [Tese]. São Carlos: Universidade Federal de São Carlos - Programa de Pós-Graduação em Engenharia de Produção; 2014.

Piore, M. J.; Sabel C. The second industrial divide: possibilities for prosperity. Basic books, 1984. Nova Iorque: Basic Books, 1984.

Pires, E. L. S.; Fuini, L. L.; Mancini, R. F.; Neto, D. P. Governança Territorial: conceito, fatos e modalidades. Rio Claro: UNESP – IGCE. Programa de Pós-graduação em Geografia, 2011.

Podolny, J. M.; Page, K. L. Network Forms of Organization. Annual Review of Sociology, v. 24, august 1998: p. 57-76.

Polanyi, K. A grande transformação: as origens de nossa época. Rio de Janeiro: Campus, 1980. (Série: Contribuições em ciências sociais)

Porter, M. Competitive advantage: creating and sustaining superior performance. New York Press, 1985.

Porter, M. Estratégia Competitiva. Rio de Janeiro: Editora Campus, 1988.

Powell, W. W. Neither market nor hierarchy: network forms of organization. Research in Organization Behavior, v. 12, 1990: p. 295-336.

Powell, W. W.; Smith-Doerr, L. Networks and economic life. In: Smelser, N. J.; Swedberg, R. The Handbook of Economic Sociology. Princeton: Princeton University Press, 1994: p. 379-402.

Powell, W. W.; Koput, W.; Smith-Doerr, L. Interorganizational cooperation and the locus of innovation: networks of learning in biotechnology. Administrative Science Quarterly, v.41, 1996: 116-45.

Pretecille, E. Paradojas políticass de las reestructuraciones urbanas, globalización de la economia y localizacción de la política. IN: Alabart A et. al. (eds.) Clase, poder y cidadania. Madrid: Siglo XXI, 1994: p. 61-96.

Putnam, R. D. The prosperous community: social capital and public life. American Prospect, 13, 1993: p. 35-42.

Putnam, R. Making democracy work. Cultural traditions in modern Italy. New Jersey: Princeton University Press, 1993.

Putnam, R. D. Tuning in, tuning out: the strange disappearance of social capital in America. Political Science and Politics. 12, 1995: p.664-83.

Putnam, R. D. Comunidade e Democracia: a experiência da Itália moderna. Rio de Janeiro: Fundação Getúlio Vargas, 1996.

Reed, M. Teorização organizacional: um campo historicamente contestado. In: Glegg, S.; Hard, C.; Nord D. Handbook de estudos organizacionais. São Paulo: Atlas, 1998.

Rhodes, R. A. W. Beyond Westminster and Whitehall: The Sub-central Governments of Britain, London: Unwin Hyman, 1988.

Rhodes, R. A. W. Policy networks: a British perspective. Journal of theoretical politics, n. 2, 1990: p. 293-317.

Rhodes, R. A W.; Marsh, D. New directions in the study of policy networks. European Journal of Political Research, v. 21, 1992: p. 181-205.

Rhodes, R. A W.; Marsh, D. Policy networks in British politics: a critique of existing approaches. In: Marsh, D.; Rhodes, R. A W. Policy networks in British government. Oxford: Clarendon Press, 1992: p. 1-26.

Rhodes, R. A. W.; Marsh, D. The new governance: governing without government. Political Studies, 44, 1996: 652-67.

Rhodes, R. A. W. Control and power in central and local relations. Farnborough: Gower, 1981.

Rhodes, R. A. W. Beyond Westminster and Whitehall: The sub-central Governments of Britain. London: UnwinHyman, 1988.

Rhodes, R.A.W. European Policy-Making, Implementation and Sub-central Governments, Maastricht: European Institute of Public Administration, 1986.

Richardson, J. J.; Jordan, A. Governing under pressure. Oxford: Martin Robertson, 1979.

Richter, R. C. O. New economic sociology and new institutional economics. In: 5th Conference Of The International Society For New Institucional Economics, n. 5, 2001, California: Berkeley University, 2001. 40 p. Acesso em 03/02/2008. Disponível em: http://mpra.ub.uni-muenchen.de/4747/1/MPRA_paper_4747.pdf.

Ring, P. S.; Van De Vem, A. H. Structuring cooperative relationships between organizations. Strategic Management Journal, 13, 1992: 483-98.

Robertson, S. A.; Langlois, R. N. Innovation, networks and vertical integration. Research Policy, 24, 1995: 543-62.

Rohlen, T. P Learning: The Mobilization of Knowledge in the Japanese Political Economy. The Political Economy of Japan. V. 3. Cultural and Social Dynamics. Kumon, Sumpei and Henry Rosovsky (eds.). Stanford, CA: Stanford university Press, 1992: 321-363.

Romano, J. Interesses privados na formulação e implementação de políticas públicas. In: Silva, F; Santos, R.; Costa, L. F. Mundo Rural e Política - Ensaios Interdisciplinares. Rio de Janeiro: Campus, 2001: p. 209-242.

Romano, J. Interesses privados na formulação e implementação de políticas públicas. In: Silva, F; Santos, R.; Costa, L. F. Mundo Rural e Política - Ensaios Interdisciplinares. Rio de Janeiro: Campus, 1 ed., 1999.

Rosas, A.; Máiz, R. Da cultura às práticas culturais democráticas. Revista da Faculdade de Letras - História. Porto/Pt, Série III, v. 9, 2008, p. 337-356.

Rosenfeld, S. A. Does co-operation enhance competitiveness? Assessing the impacts of inter-firm collaboration. Research Policy, 25, 1996: 247-63.

Rossoni, L. Models and methods in social network analysis. Revista de Administração Contemporânea. 10 (4), 2006: 221-221.

Rowley, T.; Behrens, D.; Krackhardt, D. Redundant governance structures: an analysis of structural and relational embeddedness in the steel and semiconductor industries. Strategic Management Journal, v. 21, 2000: p. 369-386.

Sabel, C. F. Studied trust: building news forms of cooperation in a volatile economy. Human Relation, v.46, n.9, 1993.

Sacomano Neto, M.; Truzzi, O. M. S. Perspectivas contemporâneas em análise organizacional. Gestão e Produção, v.9, n.1, abr. 2002: p. 32-44.

Sacomano Neto, M.; Truzzi, O. M. S. Posicionamento estrutural e relacional em redes de empresas: uma análise do consórcio modular da indústria automobilística. Revista Gestão & Produção, v.16, n. 4, out./dez. 2009: p. 598-611.

Salais, R.; Storper, M. Les mondes de production: enquête sur lídentité économique de la France. Paris: École des hautes études en sciences sociales, 1993.

Sandroni, P. Dicionário de administração e finanças. São Paulo: Editora Best Seller, 1996

Santos, M. Técnica, espaço, tempo: globalização e meio técnico-científico informacional. São Paulo: Hucitec, 3 ed., 1997.

Santos, M. Metamorfoses do espaço habitado: fundamentos teóricos e metodológicos da geografia. São Paulo: Hucitec, 4. ed., 1996.

Santos, M. Espaço e Método. São Paulo: Nobel, 4. ed., 1997.

Santos, M. Técnica, espaço, tempo: globalização e meio técnico-científico informacional. São Paulo: Hucitec, 1985.

Sappington, D.E.M. Incentives in principal agent relationships. Journal of Economic Perspectives, 1991: p. 45-66.

Schlickmann, R.; Melo, P. A.; Alperstedt, G. D. Enfoques da teoria institucional nos modelos de avaliação institucional brasileiros. Avaliação: Revista da Avaliação da Educação Superior, Sorocaba, v. 13, n. 1, 2008: p. 153-168.

Schmitter, P. C. Sectors in modern capitalism: modes of governance and variations in performance. In: Bronetta, R.; Dellaruega, C. (eds.) labour relations and economic performance. London: Macmillan Press, 1990: p. 3-39.

Schmitter, P. C.; Still the Century of Corporatism? The Review of Politics, 36(1), January 1974.

Schmitter, P. C. Corporatism is dead! Long live corporatism! Governmen and Oposition, 24, 1989: 54-73.

Schmitter, P. C. Neocorporatism and the State. Revista espanola de investigaciones sociologicas, 31, 1985: p. 47-77.

Schneider, V. Redes de políticas públicas e a condução de sociedades complexas. Civitas, redes de Ciências Sociais, n. 1, janeiro – junho, 2005: p. 27-58.

Scott, W.R. Institutions and organizations. London: Sage Publications, 1995.

Selznick, P. Institucionalism "old" and "new". Administrative Science Quartely, 41, 1996, p. 270-277

Shepsle, K. A. Studying Institutions Some Lessons from the Rational Choice Approach. Journal of theoretical politics, v. 1, n. 2, 1989, p. 131-147.

Silva, J. F. G. Complexos agroindustriais e outros complexos. Reforma Agrária, v.21, n.3 , 1991: 5-34.

Silverman, D. The theory of organisations: a sociological framework. London: Heinemann, 1970.

Simon, H. A. Theories of decision-making in economics and behavioral science. The American Economic Review, v. 49, n. 3, jun., 1959: p. 253-283.

Simon, H. A Organizations and Markets. Journal of Economics Perspectives, v. 5, n. 2, 1991: p. 25-44.

Smelser, N.J.; Swedberg, R. The sociological perspective on the economy. In: Smelser, N.J.; Swedberg, R. The handbook of economic sociology. Princeton, NJ: Princeton University Press, 1994.

Soto Baquero, F. A. Da indústria do papel ao complexo florestal no Brasil: o caminho do corporatismo tradicional ao neocorporativismo. [Tese]. Campinas: Universidade Estadual de Campinas - Instituto de Economia; 1992.

Storper, M.; Harrison, B. Flexibilidade, Hierarquia e Desenvolvimento Regional: As mudanças de estrutura dos sistemas produtivos industriais e seus novos modelos de governância nos anos 90. In: Benko, G.; Lipietz, A. (org.) As Regiões Ganhadoras, Distritos e Redes: os novos paradigmas da Geografia Econômica. Oeiras: Celta Editora, 1994: p. 171-188.

Souza, M. C. A. F.; Bacic, M. J. Cooperação entre Empresas e a Gestão dos Custos Totais. Revista Enfoque Reflexão Contábil, São Paulo, v. XXI, 1994.

Suzigan, W.; Garcia, R.; Furtado, J. Governança de sistemas de MPMES em clusters industriais. Texto apresentado no Seminário Internacional: Políticas para sistemas produtivos locais de MPMEs; 11 a 13 de março de 2002; Rio de Janeiro, Brasil.

Sztajn, R.; Zylbersztajn, D.; Azevedo, P. F. Economia dos contratos. In. Sztajn, R.; Zylbersztajn, D. (org.). Direito e Economia: Análise econômica do Direito e das Organizações. Rio de Janeiro: Elsevier. 2005: 102-137.

Sweddberg, R. The economic sociology of capitalism: an introduction and agenda. In: Sweddberg, R.; Nee, V. (Ed.). The economic sociology of capitalism. Princeton: Princeton University Press, 2005: p. 3-40.

Swedberg, R. Explorations in economics sociology. New York: Russel Sage Foundation, 1993.

Théret, B. As instituições entre as estruturas e as ações. Lua Nova. São Paulo n.58. Comunicação no Colóquio "Organizations et institutions: régles, coordination et evolution", maio de 2001. Tradução de Bernardo Ricupero, 2003.

Thompson, J. D. Organizations in action. New York: McGraw-Hill, 1967.

Tolbert, P. S.; Zucker, L.G. A institucionalização da teoria institucional. In:

Clegg, S. R. et al. Handbook de estudos organizacionais. São Paulo, Atlas, 1998.

Thorelli, H. B. Networks: between markets and hierarchies. Strategic Management Journal, 7, 1986: 37-51.

Uzzi, B. Embeddedness in the making of financial capital: How social relations and netoworks benfit firms seeking financing. American Sociological Review, 64/4, 1999: 481-505.

Uzzi, B. Social structure and competition in interfirm networks: The paradox of embeddedness. Administrative Sciense Quaterly, 42, 1997: 35-67.

Uzzi, B. The sources and consequences of embeddness for the economic performance of organizations: the network effect. American Sociological Review, v.61, 1996: p.674-698.

Van De Vem, A. H. Frameworks for interorganizational analysis. In: Neandi, A. R. Interorganizational Theory. Kent, OHhio: Kent University Press, 1975

Van Waarden, F. Dimensions and types of policy networks. Netherlands: Kluver Academic Publishers. European Journal of political research, v. 21, 1992: p. 29-52.

Weber, M.. Economia e sociedade: fundamentos da sociologia compreensiva. Editora Universidade de Brasília, 1994.

Veblen, T. Teoria da classe ociosa. São Paulo: Abril Cultural, (Os Economistas), 1983.

Wasserman, S.; Faust, K.. Social network analysis: Methods and applications. Cambridge university press, 1994.

Weber, M. Economia e sociedade. Brasília: UNB editora, 1994.

Weber, M. Economia e sociedade: fundamentos da sociologia compreensiva. Editora Universidade de Brasília, 1994.

Wilder, A. Mudanças no setor supermercadista e a formação de associações de pequenos supermercados. [Dissertação em ciências – economia aplicada].– Piracicaba: USP - Escola Superior de Agricultura Luiz de Queiroz, 2003.

Williamson, O. E. Markets and hierarchies: analysis and anti-trust implications. New York: Free Press, 1975.

Williamson, O. E. Transaction cost economics: the governance of contractual relations. The journal of law and economics, v. XXII, October, 1979: p. 223-261.

Williamson, O. The economic institutions of capitalism: firms, markets, relational contracting. New York: The Free Press, 1985.

Williamson, O. E. Las instituciones económicas del capitalismo. Madrid: Fondo de Cultura Económica, 1985.

Williamson, O. E. Economic organization: firmss, markets and policy control. New York: Harvester Wheatsheaf, 1986.

Williamson, O. E. Comparative economic organization: the analysis of discrete structural alternatives. In: Mechanisms of Governance. New York: Oxford University Press, 1991: p. 93-120.

Williamson, O. E. The nature of the firm: origins, evolution and development. Oxford: University Press, 1991.

Williamson, O. E. Transaction cost economics and organization theory. In: Organization Theory. Princeton: Princeton University Press, 1994: p. 207-257.

Williamson, O. E. The mechanisms of governance. New York: Oxford University Press, 429 p.

Williamson, O. E. The economics of governance. Philadelphia: The American Economic Review, v. 95, n. 2, 2005: p. 1-18.

Williamson, O. E. Transaction cost economics and business administration. Scandinavian journal of management, v. 21, 2005: p. 19-40.

Williamson, O. E. Economic Oeganization: the case for Candor. Academy of Management Review, 21: 48-57.

Williamson, O. E. The sociology and economics of organization: one view of the dialogue. In: Bindseil, U.; Haucap, J.; Wey, C.; Institutions in perspective. Festschrift in honor of Rudolf Richter on the occasion of his 80th birthday. Tübringen, Mohr Siebeck. 2006: p. 3-19.

Woodward, J. Industrial organizations: theory and pratice. New York : Oxford University Press, 1965.

Zylbersztajn, D.; Nogueira, A. C. L. Estabilidade e difusão de arranjos verticais de produção: uma contribuição teórica. Economia e Sociedade, Campinas, v. 11, n. 2(19), jul/dez, 2002: p. 329-346.

Zylbersztajn, D. Organization of firm network: five critical points for empirical analysis. Journal on Chain and Network Science, 4 (1), 2004: 1-6.

Zilbovicius, M. Institucionalização, difusão e legitimidade In: Modelos para produção, produção de modelos: gênese, lógica e difusão do modelo japonês de organização da produção. Cap II. São Paulo, São Paulo: FAPESP/Anablume, 1999.

Zucker, L. Institutional theories of organization. Annual Review of Sociology, v.13, p. 443-464, 1987. Acesso em: 06/06/2008. Disponível em: http://www.jstor.org/stable/2083256.

Zukin, S.; Dimaggio, P. Structures of capital. Cambridge: Cambridge University Press, 1990.